国家科学技术学术著作出版基金资助出版

南海 深水地质灾害

DEEPWATER GEOHAZARDS IN THE SOUTH CHINA SEA

吴时国　孙运宝　李清平　等　著

科学出版社

北京

内 容 简 介

本书是根据我们深水地质灾害团队最近 10 年的科研成果,在结合全球深海地质灾害研究进展的基础上,综合分析和总结了我国南海深海地质灾害的类型、特征和防治,提醒政府和大众关注深海水地质灾害的巨大危害。全书总结了南海的灾害类型和国际研究进展,阐述了海底滑坡、浅层气、浅层水合物、浅水流和地震海啸等重要地质灾害的特征、危害以及各种预测技术。该研究成果将为我国海域深水油气勘探及开发工作和南海开发利用提供指导。

本书可以为科研院所、大专院校从事石油天然气勘探开发、深海工程和海洋探测的工作者以及相关专业研究人员提供参考;也可为政府部门、海洋开发公司的涉海项目提供决策指导。通过阅读本书,读者可以认知海洋地质灾害的类型和危害,了解致灾机理和研究进展,发现灾害的预测防治技术和方法。

图书在版编目 (CIP) 数据

南海深水地质灾害 / 吴时国等著 . —北京:科学出版社,2019.1
ISBN 978-7-03-058129-7

Ⅰ.①南… Ⅱ.①吴… Ⅲ.①南海–深海–海洋底质–地质灾害–研究 Ⅳ.①P722②P736.12

中国版本图书馆 CIP 数据核字(2018)第 135227 号

责任编辑:周 杰 / 责任校对:樊雅琼
责任印制:徐晓晨 / 封面设计:铭轩堂

科学出版社 出版
北京东黄城根北街 16 号
邮政编码:100717
http://www.sciencep.com

北京九州迅驰传媒文化有限公司 印刷
科学出版社发行 各地新华书店经销

*

2019 年 1 月第 一 版 开本:787×1092 1/16
2024 年 1 月第三次印刷 印张:19
字数:500 000

定价:228.00 元
(如有印装质量问题,我社负责调换)

《南海深水地质灾害》
著 者 名 单

吴时国　　孙运宝　　李清平　　王吉亮

王大伟　　孙启良　　陈传绪　　谢杨冰

序

占全球表面 71% 并拥有 97% 地球总水量的海洋为人类提供了赖以生存和繁衍的资源及空间，开发和利用海洋，寄托着人类对解决人口、资源、环境等全球问题的希望。与此同时，突发性的海洋灾害也不可避免地给人类的生命和财产带来重大威胁，其中，海洋地质灾害是对海洋经济发展危害最大的一种自然灾害，比如，海底滑坡和浅层软沉积物变形常常导致深水油气钻井平台损坏。因此，海洋钻井与陆地钻井相比，具有明显的投资高、风险大的特点。

随着我国"海上丝绸之路"和深海开发进程的推进，深海地质灾害已经引起人们的广泛关注。作为海洋地质灾害的一个重要研究方面，深水地质灾害基于近海陆架地质灾害研究发展而来。但是，由于其所处的独特深海环境，充满了更多的未知与可能，也使得深水地质灾害成为海洋地质灾害研究的热点与难点。

走向"深海"是国家的战略需求，需要科学研究和工程技术人员突破一系列前沿科学技术问题。中国科学院深海科学与工程研究所吴时国研究员的研究团队长期从事南海深水地质灾害研究，在海底滑坡、天然气水合物、浅层气、浅水流及地震海啸等深水地质灾害的识别特征、形成机理和预测技术方面，取得了丰硕的研究成果。该研究团队在南海深水地质灾害研究成果和理论总结基础上，撰写了《南海深水地质灾害》一书，较为系统地总结了国内外深水地质灾害方面的研究进展，分析了南海深水地质灾害的类型、特征与形成机理，其必将加深我们对深水地质灾害问题的认识，对我国正在进行的南海深水油气及天然气水合物勘探开发工作具有重要的借鉴意义。

我国深海地质灾害的研究尚处于发展初期，该书的出版也将吸引更多科学家积极投身于这一科学探索性和工程应用性兼备的科学研究，推动海洋地质灾害与陆地地质灾害研究的结合与融合，促进深海地质灾害学科的发展。

认识灾害规律，防范灾害风险，保障人类生命财产和生产活动安全，是减灾科技人员的科学追求和责任担当。相信读者能从《南海深水地质灾害》中认识和感受到科技工作者的科学贡献与社会责任。

中国科学院院士

2018 年 5 月 6 日

前　言

近 10 年来，世界深水油气资源勘探如火如荼，我国深水油气勘探与开发也取得了突飞猛进的进展，以海洋石油 981 深水半潜式钻井平台（简称"海洋石油 981"）、"海洋石油 201"号工程船为代表的深海勘探和开发技术标志我国深水勘探已进入世界先进行列。目前，我国大举向深海发展，在南海等深水海域加强勘探开发，在这种形势下，中国科学院深海科学与工程研究所、中国科学院海洋研究所深水地质灾害研究团队在南海深水地质灾害的阶段性研究成果和理论基础上，撰写了《南海深水地质灾害》一书。

本书的主要目的是在了解全球深水区地质灾害基础上，分析南海深水地质灾害的类型及特征，为我国海域深水油气勘探及开发工作提供指导。希望本书能起到抛砖引玉的作用，激励更多的人去从事深水地质灾害研究，也希望本书能为从事石油天然气地质和海洋地球物理工作者以及相关专业研究人员提供参考。

全书分为 6 章。第 1 章绪论，由吴时国、李清平撰写；第 2 章海底滑坡，由王大伟、孙运宝撰写；第 3 章天然气水合物灾害，由王吉亮、吴时国撰写；第 4 章浅层气灾害，由吴时国、谢杨冰、孙启良撰写；第 5 章浅水流灾害，由孙运宝、孙启良撰写；第 6 章地震海啸灾害，由陈传绪、吴时国撰写。最后，由吴时国统稿。

在本书完成之际，十分感谢中海油研究总院、国家海洋局、中国地质调查局、中国石油杭州地质研究院、中海油（中国）有限公司湛江分公司及深圳分公司等对我们研究工作的大力支持。李家彪、朱伟林、周建良、刘保华、米立军、姚根顺、张功成、李绪宣、徐强、李久川、施和生、杨计海、王志君、朱敏、宋海斌、周扬锐等领导和专家给予了许多具体的指导和帮助。国家重点基础研究发展计划项目"海洋深水油气安全高效钻完井基础研究"课题"深水钻井浅层地质灾害形成机理及预测方法"（2015CB251201）经过两年的研究实践，取得了一定的进展，项目首席科学家孙宝江教授、项目跟踪专家罗志斌教授给予了许多宝贵意见。课题组的辛勤工作和卓有成效的组织，保证了我们研究的顺利执行。通过与邓金根、朱筱敏、王英民、刘震、邵磊、李春峰、孙珍、解习农、任建业、张光学、孙桂华、邱燕、钟广法、庞雄、颜承志、孙志鹏、吕福亮、贾永刚、朱有生等深水灾害方面的专家教授进行讨论，我们受益匪浅。要特别感谢我们深水地质灾害研究团队和已毕业的研究生，本书也汇集了他们的研究成果和认识，感谢董冬冬、马本俊、曹宏明、秦志亮、王秀娟、刘锋、李翠琳、陈端新、王磊、赵芳、李伟、高金尉、袁圣强、徐宁等对本书的贡献。谢欣彤、陈万利、李学林、司少文承担了本书图件的清绘工作，在此一并致谢。

本书出版得到了国家重点基础研究发展计划项目"海洋深水油气安全高效钻完井基础研究"课题"深水钻井浅层地质灾害形成机理及预测方法"（2015CB251201）、国家自然科学基金南海深部重大计划重点项目（91228208）、南海北部陆坡深水区浅层水合物不稳定性评价技术（子课题编号：2011ZX05026-004-06）和中国科学院创新研究院项目（Y610151QZF）的资助。

由于作者学识和能力有限，疏漏在所难免，请见谅并指正。

著 者

2018 年 5 月于三亚

目　　录

第1章 绪 论

1.1 深水地质灾害定义

深水区域蕴藏着丰富的油气资源（Weimer et al.，2006；张功成等，2007，2009；吴时国等，2009）。然而，深水油气开发面临着许多浅水区没有出现的重大地质灾害。海洋钻井与陆地钻井相比，具有明显的投资高、风险大的特点。随着海上油气田开发深度的不断增加，海底管线的铺设深度和长度也不断增加，深水恶劣的自然环境不仅对深水浮式平台、水下生产系统、海上作业等提出了苛刻的要求，而且给工作和运行在那里的连接各个卫星井、边际油田以及中心处理系统之间的从几千米、几十千米乃至数百千米海底管线带来更为严峻的考验。另外，由多相流自身组成、海底地势起伏、运行操作等带来的一系列问题如固相生成（水合物、析蜡）、段塞流、多相流腐蚀、固体颗粒冲蚀等已经严重威胁到生产正常进行以及海底生产系统和混输管线的安全运行，由此引起的险情频频发生。国外深水油气钻探表明，大约70%深水井都遇到过浅水流或天然气水合物灾害问题（吴时国等，2010）。海底滑坡和浅层软沉积物变形也常常导致深水油气钻井平台损坏。油气钻井平台损坏或原油渗漏往往造成巨大的环境灾害，给沿海城市人们的生命财产安全带来重大损失。例如，2010年4月20日，在美国墨西哥湾深水作业的BP公司"深水地平线"钻井平台发生爆炸，出现了重大财产伤亡和漏油事故，共造成11人死亡，70万桶原油泄漏并进入墨西哥湾，由此给墨西哥湾海域带来前所未有的环境灾难，保守估计造成的直接损失在15亿美元左右（吴时国等，2011）。

结合国内外深水勘探和开发实例，梳理深水区钻遇的地质灾害，我们将在大陆坡和深海进行科学研究和经济开发中所面临的各种地质灾害统称为深水地质灾害（deepwater geohazard），主要包括海底滑坡、浅层水合物、浅层气、浅水流和地震海啸等（Field and Edwards，1993；Kvenvolden and Lorenson，2001；Canals et al.，2004；刘志斌等，2008）。

1.2 深水地质灾害研究历史和现状

1.2.1 深水地质灾害研究历史

深水地质灾害研究属于海洋地质灾害研究范畴，它是由近海陆架地质灾害的研究发展而来，并伴随着深水矿产资源的勘探、开发及其工程建设进程而不断深入。1947年美国在墨西哥湾建成了世界第一座钢结构固定平台，在钻井区和平台场址小范围内进行的浅海地质灾害研究为深水地质灾害研究奠定了基础。到 20 世纪 60 年代末，海上移动式钻井装置发展迅速，作业水深已经超过 200m，推动了海上石油勘探向大陆架的迈进。20 世纪 70~80 年代，随着平台和钻井技术的发展，海洋油气勘探开发水域范围进一步扩大，作业水深超过 500m，并成功开发了北海和墨西哥湾大陆架深水区油气资源，这一时期海洋地质灾害研究已经扩展到了陆架海域，并结合区域性的工程地质调查，特别是在海底土体滑移分析、砂土液化评价等方面取得了显著进步，拉开了深水地质灾害研究的序幕。20 世纪 90 年代，油气工业成功解决了温带海域油气开采面临的钻井、采油、运输和存储等技术问题，且在高寒水域的平台和管线技术难题方面取得了重大突破，海洋油气勘探开发取得巨大进步，作业水深不断刷新，2002 年达到 3000m，全球新发现近百个深水油气田，作业范围从北海、墨西哥湾等传统地区扩展到西非、南美及澳大利亚大陆架等海域，深水地质灾害研究逐渐引起工业界的重视。21 世纪初至今，深水工程技术突飞猛进，深水钻探和作业水深记录不断刷新，水下作业机器人（remote operated vehicle，ROV）作业水深已超过万米，深水正在成为 21 世纪重要的能源基地和科技创新的前沿阵地，这一时期的海洋地质灾害调查研究也扩展到了水深大于 500m 的大陆坡海域，陆坡土体失稳以及天然气水合物等地质灾害因素成了研究重点，这标志着深水地质灾害研究已成为海洋地质灾害研究的热点问题（李清平，2006；刘光鼎，2005；吴时国，2015；Wu et al.，2018）。

1.2.2　深水地质灾害预警现状

深水地质灾害事故频发，严重威胁着深水油气勘探开发过程的安全，深水油气开发中的地质灾害研究正日益成为国际研究的前沿课题。因此，对海洋钻井平台施工设备、工艺技术、井控、救生、逃生、环保、交通运输、拖航等均有较高的标准，安全必须绝对有保障。海洋地质灾害调查对于海洋开发规则的制订具有不可或缺的重要作用。海洋油气勘探开发的通用工作流程要求：在进行深水油气勘探开发之前，必须对地质灾害分布进行调查并明确其范围，并对钻井过程风险进行评价，避免潜在的地质灾害危险。对于深水油气勘探中的地质灾害识别及预测工作，必须合理规划并有步骤地进行，同时采取一定的快速评价技术，进行相应预测预警（Bowers，1995；Carcione and Gangi，2000；Carcione and Tinivella，2001；Bowers，2002；Binh et al.，2009；Zhang，2011；Ahmed et al.，2015；Azadpour et al.，2015）。

国外发达国家对海洋地震、风暴潮、滑坡和海啸等海洋地质灾害开发了较完善的预测和评估技术。美国 Scripps 海洋研究所在 20 世纪 80 年代就研发了用于 4000m 深海海底沉积物通量研究的定点观测站；在此基础上又研制了监测深海海底生物化学变化过程的 ROVER 观测站，该观测站工作水深可达 6000m，连续工作最长时间为 6 个月。自 20 世纪 90 年代开始，美国国家、沿海州政府、灾害管理部门、保险公司等有关机构联合，采用业务化运行的风暴潮模式，进行了沿海各岸段风暴潮的调查评估。为实现深海区域的多站点综合观测，美国又于 1998 年启动了"海王星"海底观测网计划（the North East Pacific

Time-Intergrated Undersea Networked Experiment，NEPTUNE），在东太平洋 Juan de Fuca 洋脊处铺设了长达 3km 的高带宽的海底主光缆网络，围绕着海底主光缆又建立了 50 多个定点观测站，并在此基础上实施了 ORION（猎户座）计划。2003 年，美国启动了墨西哥湾天然气水合物海底观测计划（Gulf of Mexico Gas Hydrates Seafloor Observatory Project），其目标是通过实施长期的、多传感器的海底实时远程监测，获得随时移地震推移的数据体，分析墨西哥深水区的天然气水合物稳定带（gas hydrate standard zone，GHSZ）天然气水合物油气系统，加强理解含油气系统在海底环境中的作用。调查包括物理、化学和微生物学研究，由此建立一个模型以使更好地理解和评价天然气水合物和下伏的游离气体，包括：①传统的深水油气活动与地质灾害的关系；②烃类气体排入水体，并最终进入大气，对全球气候变化的影响；③水合物在未来能源中的角色。该计划已经积累了大量的物理、化学和微生物学数据。在美国 NEPTUNE 之后，其他一些国家和组织，如日本、加拿大、欧盟等相继开始了深海水下光缆观测网的建设。为了推动深海地质风险控制技术以促进海洋资源的持续利用，大洋钻探欧洲联合体提出了"深海前沿——可持续未来的科学挑战"计划，针对海洋资源开发区地质灾害的历史、监测和预报开展研究。2000 年启动的大陆斜坡稳定性（Continental Slope Stability，COSTA）研究计划是第 5 次欧洲联合框架研究计划的一部分，选择 10 个典型研究区域进行调查研究，建立起已发生或可能发生滑坡区的海底沉积物物理力学性质的数据库，评价大陆边缘、河口三角洲和海湾在自然与人类活动作用下的海底斜坡稳定性。COSTA 研究计划除了开展常规的航次调查，还开展利用现场原位测试设备和室内试验仪器获取沉积物工程地质特征的研究工作，包括多波多分量地震监测地层超孔隙水压力的波普聚丙烯孔隙压力仪（pop pp pore pressure instrument，PUPPI）及贯入式测试原位地层岩土工程参数的彭菲尔德穿探计（Penfeld penetrometer）。另外，用加拿大发明的仪器和技术设备来测量沉积物的剪切强度、孔隙水压力及孔隙水。近年来，在欧盟科学计划的大力资助下，欧洲沿海国家开展了各种类型的坐底式自动观测站研究。为配合海底地球化学通量、海底表层沉积物变化的研究，德国开发了工作水深 6000m 的 VESP、BS 等多种结构的观测站，其中 VESP 观测站采用了可视化投放技术，为选择海底安全投放地点提供了保障。在欧盟科学计划资助下，英国、丹麦等研制了用于深海海底沉积动力过程研究的 BENBO 观测站，该观测站采用无缆投放技术，工作水深 4500m。荷兰科学家在 2005 年成功研制出具有多学科、多层次、多参数的原位监测系统——BOBO 观测站。BOBO 观测站采用水下无线通信，工作水深 5000m，为研究海底悬浮物沉积、扩散和物质循环过程提供了技术支持。意大利、法国等联合研制了水深 6000m 的海底地球物理监测系统（Geophysical and Oceanographic Station for Abyssal Research，GEOSTAR），该观测系统采用简化的 ROV 投放与回收装置（MODUS），减少了回收式所必需的浮力系统，在结构、水下定位以及操作的灵活性方面均有了很大提高。英国研制了一系列对水下生物及鱼类生活习性观测的专用深海观测站，如 ROBIO 及 FRESP 系统等，这些系统工作水深为 4000～6000m，可以对底栖生物的生活习性、运动状态等进行现场观测。

　　亚洲发达国家不甘落后。韩国建立了较完善的灾害预警基础设施、先进的灾难监测手段和快速应急处理流程。在海洋地质灾害研究方面，日本已经走在了世界前列。日本在长期应对灾害的实践中，建立了先进的灾害管理体系，若发生特大灾害，可利用各种渠道收集灾情信息资料。

1.2.3 我国深水地质灾害研究现状

尽管深水地质灾害最近几年来才引起我国学者的关注（胡光海等，2004；甘华阳等，2004；董冬冬等，2007；吴时国等，2011；叶银灿，2012；杨敬江等，2014），但在 20 世纪 80 年代初，国内各大石油公司便已开展了以含油气远景区的工程地质调查以及平台、管道等工程场址调查为目标的海洋地质灾害调查工作。1983 年南海西部石油公司与中国科学院海洋研究所等率先开展了北部湾海区平台场址工程地质调查；之后，南海西部石油公司和中国科学院海洋研究所等在北部湾及南海西北部陆架又进行了 20km×40km 的区域性灾害地质调查；1985 年，上海海洋地质调查局在东海陆架油气勘探区进行了 1∶20 万区域工程地质调查；1986～1987 年，中国科学院海洋研究所和中国科学院力学研究所根据黄海石油公司的要求，对南黄海 123°E 以西的浅海及苏北浅滩外缘进行了区域工程地质调查；1986～1990 年，地质矿产部第二海洋地质调查大队在联合国开发计划署的资助下，在南海珠江口盆地开展了 1∶20 万的海洋工程地质调查，共完成 9 个 1∶20 万国际标准图幅；2006 年中国海洋石油集团有限公司与赫斯基能源公司合作在珠江口盆地 29/26 深水区块发现 Lw-3-1 天然气田，标志着我国深水油气勘探开发也已全面启动。在工程选址、管道路由与平台场址调查中，国内工程勘察单位与辉固国际集团合作，对水深 600～1500m 陆坡的土体稳定性重点进行了调查研究，揭开了我国深海海洋地质灾害研究的序幕。但由于我国深水油气勘探刚刚起步，对于这一地质灾害的研究和预警技术尚不深入，深水地质调查装备及技术相对落后。因此，深水地质灾害对深水钻井安全的地质风险评价探讨较少，与发达国家仍有较大差距。2011 年 6 月发生在我国渤海海域的蓬莱 19-3 油田的漏油事故，造成了重大经济损失和环境灾害。这也为我国正在开展的深水油气勘探开发敲响了警钟。随着我国深水油气勘探开发的不断深入和深海采矿工作的进一步推进，在获得巨大经济利益的同时，我们也要注重深海资源开发中的地质灾害问题，需积极开展针对深水地质灾害识别与预测技术研究，尤其是加强对海底滑坡、天然气水合物、浅层气、浅水流和地震海啸等深水地质灾害形成条件和特征识别的基础研究，加强深水地质调查装备，为将来深海开发中可能遇到的地质灾害问题做好理论和技术上的准备，避免出现由深水地质灾害带来的重大环境灾害问题。

1.3 深水地质灾害类型

将深水地质灾害类型作为海洋地质灾害类型的一方面，是海洋灾害地质学的一个基本的理论问题，其目的是更深入地认识所研究的深水地质灾害地质客体。国内外学者对于深水地质灾害的研究已有 30 余年，随着海洋灾害地质调查和研究工作的不断深入和发展，根据各自研究目的及其对地质灾害的认识，先后提出过多种分类方案。参照 Carpenter 等

(1980) 对外陆架各类地质灾害因素进行的系统划分方案, 深水地质灾害可划分为两大类: ①危险地质灾害 (genuine geohazard), 对海底油气工程具有高度潜在危险的因素, 如海底滑坡、活动断层、浊流、浅层气、浅水流、浅层水合物、地震海啸等; ②潜在地质灾害 (constraint geohazard), 对深水工程可能构成一定威胁或者给工程带来一些麻烦的因素, 如海底陡坎、埋藏古河道、活动沙波、凹凸地貌等, 其不一定造成灾害, 如果地质勘查详细、工程设计合理, 可以减轻或避免地质灾害事件发生。本书涉及的深水地质灾害主要指具有高度潜在危险的海底滑坡、天然气水合物、浅层气、浅水流及地震海啸等灾害。

1.3.1 海底滑坡

海底滑坡 (submarine landslide) 是指在地震、海啸、高沉积速率、火山、水合物分解等因素的诱发下, 快速沉积的结构疏松欠压实沉积物沿大陆坡滑动面发生块体搬运的过程, 是广泛发生在大陆坡的一种重力流搬运机制, 包括滑动 (slides)、滑塌 (slumps) 和碎屑流 (debris flows) 等重力流作用过程 (宋海斌, 2003; Haflidason et al., 2004; Hampton et al., 1996; Locat and Li, 2002; Weimer et al., 2007; 王大伟等, 2009a, 2009b, 2011; 吴时国等, 2011) (图 1-1)。

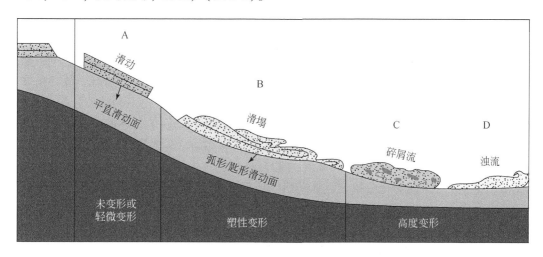

图 1-1　海底滑坡示意图

海底滑坡无论是被动大陆边缘还是活动大陆边缘都广泛发育, 规模不等, 最大可以达到几千平方千米, 对原生沉积具有极大的破坏和改造作用, 可将沉积物运移至数百千米甚至数千千米之外 (Haflidason et al., 2004)。海底滑坡的形成受多种因素控制, 按照周期可以分为长期因素和短期因素。长期因素包括陆坡坡度、海平面变化、天然气水合物分解、沉积物供给、沉积物内聚力、地壳均衡、构造活动或基质 (岩石) 强度等。短期因素由一些触发机制构成, 包括地震、海平面快速变化 (潮汐、海啸、风暴等)、底层水环流 (尤其是底水温度的显著变化)、淡水舌、冰山崩解、水合物分解、滑塌体的快速破裂和人为因素。但常见的触发机制主要是地震、潮汐或风暴潮的负载或卸载、海平面快速变化,以及超压流体、火山和水合物分解（Kvalstad et al. , 2005；Normark et al. , 1993；Micallef et al. , 2009；Popenoe et al. , 1993；Riboulot, 2013）。

早在19世纪后期，人们就已经注意到了海底滑坡的存在。1616～1886年270多年间的330余次海底滑坡事件主要是由地震和火山爆发引起的。随着人类对海底利用范围的加深，海底电缆和油气管线的大规模铺设，因海底滑坡而引发的破坏事件不断发生，人们逐渐意识到加强海底斜坡稳定性研究的重要性。但是，最初的研究主要是定性地对海底滑坡进行分类，对海底滑坡的诱因进行笼统的总结。

直到20世纪70年代，以美国地质调查局为首的研究机构才开始对海底滑坡进行系统的研究。美国地质调查局会同几所大学在密西西比河水下三角洲进行了滑坡灾害研究。促使这一研究得以实施的主要原因是1969年发生在美国的卡米尔号飓风诱发了水下土体大规模滑动，造成3座平台破坏，其中B平台翻倒，此后海底滑坡引起了研究人员的极大关注。

进入20世纪90年代，有关海底滑坡的研究逐步深入。海底地质调查设备的长足进步使得获取大量海底地形数据、提升调查分析水平成为可能，提升了海底滑坡的研究层次。美国、加拿大、欧洲等相继开展了一系列针对海底滑坡的专项研究。例如，美国实施的大陆边缘沉积过程研究、加拿大实施的海岸斜坡稳定性研究、欧洲各国联合实施的大陆斜坡稳定性研究等都取得了丰硕的研究成果。它们对于海底滑坡的分类、海底滑坡的诱发机制、海底滑坡的形态等诸多方面进行了系统的研究。

在海底滑坡分类方面，科学家总结了全球大陆边缘的一些典型的海底滑坡（Weimer et al. , 2007）。表1-1列举了23种导致海底滑坡的情况，除了实际观测到海底滑坡在坡角极小的情况下都可能发生外，还发现发生滑坡的海底砂质大多以粉土和细砂为主要成分。对于海底滑坡的诱发机制，认为引起海底滑坡的因素主要包括：①地震海啸，如圣劳伦峡湾的滑坡（Locat and Lee, 2002）；②海底火山，如加那利群岛水下滑坡的块体运动与夏威夷群岛水下滑坡比较相似，认为海底的发育与海底火山有关（Urgeles et al. , 2006）；③高沉积速率，如通过对比分析得克萨斯州、俄勒冈州、加利福尼亚州和新泽西州海域大陆坡上发育的83个滑坡体，比较滑坡体的面积、滑动距离、滑坡壁高度、滑动面坡度、裂隙以及周围海底的坡度，发现引起海底滑坡的主要因素是海底物质的沉积方式、侵蚀方式和区域海平面变化（Mcadool et al. , 2006）；④失稳地形，如通过系统分析高纬度寒冷环境冰控边缘海和低纬度温暖环境河控边缘海发育的8个较大海底滑坡区域，获得了破裂面的面积、滑坡壁高度、滑动面坡度、裂隙数等主要参数，利用这些参数进行对比研究，发现这些滑坡，除了局部滑坡后壁坡度较缓外，主要的滑坡面坡度后壁较陡（Canals et al. , 2004）；⑤沉积物液化，如在地中海西部Eivissa（伊维萨）海峡发现该滑坡有4个滑动体且滑动速度较慢，但沉积物向下坡方向发生变形的速度较快，致使斜坡上的沉积物发生明显扰动，而滑动距离则不明显，推测碎屑流的搬运距离与其有效抗剪强度和黏性有关（Lastras et al. , 2004, 2005）；⑥天然气水合物分解，通过对挪威大陆边缘Storegga滑坡和美国大陆边缘海底滑坡的研究，认为水合物分解可引起海底滑坡（Best et al. , 2003；Bünz and Mienert, 2004；Davie et al. , 2004）。

表 1-1　世界范围内主要海底滑坡分布

海底滑坡位置	组（地层）	年代
布鲁克斯山脉（美国阿拉斯加州北部）	Torok	早白垩纪
英国西北部，加拿大，哥伦比亚	Isaac	新元古代
美国加利福尼亚中心，Pt. Lobos	Carmelo	古新世
特拉华山区（美国得克萨斯州西部）	Cutoff	二叠纪
沃希托山区（美国，阿肯色州中心）	Jackfork	宾夕法尼亚纪
下加利福尼亚，墨西哥	Rosario	晚白垩纪
墨西哥东部	Chicontepec	新生代
智利南部	Tres Pasos	晚白垩纪
阿根廷	Jejienes	石炭世纪
爱尔兰西部（克莱尔郡）	Ross	晚石炭世
法国南部 Peira Cava	Gres D'Annot	始新世–渐新世
西班牙北部 Ainsa 盆地	Santa Liestra，Campodarbe Groups	始新世
塔韦纳斯（西班牙北部）	Gordo Megabed	中新世
南非 Karoo	Vischkuil	二叠纪
新西兰，北岛西部	Mt. Messenger	中新世
中国，南海	第四系	第四纪

资料来源：Weimer et al.，2007。

　　近年来，随着深水石油勘探的日益升温，国外公司通过对大陆斜坡深水区 3D 地震调查发现，沿着绝大多数的深水区边界，存在广泛分布的海底滑坡（图 1-2）。某些盆地中，第四纪晚期的个别沉积层序可能大半由海底滑坡及其变形沉积物组成。例如，位于墨西哥湾西北部 Brazos-Trinity 盆地 50%的深水层序由滑坡体组成（Beaubouef et al.，2003）；在文莱深水区的沉积层序中包含了 50%的滑坡体搬运沉积（Gilvery and Cook，2003）；尼日尔近海区也有 50%的滑坡体沉积，并且在某些地区，近 90%的地层层序由滑坡体构成（Newton et al.，2004）。

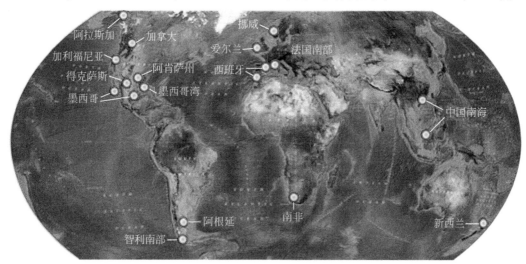

图 1-2　全球主要海底滑坡分布（Paul et al.，2009）

海底滑坡的搬运及变形可促使沉积层内部水分排出，在地下浅层（<100m）沉积物中，滑坡体表现为过压实，这导致在射流或打桩操作时穿透率低（Shipp et al.，2004），而深水区钻井装置成本平均每天达25万~40万美元，因此缩短钻井时间是十分迫切的。此外，海底滑坡能够导致浅地层结构受到破坏，加之深水钻探位于大陆坡区，因而给深水油气和天然气水合物钻井及深海工程带来巨大影响。1929年11月18日，Grand Banks地震触发了20km²的海底滑坡，有27人在该事件中遇难，形成的沉积物流把200km³的碎屑带入深水中，切断了跨大西洋的海底电报电缆，造成了巨大的经济损失，这是最早的关于海底滑坡的工程灾害报道。1969年卡米尔号飓风袭击密西西比河三角洲，引起海底大面积土体滑移，造成3个平台破坏，使其中一个平台翻倒并沿斜坡向下滑出30m，造成的损失超过1亿美元；1975年3月20日，墨西哥湾内的一个自升式平台钻到高压浅层气，引起井喷，接着平台开始倾斜、起火燃烧，最后倾覆、沉没。此外，海底滑坡还可以引发海啸。2004年12月26日苏门答腊岛沿海发生的巨大海啸，造成了巨大的生命财产损失（马宗晋和叶洪，2005）。在国内海底滑坡导致的破坏事件也屡屡发生。例如，钻井船"渤海二号"的滑移造成我国船员遇难和财产损失；渤海浅海层发生海底大面积的滑塌和底辟导致输油管道被切断；南海某石油钻井平台曾因软弱地层滑动导致倾覆。因此，海底滑坡不仅涉及深水油气开发的商业利益，而且对沿海地区人们的生存环境造成巨大的影响。

过去十年里，许多公司利用三维地震资料来评估钻井突发事故，设计了相应的油气勘探和开发方案。三维地震资料可通过确定钻井路径和套管位置来研究海底滑坡问题。因此，从经济方面来说，为了减少投资风险，了解浅层的滑坡和块状搬运沉积分布情况是非常重要的。Shipp等（2004）回顾了穿过海底浅层的海底滑坡（海面以下50~100m）的深水钻井条例中出现的钻井时间延长情况，认为海底滑坡受土力学性质的影响。他们归纳如下：①海底滑坡沉积物和其上下的深海沉积物具有不同的压实作用。②定量证据表明与周围深海沉积物相比，海底滑坡沉积物有轻微过压实的现象。海底滑坡沉积物的含水率比周围沉积物低15%~20%（Piper et al.，1997）。这么低的含水率（由于过压实）是由与海底滑坡沉积物和滑坡变形有关的脱水作用引起的。③海底滑坡沉积物增加的过压实将影响钻井和开发井射孔的地表导管间隔。

对于近地表钻井或在开发深水区注水井，Shipp等（2004）提出了如下建议：①在钻井之前，应该先了解该地区沉积物的分布情况和沉积环境；②在考虑了沉积环境的影响之后，再去选择地表的钻井位置；③表层套管的长度设计应考虑到沉积环境（对于沉积物受到较强压实作用的，则应使用短套管）。

对于管道设计和定位来说，海底地形的不稳定性是主要问题（Kaluza et al.，2004）。在铺设管道之前，对海底的研究必须从以下几点进行常规检查：①沿着海底，确认近期是否发生过可能导致管道形变或者破裂的沉积物运动；②研究所有滑塌沉积物存在区域的沉降作用。一般，平坦的海底是由晚更新世的块状搬运沉积和滑坡体组成的，这些晚更新世的块状搬运沉积和滑坡体被后期全新世的沉积物覆盖，覆盖的厚度从两米到数十米。由于差异性沉降，横向覆盖在下伏块状搬运沉积体上的全新世沉积物的厚度有所不同，因此，这会给工程设计造成困扰。对于这种问题，解决方法是采用柔韧性相对较好的管道和建立跨桥连接通过潜在可疑区域的管道，但其造价非常昂贵。因此，了解陆坡沉积物上部的滑坡沉积体系分布是非常重要的。

1.3.2　天然气水合物

天然气水合物（gas hydrate），也称"可燃冰"，是一种水和气体分子组成的笼状化合物，通常赋存于水深 200～1500m 的海底沉积层中，含天然气水合物的沉积层一般是未固结的地层，水合物填充在孔隙空间，或者与沉积物颗粒胶结在一起。天然气水合物的研究具有重要的科学意义：一方面，天然气水合物储量巨大，有望成为未来重要的替代能源（Brooks et al.，1986；Andreassen et al.，1990；Brown et al.，1996；Alexei and Roger，2001；Baba and Yamada，2004；Boswell，2009；Boswell et al.，2012，2014）；另一方面，它在海底灾害预测和全球气候变化研究中具有不可忽视的作用（Bouriak et al.，2000；Archer，2007；Sloan and Koh，2008；吴时国，2015）。

深水油气一般位于被动大陆边缘的陆坡区，该区域也是海底天然气水合物的存在区域（张光学等，2003；呈时国等，2015），区域的地质构造如斜坡、不规则地层、水合物沉积层的不稳定等构成了工程灾害的潜在因素，特别是浅地层水合物层的存在对工程的安全性具有更直接的影响。深水钻井作业经验表明，水深≤300m，一般没有水合物；水深在 300～600m，如果没加水合物抑制剂，水合物形成的可能性较大；水深≥600m，必定生成水合物，电解质抑制剂不起作用。因而，水深超过 600m 以后，水合物成为深水钻探开发的主要难题。但目前对地层中水合物分解引起的各种灾害行为的研究还不深入，现有研究成果表明，含水合物沉积层孔隙度降低、速度增加、反射空白、地层渗透率降低。低地层渗透率不利于下层游离气向上运移，在孔隙不均匀分布情况下，很容易产生超压地层，导致作业事故的风险大为增加；气体的突然释放也会对输送管道产生破坏作用。美国曾发生过多起因天然气水合物堵塞管线而造成的停钻事故，其中最严重的一次发生在墨西哥湾海域，作业水深为 945m，影响作业进度近 120h。西非几内亚湾也出现过深水固井过程中的水合物风险，险些酿成灾害事故。目前世界上识别出与天然气水合物分解有关的海底滑坡主要有挪威外陆架的 Storegga 滑坡、大西洋大陆斜坡上的 Cape Fear、南美亚马孙冲积扇、加拿大西北岸波弗特海、西地中海的 Balearic 巨型浊流层和西非大陆架、哥伦比亚大陆架、美国太平洋沿岸以及日本南部的海底滑坡体。

因此，在勘探开发常规深水油气资源的同时，还需要对海洋天然气水合物进行探查和开展水合物风险控制研究，如美国在墨西哥湾区域，专门制订了天然气水合物的联合开发计划。在该计划中，除了将开发天然气水合物资源作为主要目标外，还将工程风险评价作为主要研究内容。

1.3.3　浅层气

浅层气（shallow gas）指海底浅层未固结沉积物中含有的游离气体，具有压力高、井喷强烈且速度快、允许波动压力低以及处理难度大的特点，浅层气多在快速沉积的地区钻遇，浅层气灾害是海洋钻井作业中经常遇到的灾害事故之一。在平台上发生的浅层气井喷可以造成巨大的经济损失。例如，1987～1988年出现的一起浅层气井喷，给平台带来了严重的经济损失，据报道损失达两亿美元。表1-2～表1-5列出了浅层气井喷给部分钻井装置和平台带来的损失和井喷持续时间（图1-3）。

表1-2　浅层气井喷造成的平台损失

时间	平台	损失情况	地点
1957 年	South Pass 27	轻	墨西哥湾
1962 年	Grand Isle 9	严重	墨西哥湾
1962 年	Middle Grand Shoals	严重	库克湾
1965 年	S. Marsh Island 48	严重	墨西哥湾
1967 年	S. Timbalier 67	严重	墨西哥湾
1974 年	E. Cameron 338	轻	墨西哥湾
1974 年	High Island A-563	全损	墨西哥湾
1976 年	Fateh L	全损	阿拉伯湾
1976 年	High Island A-511	严重	墨西哥湾
1976 年	Eugene Island 380	中等	墨西哥湾
1977 年	S. Marsh Island 96	中等	墨西哥湾
1977 年	S. Marsh Island 146	轻	墨西哥湾
1978 年	West Cameron 180	全损	墨西哥湾
1978 年	West Delta 79	轻	墨西哥湾
1978 年	Vermilion 23	轻	墨西哥湾
1980 年	High Island 368	全损	墨西哥湾
1981 年	Khafji 156	严重	阿拉伯湾
1982 年	Eugene Island 361	严重	墨西哥湾
1982 年	Campeche	中等	坎佩切湾
1983 年	Forties Delta	严重	北海
1983 年	East Breaks	严重	墨西哥湾
1985 年	Grayling	中等	库克湾
1987 年	Steelhead	严重	库克湾

表 1-3　浅层气井喷造成的自升式及沉底式钻井装置的损失

时间	承包商	钻井装置	损失情况	地点
1958 年	Odeco	不详	不详	墨西哥湾
1968 年	Fluor	Little Bob	全损	墨西哥湾
1972 年	Reading & Bates	M. G. Hulme	全损	爪哇海
1972 年	Marine	J. Storm Ⅱ	全损	墨西哥湾
1974 年	Offshore	Meteorite	全损	尼日利亚
1975 年	Zapata	Topper Ⅲ	全损	墨西哥湾
1978 年	Pebro	Penrod 61	轻	墨西哥湾
1979 年	Odecod	Ocean Patrior	不详	墨西哥湾
1980 年	Reading & Bates	Ron Tappmeyer	严重	阿拉伯湾
1981 年	Sedco	Sedco 250	全损	安哥拉
1983 年	Pebrod	Penrod 52	全损	墨西哥湾
1983 年	Santa Fe	Santa Fe 134	中等	加里曼丹
1985 年	Beaudril	Molikpad	中等	蒲福海
1988 年	Sedco	Sedco 251	全损	爪哇海
1989 年	Sedco	Sedco 252	全损	印度

表 1-4　浅层气井喷造成的半潜式钻井装置的损失

时间	承包商	钻井装置	损失情况	地点
1971 年	Odeco	Ocean Driller	轻	墨西哥湾
1973 年	Santa Fe	Mariner Ⅰ	全损	特立尼达
1973 年	Santa Fe	Blneater 2 Ⅰ	全损	墨西哥湾
1973 年	Santa Fe	Mariner Ⅱ	全损	墨西哥湾
1978 年	Sedneth	Sedneth Ⅰ	中等	墨西哥湾
1980 年	Sedeo	Sedco 135C	全损	尼日利亚
1981 年	Wilhelmsen	Treasure Saga	中等	北海
1981 年	Odeco	Ocean Scout	轻	墨西哥湾
1984 年	Wilhelmsen	Treasure Seeker	中等	北海
1985 年	Smedvig	West Vanguard	严重	北海

表1-5 浅层气井喷造成的钻井船及驳船的损失

时间	承包商	钻井装置	损失情况	地点
1964 年	Reading & Bates	C. P. Baker	全损	墨西哥湾
1969 年	Reading & Bates	E. W. Thomton	中等	马来西亚
1970 年	Offshore	Discoverer Ⅱ	轻	马来西亚
1970 年	Offshore	Discoverer Ⅲ	中等	爪哇海
1971 年	Fluor	Wodeco Ⅱ	全损	秘鲁
1971 年	Atwood Oceanics	Big John	全损	文莱
1975 年	Offshore	Discoverer Ⅰ	轻	尼日利亚
1981 年	Petromarine	Petromar Ⅴ	全损	中国南海
1982 年	Global Marine	Conception	中等	加里曼丹
1988 年	Viking Offshore	Viking Explorer	全损	巴厘巴板

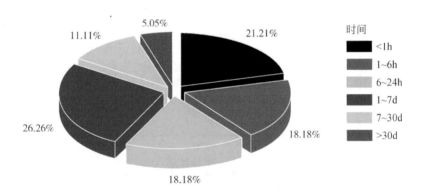

图1-3 美国大陆架1971～1991年井喷持续时间（据 MMS[①]）

由于前期调查及研究不充分，海底浅层气在墨西哥湾海域油气资源勘探及工程施工中都遇到过，它们是各种海底设施和建设施工的一大难题和灾害隐患。钻井权威和井控专家公开宣称，在所有井控问题中处理浅层气井喷最为困难，相比于控制井喷，强行起下管柱、不停产（或失控）情况下分接管线、冻结技术或其他井控专家经常提到的问题更加具有技术上的挑战。

美国大陆架：1971～1991 年，在美国大陆架作业中共发生 87 次井喷事故（钻井共21 436口，其中开发井占 63.6%），11 次井喷导致了灾难性事故，大部分为浅层气井喷，其中 46 次井喷是发生在勘探井中。由于大部分探井非商业可采，因而，在墨西哥湾所发生的井喷与产量联系密切，其中 58 口井是在钻至 5000ft[②] 前所发生的，均因未被检测到或

---

① MMS，Minerals Management Service，美国资产资源管理局。

② 1ft=3.048×10⁻¹m。

对试层气高压控制不当所造成。尽管开发井钻井时，确立了许多地质参数，井喷率较低，但是在实际钻探时，37口开发井中仍有25口由浅层气喷出导致了井喷事故（图1-4，图1-5）。

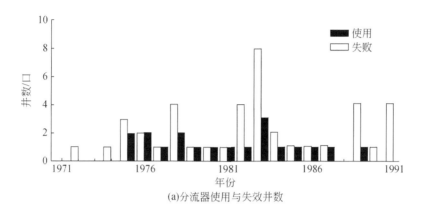

(a)分流器使用与失效井数

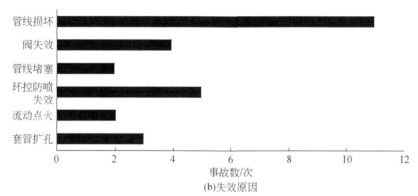

(b)失效原因

图1-4　美国大陆架1971～1991年分流器使用与失效井数和失效原因

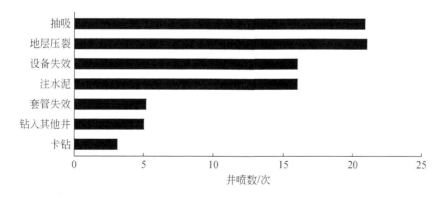

图1-5　美国大陆架1971～1991年浅层气井喷原因（据MMS）

挪威大陆架：截至 1987 年 11 月，在挪威大陆架钻进的 567 口探井和评价井中有 155 口井钻遇了浅层气，7 口井发生了井喷，多口井发生了井涌。1985 年 10 月 6 日晚在挪威 6407/6 区块 Vanguard，半潜式平台发生了浅层气井喷，在12-1/4 in 井眼钻进过程中发生井喷。结果爆炸与大火引发了巨大的灾难，造成了巨大的经济损失。

浅层气灾害主要体现在 3 个方面：①难预测。气体一般来源于海底以下 1000m 浅地层内聚集的生物成因气体，横向分布不均匀，难以识别。②难控制。浅层气不仅发生突然，警报信号的反应时间短促，通常来不及报警就喷出地表，造成井喷，而且来自浅层气的压力能够使油井很快卸载，一旦井喷，即使流量很小也可以使所有泥浆喷出，尤其是在起钻过程中向井眼内灌泥浆时，分流作用失效 50% 的海洋浅层气事故与此有关。现场经验和数学模型表明，一旦发生浅层气井涌，浅层气井喷几乎是不可能予以控制的。事实上，很多浅层气的停喷是由地层坍塌而制止的。③伴生灾害。在表层套管以上地层一般埋藏深度浅、地层极为松散、地层承压能力弱，属于薄弱层，浅地层（从早期钻穿的表层土至导管/表层套管的下入深度）破裂压力梯度低，不能用普通的关井技术来控制井涌，这是因为浅层气井喷发生在导管或表层套管下的裸眼部分，或在表层套管外面（原因是气窜通过水泥而引起），防喷设备少。发生井喷时，不能强行关闭，否则将憋漏表层，造成烧毁钻机等事故，通常为了防止憋裂地层，一般使用分流器，分流器只能控制井喷，而不能约束井喷。

海洋钻井预防浅层气井控工作极为重要，它直接关系到海上钻井施工人员、设备、地下资源及海洋环境的安全，因此迫切需要研究总结一套适合海洋钻井的浅层气钻井技术，以有效防止浅层气井喷事故的发生（吴时国等，2015）。

1.3.4 浅水流

浅水流（shallow water flow，SWF）指深水钻探阶段，发生于浅部地层的持续砂水垂向流动现象。在深水区，当钻井通过异常压力、未固结、未压实砂层时，受高孔隙压力驱动，沿结构套管内侧或外侧迅速向海底喷出的浅水流砂体，浅水流可侵蚀钻井的支撑构架导致套管弯曲破裂（图1-6），破坏井眼完整性让井控失效［图1-6（b）］，将大大增加钻井开发和维护的成本（Alberty et al.，1997；Huffman and Castagna，2001）。浅水流是深水油气开发中的常见灾害，在墨西哥湾也是所有地质灾害中影响最大的。

通过对墨西哥湾、挪威、里海等深水油气区（以墨西哥湾为主）浅水流发生区域资料的调研发现，浅水流通常发生在水深大于 400m，埋深 300~800m 内沉积速率高的深水盆地（图1-7）。当钻井钻过该地层后，高速水体就从钻孔中喷出，这是深水油气钻井遇到的主要事故，其形成条件和形成机制、岩石物理特性、地球物理识别标志等是研究的热点问题。1985 年，在墨西哥湾首次发现浅水流事件，根据墨西哥湾深水钻井资料（图1-8），浅水流多发生在 450~2000m 埋深小于 200m 且具有高沉积速率的高压砂层之上。钻井引起的压力释放导致砂水流沿着井孔内侧或外侧持续流动。对于已空钻的井孔，在水流的不断侵蚀下，井孔周围还会被淘空，在缺少支撑的情况下，井孔很容易发生变形，进而威胁钻井的安全。

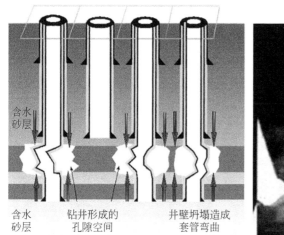

(a)套管弯曲破裂   (b)井控失效

图1-6 浅水流引起的钻井灾害示意图 （据 MMS）

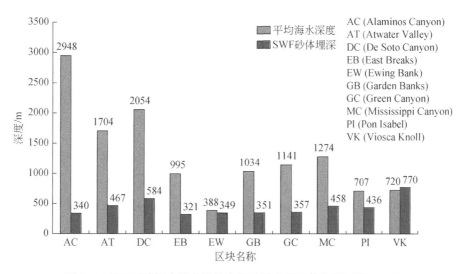

图1-7 墨西哥湾深水钻井平均水深及浅水流砂体埋深 （据 MMS）

自浅水流被报道以来，里海南部、挪威海和北海等地区也相继发现了类似现象。BP Amoco 浅水流数据库被最早用于统计浅水流问题的预防和修复成本，数据显示，截至 1999 年，用于 105 口井的修复和预测达 1.75 亿美元，平均每口井 160 万美元，34% 被用于预防，66% 用于修复，勘探和评价井平均每口井 130 万美元，开发井 210 万美元。在预防费用方面，MWD/PWD 用于检测砂体位置、确定砂体流动性，每口井需花费约 2 万美元，24-in 套管用于确定何时需要使用立管或分流器，每口井花费约 50 万美元，导向孔每口井 30 万美元，SWF 巩固每口井 20 万美元，立管每口井 50 万美元，不同的水深、钻井进尺量、总量、供应方以及优化措施每口井的费用成本有所不同。根据 Fugro Geoservice 公司早些年的深水钻井统计报告，大约有 70% 的深水井曾经遇到过浅水流问题。在墨西哥湾 123 口

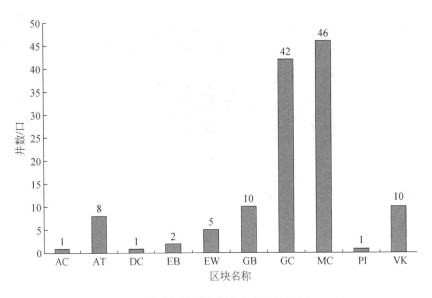

图 1-8　墨西哥湾钻遇浅水流灾害井数（据 MMS）

深水井的数据库中有 97 口井都报道了浅水流问题（79%）。其中，有 30 口井因为浅水流问题而无法完成钻井（24%）。截至 1998 年，已经花费 3060 万美元用于防止浅水流问题，13 700 万美元用于修复浅水流问题影响，64% 工作量用在浅水流问题中。1999 年在得克萨斯州里格市召开的浅水流钻探会议上，美国矿产管理局（Minerals Management Service，MMS）报道深水钻井大约 30% 的费用都是因为安全事故，其中主要是过高压问题，即在一定深度地层中的流体孔隙压超过了相同深度处的静水压力。截至 2008 年，墨西哥湾用于预防浅水流及修复钻井所用的费用已超过 20 亿美元。浅水流除了可以加大钻探的成本外，还可以破坏海底形态，形成海底火山、海山，产生大量海底裂隙（图 1-9）。

　　由此可见，浅水流给地质工程带来了很大的安全问题，并造成了巨大的经济损失。虽然我国正在进入南海等深水钻探领域，但对浅水流问题经验不足，目前该问题在我国还没有引起足够重视。为减轻和避免可能要面对的灾害，非常有必要研究浅水流的形成机制及其地球物理识别技术，并深入探索浅水流的预测和防止技术方法（董冬冬等，2009，2015；孙运宝等，2014；吴时国等，2010；叶志等，2010）。

1.3.5　地震海啸

　　地震触发产生的海底滑坡及海啸，严重威胁深水工程、海底电缆及沿岸居民的生命财产安全。尤其近几十年来，板块边界及洋-陆过渡带地震频发，预示着全球构造活动进入了新一轮的活跃期。2004 年 12 月 26 日发生的印度洋板块与亚欧板块交界处的印度洋地震及海啸，导致超过 29.2 万人罹难，其中 1/3 是儿童。2011 年 3 月 11 日日本东北部海域发生里氏 9.0 级地震并引发海啸，这是 1900 年以来全球第四强震（日本自 1923 年官方测定地震震级最高的一次地震），造成至少 15 900 人遇难，农业损失超过 8500 亿日元，同时海

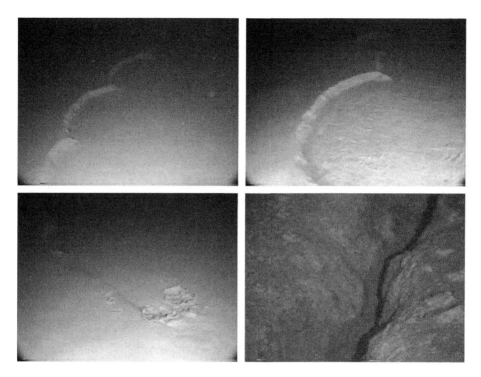

图 1-9 浅水流灾害塑造海底地貌（Ostermeier et al.，2002）

啸造成福岛核电站爆炸，法国原子能安全机构对爆炸事故严重性评估定级为 6 级。大地震后日本至少有 14 座活火山周边的地震活动更加活跃。这些重大海洋地质灾害的共同点都是发生在板块边界或者深大断层带上，其成因都与板块运动积累能量的释放有关。

尽管南海没有发生大的地震海啸，但历史上却有大地震和海啸沉积记录，马尼拉俯冲带被认为是未来发生地震的危险区，本书将对我们的研究进展进行详细介绍。

1.4 深水地质灾害监测和预警关键技术

深水区具有丰富的水合物资源，深水油气与水合物有一定共生关系。在常规深水油气钻探和开发中已经遇到地层水合物及浅水流等带来的作业安全和海底不稳定性风险，从墨西哥湾到北海乃至西非，深水浅层水合物和浅水流问题已影响到深水钻探、开发、生产的安全，水深超过 610m 时，水合物成为深水钻探开发的主要难题，而水合物合理、安全、可靠地开发利用是深水能源可持续发展的重要领域。因此，从井筒到管线及下游设备的多相流动流动安全、地层中水合物的风险管理技术、水合物的安全合理开发利用研究一直是深水油气田开发和运行管理中的热点和难点，如著名的"海神"计划、PROCAP 研究计划等都将深水流动安全保障技术作为核心攻关技术。

深水油气流动安全保障和深水水合物风险控制技术研究平台，欲通过实验研究和理论分析，形成从井筒、水下设备、海底管线到下游处理设施的 3000m 水深流动全过程智能监控系统和安全、经济、有效的流动安全保障设施及技术体系，建立深水水合物区常规油气田开发作业过程风险评价和管理技术，在深水水合物和油气联合开发先导技术研究方面有所突破，为实现深水油气田的安全开发和深水水合物开发利用提供技术支持和有力保障。但许多关键技术成为制约深水油气开发的重要瓶颈，如深水流动安全保障和水合物风险控制技术实验研究系统；基于深水油气藏物性特征和开发特点的3000m水深深水流动安全保障智能监控系统基本设施及涵盖流动安全设计、分析、预测与管理的技术体系。因此，深水地质灾害监测和预警关键技术针对深水浮式平台和水下工艺设计的特点，配合深水采油工艺优化，适应节能减排需求，开发高效油气水分离设施和水下段塞流捕集器；建立深水水合物进行常规油气开发的风险评价和控制技术，为深水特别是陆坡区域进行油气田安全开发提供技术保证；在深水油气和水合物联合开发先导技术方面有所突破，以为深水水合物和油气联合开发做好技术储备。

深水海底地质灾害识别及预测包括三部分，即地质灾害调查、形成机理和风险性量化评估。地质灾害识别及预测涉及地质灾害识别与分析、原位监测和数值模拟等技术。

1.4.1 综合地球物理识别和预测技术

深水恶劣的自然环境，不仅对井筒设施、水下和水面生产设施提出了苛刻的要求，也使连接各个卫星井、边际油气田及中心处理系统间的海底管线和油气集输系统面临更为严峻的考验。由井流的多相性、海底地势起伏、运行操作等带来的一系列问题如固相生成、段塞流、多相流冲蚀等已经严重威胁到井筒、设备、海底管线、立管等流动体系的安全运行；同时深水油气与水合物储层有一定共生关系，如墨西哥湾蕴藏着丰富的油气资源和水合物资源，而深水巨大水合物资源的合理开发和利用是实现世界石油天然气工业可持续发展的重要战略部署。因此，从井筒到管线以及下游设备的多相流动流动安全和地层中水合物的风险控制及开发利用技术研究一直是深水油气田开发和运行管理的热点、难点和技术前沿。下面分别介绍相关技术的发展现状和存在的技术难题。

1.4.1.1 海底滑坡风险控制技术

浅层3D地震资料解释是了解海底滑坡的有效手段。浅层3D地震资料比深层地震资料具有更高的精度（频率分别为120Hz和40Hz），可以更好地进行类比研究，尤其是结合露头资料可详细阐述每种储层单元的重要特征。

浅层地震类比研究对于海底滑坡风险控制体系研究具有重要作用，Steffens等（2004）阐述了海底滑坡风险控制的流程：①分析沉积过程。3D地震资料的综合及常规使用是促使地质学家重新思考与深水沉积过程有关假设的根本原因。从浅层3D地震资料中可以观察海底滑坡的相变及相分布特征等重要信息。②建立结构模型。利用浅层3D地震资料可以再现海底滑坡的沉积过程及堆积样式，并最终建立精确的3D结构模型。利用浅层3D地震资料还可以刻画不同结构单元的形态，并将其用于深水结构单元及露头的类比研究，同时还可以获取重要的空间信息（如海底滑坡范围和形态、不同结构单元的厚度等）。

③评价浅层地质灾害。浅层 3D 地震资料在钻井灾害评价及海底形态刻画中的作用正变得越来越重要，可用来研究区域构造和地层背景，并进行井位评价。

1.4.1.2 深水海域天然气水合物风险控制技术

多道地震方法是探测深海天然气水合物的常用技术方法，也是目前最有效的技术方法。它是利用强脉冲声源（如气枪排阵）和多道接收器探测来自海底及海底之下地质界面的反射信号。这种方法的特点是数字记录、分辨率高、费用高、探测埋深浅。由于天然气水合物的勘探在近 20 年才受到重视，故其地球物理勘探手段的实施还是比较匮乏，尤其是我国水合物勘探投入的资金和技术更是较少。

海底地震检波法是在海底安置大孔径地震检波器，接收来自地下地质界面的反射信号。垂直地震剖面法是在钻井的不同深度安置地震检波器。这些方法的分辨率很高，费用也很高，主要用来估算天然气水合物的富集率和评价天然气水合物资源量。

海底地震电缆方法是指将地震电缆铺设在海底进行地震数据接收的方法。起初将电缆铺设在海底进行数据接收，主要是因为在一些浅滩地区地震调查船因水深太浅而无法进入。实践证明，这种地震勘探方法有其独特的优点。虽然海底地震电缆方法的勘探费用要比常规海面拖缆方法投入多，但它没有局限在浅滩地区，而是向更大的海洋范围发展。海面波浪和海流引起的噪声及海面拖缆内的噪声都将和有效地震信号一起被记录到水听器中。为了降低噪声，海面拖缆中每个工作道一般由多个水听器构成的水听器阵来进行地震数据记录，这不可避免地要损失部分高频信号。另外，海面拖缆的移动同样会损失高频信号。由于海底电缆铺设在海底，大大降低了噪声水平，同时实现了全波（S 波、广角数据）数据接收和 4D 重复观测。特别应该提到，由于 S 波不能在液体中传播，因此海面拖缆无法记录到 S 波信号，但海底电缆则可以记录到 S 波信号。这对天然气水合物研究以及BSR 之下的气体成像特别有用。

浅层剖面系统是为探测海底浅表层沉积物结构而设计的一种可变多频高分辨率声学剖面系统。其海上施工测量和本书提到的传统地震勘探与高分辨地震勘探基本相同，都是以测量船为工作平台，在近海面人工提供震源，电缆在近海面进行信号采集。美国 Data Sonics 公司生产的 SBP/5000 型和 EG&G 公司生产的 UNI-BOOM 浅层剖面系统，以及俄罗斯生产的 Sonic 浅地层剖面系统等都可以精确地揭示海底地形和海底以下 200m 内的地层结构、断裂、滑塌和浅层气等，分辨率高达 0.2m。实际上，在野外工作中，低能高分辨率的浅层剖面系统和中能中分辨率的单道电火花系统可同时使用，因此可得到 200m 以浅的地层结构的图像。

海底电磁探测天然气水合物的下边界在地震剖面上有明显反映，但是它的上边界则不易确定。由于天然气水合物在电性上是一个绝缘体，开发海底可控源电磁法（controlled-source electro magnetic method，CSEM）（频率域）和海底瞬变电磁法（transient electro magnetic method，TEM）（时间域），通过人工源海底电磁探测，辅助地震勘查，可了解天然气水合物的厚度、孔隙度，从而利用电法资料辅助评价和计算天然气水合物的资源量，利用电磁法正、反演计算研究游离气带模型、水合物楔模型、不同饱和度的天然气水合物沉积在电磁场上的特征，可以确定合理的电磁法探测技术，辅助地震对天然气水合物做出资源评价。因此，发展海洋电磁法技术，进而开展电磁成像，电磁地震联合反演及综合解释技术研究，有助于天然气水合物的评价。该方法在温哥华岛外、智利等地的水合物勘探中都取得了较好效果。

含天然气水合物沉积层的物理特性不同于正常沉积地层。通过检测海底随海洋波动的垂直起伏可以计算近海底沉积地层的剪切模量，通过剪切模量异常从而估算沉积地层中天然气水合物的含量。2004年加拿大水合物航次将海底重力仪放在已知有水合物的海区进行实验，取得了很好的效果。

水合物风险分析的实验几乎都是围绕着观察、测量、评价水合物分解前后地层的力学特性的变化而开展的，主要包括含水合物样品力学性能的测试设备及实验，如微力学测量仪（图1-10）可用来测量冷流体中水合物微粒之间的黏附力，三轴仪（图1-11）可以实现真三轴应力条件下岩石物理特性的测量，共振超声频谱可评价沉积物在水合物分解前后的力学性能的变化情况，从而可为与钻井设备等相关的安全性能评价提供依据。含水合物样品的成像分析系统包括X射线CT扫描仪、中子和X射线粉末衍射装置（美国橡树岭国家重点实验室）、黎曼分光仪、环境扫描电子显微镜红外成像分析仪及核磁共振装置等。

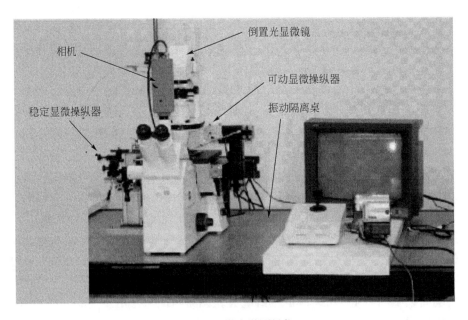

图1-10　微力学测量仪

为了研究墨西哥湾北部典型水合物特性和钻井、开发对水合物的影响，2003年起美国便在深水水合物区开始了油气开发风险评价与控制管理技术研究。目前我国也已经开始了深水钻探。

图 1-11　用于水合物沉积物特性测量的三轴仪

1.4.1.3　浅水流风险控制技术

在钻井之前识别出浅水流等过高压层是最有价值的。地质灾害或站位调查数据虽然在浅水流典型海区可以提供高分辨率浅地层成像，且有利于分析层序地层，但它们使用的是短拖缆，因此并不能提供可靠的速度信息或充分的振幅随偏移距变化信息来区分岩石物性。多分量数据尽管提供了精确的 V_P、V_S 和密度评价，但采集成本较高，尤其在深水区，现有多分量设备在水深超过 1500m 的海区工作时难以保证数据的可靠性及设备的安全性。因此，现有的采集方法多采用传统的长缆 3D 纵波数据。

利用 SWF 砂体物性和形成特征，钻前可以对 SWF 砂体存在性进行评估。快速的沉积（>1mm/a）环境可作为评估 SWF 砂体形成依据。另外，容易形成 SWF 的砂层常具有较高的纵横波速度比（V_P/V_S）或泊松比，这也是识别浅水流地震方法中最常用的参数。目前用于识别和预测浅水流的方法包括测井和反射地震两大类。识别和估计浅水流的地球物理测井方法包括钻井时的测量（MWD）、钻井之后的测井及 VSP 测井等。反射地震方面方面，McConnell（2000）在地层格架内利用高分辨率二维资料和传统的三维资料进行了振幅解释；Ostermeier 等（2002）认为仅仅依靠振幅信息并不可靠，因为浅水流埋藏深度上的砂页岩界面波阻抗差很小；Prasad（2002）通过实验发现浅水流砂体具有高 V_P/V_S 值；Huffman 和 Castagna（2001）认为由多分量地震记录获取的 V_P/V_S 异常可用于检测浅水流；考虑到多分量地震记录的高成本，Mallick 和 Dutta（2002）应用叠前全波形反演方法结合岩石模型，对传统的三维数据进行再处理，应用层序地层学分析、AVO 属性分析和叠前波形反演方法综合识别浅水流砂体。考虑到全波形反演成本仍较高，得克萨斯大学设立专门项目研究浅水流，以求获取更经济有效的 V_P/V_S 鉴别技术。在这种情况下，Lv 等（2005）用传统的三维数据应用旁井横波速度资料对 V_P/V_S 应用 AVA 反演进行分析，在 SWF 区发现 V_P/V_S 具有明显的变化，他们发现通过钻遇 SWF 层位的钻井资料计算求得 SWF 区的 V_P/V_S 值由 3.4 迅速增加到 9.3。这与实测的钻井资料非常吻合，所以他们认为当纵横波速度比（V_P/V_S）大于 9 时可以很好地指示 SWF 层位。就沉积物参数反演来说，目前使用最广泛的方法为基于传统数据的 AVO 分析方法（Ostrander，1984；Rutherford and Williams，1989；Connolly，1999），但受该方法基本原理限制，其在小反射角时（25°~30°）效果较好，大反射角时其他波形（如模式转换波、层间多次波等）会严重影响纵波反射，因此目前 AVO 技术的应用仍然局限于小角度反射。但浅水流砂体的检测需要对 V_P/V_S 和泊松比进行高质量的评价，因此传统的 AVO 技术并不合适（Mallick，2001；Mallick and Dutta，2002）。叠前全波形反演提供了更好的解决方法，因为其采用了更精确的正演模型来转换叠前数据，其将纵波反射与其他波形区分，因此可以处理大入射角反射数据，提供更可靠的 V_P 和 V_S 评价（Sen and Stoffa，1991，1992；Stoffa and Sen，1991；Mallick，1995，1999）。

钻探中 SWF 问题也可以采取合理的工艺进行处理，关键是要控制好泥浆。SWF 砂体中，孔隙压力与砂体断裂梯度之间的窗口很窄。如果泥浆重量不足以平衡砂体的孔隙压力，砂就会流进井里；如果泥浆质量过大，砂体就被破坏。过重或过轻都导致井控失败。由于 SWF 问题十分严重，很有必要在深水钻探之前进行 SWF 问题的评估。它是钻井井位确定和钻井保护措施的重要依据。

尽管国际上在深水钻探领域技术先进的国家（如美国）在处理 SWF 问题上已经有了经验积累，但是要理解和掌握这些经验和技术需要一个实践过程。同时也应意识到，目前有关 SWF 问题的认识和防范措施也是初步的，需要进一步研究来加深认识。为了减轻和避免深水钻探中可能要面对的 SWF 灾害，需对如下技术进行深入研究：①SWF 形成机理和数值模拟分析技术，如 SWF 砂体中压实形成超压机理，微观和宏观流动及破坏机制。数值模拟 SWF 砂体超压的形成和流动破坏过程，深入和全面理解 SWF 问题的物理本质，指导 SWF 的识别和防范。②SWF 砂体识别技术，实验确定 SWF 砂体的岩石物理性质，特别是在低的压差（围压与孔隙压力差）下纵横波速度；确定具有 SWF 倾向砂体的敏感岩石物理属性参数地震响应特征，建立岩石物理性质与孔隙压力、孔隙度和沉积物矿物的关系；形成识别 SWF 砂体的地球物理物性分析技术和压力分析技术。研究针对浅水流的叠后振幅反演、层析反演、叠前振幅反演等，尤其要发展叠前全波形反演技术等研究热点。③通过 SWF 层的钻井技术，合理的工艺（泥浆和井壁处理等），防止 SWF 发生或对 SWF 破坏的修复等。

1.4.1.4　综合地质建模技术

综合地质建模技术可有效指导野外数据采集，描述海底滑坡空间展布特征，恢复滑坡构造演化历史，尤其是三维地质建模和可视化技术的发展可提供更为直观、逼真的地质体成像。综合地质建模技术涉及地球物理、地质、数学、概率统计、计算机等多学科，其基础数据来源广泛，包括地震、测井、岩石物理、地质录井等。在深水区，由于水深大于500m、海底地形复杂、观测面积巨大，因此，我们无法通过肉眼直接观测，只能借助先进的地球物理技术手段，如多波束精密测深、高分辨率地震资料、深水浅剖和旁扫声呐等综合地球物理技术，来研究海底地质灾害的地形地貌特征、滑体的几何形态和演化。例如，挪威边缘的Storegga滑坡是世界上面积最大、最典型的海底滑坡之一。该滑坡影响范围约为95 000km^2，包括滑体及相关的碎屑裙、浊积扇体等。其中，滑体大小为2400~3200km^3，碎屑裙和浊积扇体成为挪威盆地最主要的沉积类型。这些关键数据都是通过分析Storegga滑坡区的旁侧声呐和高分辨率地震资料得到的，由此对Storegga北部滑坡区的海底地貌、流体结构和形成机制有了较深入的分析。我国的大科学工程项目——建设新一代的科学考察船（图1-12），可满足我国对深海地质研究的需求。

图1-12　新一代综合地球物理考察船示意图

此外，后续的海底地质灾害风险分析必须基于综合地球物理及沉积物取样等现场调查技术手段，查明海底的地形地貌、地层的类型和年代及沉积速率、断裂构造活动、超压异常及开展区域地震活动性等研究，建立区域地质模型，分析海底滑坡的地质演化。

1.4.2 原位监测技术

由于深水地质灾害存在多种类型，所以研究和预测方法繁多。原位监测技术是深水地质灾害监测和预警关键技术的重要组成部分。在国外，通过针对特定研究目标而设计的海底边界层通量检测装置、海底原位观测平台、海底监测传感器、海底水样采集器等已申请专利，但受限于研究目标，它们具有一定的局限性，如对边界层的单项或若干固定参数指标进行探测，多采用非模块化结构设计，可扩展性不强，工作水深一般为 1000~6000m，且相关文献及资料调研未发现监测装置的详细技术介绍，也未见深海通用接口技术及模块化、开放式的海底边界层原位监测技术的报道。

目前，原位监测技术（或声学技术）主要是深水线阵列，通过原位监测获取监测区的海水及海底沉积物岩石物理和应力状态等参数。深水线阵列包括垂直线阵列、水平线阵列和井中线阵列观测系统（图 1-13）。

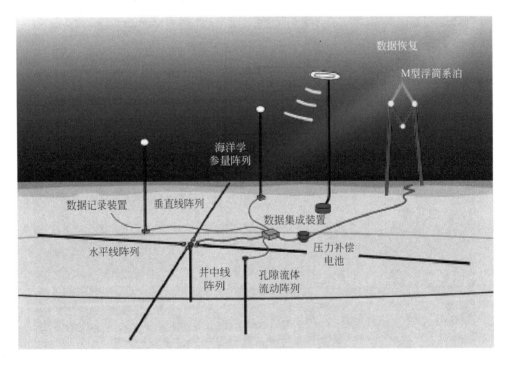

图 1-13　海底观测深水线阵列观测示意图

垂直线阵列（vertical line array，VLA）技术可以获得海水及海底地层的精细速度结构、海水的温压场及流场信息。20 世纪 90 年代，美国海军为了军事海洋研究，开始研制 VLA 来测量海底表层沉积物的声速与声衰减系数等。水平线阵列（horizontal line array，HLA）是将检波器水平放置在海底，检波器与海底直接耦合，能够同时获得海地地层的纵波和横波信息的一种方法。井中线阵列（borehole vertical line array，BLA）是将 VLA 放入钻井中，以便得到更好的监测数据。2003 年，DOE 要求监测联合会在联合工业项目中进一步扩大监测目标，为此，在墨西哥湾北部的设计站位进行了钻探取芯和布放井中线阵列，监测贯穿整个水合物稳定区。

深水线阵列有助于监测局部区域的海洋声学、温压场和流场特征，可获得海水及海底地层的精细速度结构、海水温压场及流场信息。深水线阵列能接收到海底地层反射的纵波和横波信号，能够反演出海底地层中的流体压力变化，从而达到监测海底不稳定性的目的。由于深水线阵列是采用几千赫兹声源信号，相对于高分辨率地震，具有更高的薄层分辨能力，通过对接收的声波信号进行分析处理，能够反演出监测位置的海水及海底地层的精细速度结构，为海洋科学、海洋工程及军事活动等提供有效的研究数据。

我国的深海探测技术起步较晚，目前海上已经建成部分海底混输管道，拥有部分先进的设计软件和技术，经过多年的积累，已经具有一定的海底管线工程设计经验和运行经验，并且对海底管道中流动安全问题也有了一些零散的概念认识和处理技术方面的基础，如 JZ20-2 油田四十多千米上岸油气混输管线就曾经发生过水合物使管线堵塞 8 天后成功解堵的事件，QK17-3、QK17-2 井口平台到 QK18-1 综合平台之间十几千米的油气水混输管线就经常受到立管段的塞流围绕，多相管流腐蚀几乎存在于每一条海底混输管线中。但同国际先进水平相比，还存在着较大差距。

由于深水环境恶劣，流动系统特别是多相流的复杂性，加之浅层水合物的风险评价才刚刚起步，深水水合物的开采利用尚在前期勘探资源评价阶段，深水流动安全保障和水合物风险控制等一系列威胁安全生产的问题虽取得一些研究进展，但仍然没有得到很好的解决，我国深水开发的最大深度仅为 333m，合作钻探最大深度为 1480m，整体技术水平远远落后于世界先进水平，同时我国海上油气具有高黏、高凝、油气比变化大等特点，单纯引进和依靠国外技术无法解决根本问题。随着我国海洋石油走向南海，深水流动安全保障将面临着巨大挑战，同时深水水合物对海上、水下结构物及环境保护的风险将是我们必须面对的新挑战，而与油气共生的深水水合物开发利用是深水油气田增产的有效措施和我国海洋石油可持续发展的重要领域，因而兼顾引进和创新，开展深水流动安全保障技术和水合物风险控制技术的研究不仅具有重要的现实意义，也具有长远的战略意义。

在国家 863 计划（国家高技术研究发展计划）和中国科学院科研装备研制计划的资助下，自"七五"以来先后研制了用于深海原位观测的深海潜标系统（国家海洋技术中心研制）、海床基观测系统（中国科学院海洋研究所研制）、深海自主式航行器（autonomous underwater vehicle，AUV）（中国科学院沈阳自动化研究所研制）等深海高新探测技术。"十一五"期间，国家 863 计划启动了海底电缆观测网络的关键技术研究和海底边界层原位观测技术。2003 年中国船舶工业勘察设计院结合 MJ-Ⅱ型顶压式静探机和静探平台研制出水域静力触探平台。2001 ~ 2005 年中国地质调查局广州海洋地质调查局主持的国家 863 计划项目"海底土体原位静动态探测技术"，研制出了以管内液压推进系统为关键技术的海洋静力触探设备，工作水深可达 100m，触探深度可达 120m。

海底沉积物声学量测，也是一种有效的长期观测海底沉积物物理力学性质变化的间接方法。通过建立海底沉积物声学参数与沉积物物理力学特性之间的内在联系，从而实现用声学方法对海底沉积物的结构及工程性质进行探测和分类识别。国家海洋局第二海洋研究所将国外的声学长矛进行了改造，研制出多频海底声学原位测试系统，并在杭州湾进行了原位测试。国家海洋局第一海洋研究所和中国科学院海岸研究所在国家海洋公益课题支持下研制了海底表层声波测试装置，并在黄海、南海进行了实际应用测量。

1.4.3 数值模拟与风险定量评估技术

海底沉积物层中不同的岩性对地层压力的响应及传导是不同的，如孔隙度小的泥质沉积物因其渗透率低，对地层压力变化的响应比较明显，压力不易传导到外部环境，可看作是不可渗透的地层。在这种情况下，不考虑其他载荷的影响，沉积物层中有效应力的变化近似或等于孔隙压力的变化。正是基于这种假设条件，一些研究学者提出在海底沉积物的岩石物理参数（包括密度、孔隙度、渗透率、流体压力、骨架压力等）变化与海底地质灾害之间建立数值模型，从而达到通过岩石物理参数变化模拟地质灾害的目的（Grozic，2010）。理论模型是建立在沉积物层中孔隙压力不向围岩地层散失的基础上的，适用于非渗透性地层或极低渗透率地层。考虑到在实际情况下，超高的孔隙压力总要通过沉积物或微通道向围岩地层扩散；超高孔隙压力的产生不是瞬间完成的，总要经过压力不断累积的过程，这期间不可避免地减小了孔隙压力的峰值。相对于高渗透性的砂质沉积物层，低渗透的泥质沉积物层会以更低的速率向外部环境扩散超高的孔隙压力。因此，对于水合物快速分解（如地震等自然因素或油气钻探等人为因素）引起的泥质沉积物层孔隙压力的突变问题，该模型仍具有较好的适用性。

风险性量化评估应用土工模型进行不稳定性模拟（稳定性分析、有限元分析等）。通过建立模型来探讨海底地质灾害的形成机制，从而进一步评价模型的不确定性。如果改变模型的参数，必将影响海底的稳定性。一方面，地质作用过程如地震活动、海平面变化等会改变模型参数，容易引起海底地质灾害；另一方面，海底工程也同样会改变参数、影响海底的稳定性，如油气和天然气水合物的开发可能会改变土体的温度、应力状态和流体运动，进而影响天然气水合物的分解和不稳定性。目前，国际上优秀的正版商用岩土工程数值分析软件包括：①ANSYS，借助其强大的网格剖分和后处理功能提高计算效率；②ABAQUS，在接触模拟与多孔介质有效应力分析方面独具特色，其强大的非线性求解功能与计算效率；③FLAC，快速拉格朗日有限差分法岩土工程分析商用程序，适用于岩土结构的应力变形分析和稳定分析等，是目前解决复杂岩土工程问题最好的软件；④FEPG，有限元程序自动生成系统，国产大型有限元分析和计算机辅助工程分析（CAE）软件平台。

尽管数值模拟不能完全展示海底地质灾害发生的真实过程及考虑所有的影响因素，但是，可以从科学角度对海底灾害的发生机理进行研究，获得导致地质灾害发生的主要影响因素，从而为我们认识及预测海底地质灾害起到关键作用。

在海洋地质灾害传感器的研究中，海底原位监测技术是一种能对海底表面或近海底进行定点、连续、多要素同步测量的水下监测技术，具有长期、原位、实时的观测能力，它集机电技术、各种传感器及仪器设备为一体，可对海底边界层的水文、生物和地质等多种要素的变化进行监测，已成为近年来国际深海探测的主要技术手段。美国、德国、法国、英国、日本等已相继研制了海底原位监测装置，并借此开展了海底天然气水合物、海底热液活动、海底生态环境及岩石圈-水圈-生物圈系统物质循环和质量平衡的观测研究。

与国外发达国家相比，我国海底监测技术研究起步较晚，基础比较薄弱，目前所采用的探测手段仍停留在传统的海底潜标技术水平，这使我国的深海研究开发水平与发达国家的差距不断增大。因此，尽快提升我国深海海洋地质灾害的监测技术，已成为实现我国深海战略目标中亟待解决的问题。

1.5　南海的深水地质灾害问题

我国南海面积为 350 万 km^2，具有丰富的油气和矿产资源（刘光鼎和陈洁，2005；李家彪，2005；庞雄等 2006），分布在 50~4000m 水深的海域。在南海南部，已发现的大中型油气田众多，年产量达到 5000 万 m^3 油当量。据不完全统计，目前南海已发现油气田 350 个，其中，我国有 120 个；南海南部共发现深水油气田 19 个，其中我国有 13 个。目前对南海的油气勘探活动主要集中在南海北部，经过 30 余年的艰苦探索，在珠江口、北部湾、琼东南和莺歌海 4 个盆地共发现油气田 51 个，年产量约为 2000 万 m^3 油当量。我国南海区域还拥有大量处于深水环境中尚未被调查评估的深海油气资源，它们都是等待我们去开发的"沉睡宝藏"。因此，关于南海的油气资源与岛礁开发是我国的海洋战略核心。

然而，深海油气资源勘探面临的最直接风险是极大的施工风险（刘守全等，2000；孙运宝，2011；吴时国等，2014）。海洋平台结构复杂、体积庞大、造价昂贵、技术含量高，特别是与陆地结构相比，它所处的海洋环境十分复杂和恶劣。风、海浪、洋流、海冰和潮汐等不断作用于平台结构，同时平台还受到地震、海啸作用的威胁。在此环境条件下，环境腐蚀、海洋生物附着、地基泥层冲刷、基础动力软化结构材料老化、构件缺陷、机械损伤以及疲劳和损伤累积等不利因素都将导致平台结构构件和整体抗力的衰减，影响结构的服役安全度和耐久性。

我国在海底滑坡领域方面的研究仍处于起步阶段，目前的研究主要集中在海底滑坡的分布及稳定性影响因素分析等方面，而针对水合物分解作用下的海底滑坡地质力学模型构建与稳定性定量评价方面研究则开展的较少。在"十一五"期间中国海洋石油集团有限公司、中国科学院海洋研究所通过对南海北部海底滑塌与天然气水合物的相关性合作研究，初步研究了天然气水合物分解引起海底斜坡不稳定性的诱发机制，探讨了水合物分解引起沉积物层孔隙压力变化规律。浅水流风险控制技术尚未得到重视，目前仍处于理论研究阶段。

南海处于欧亚板块、印度-澳大利亚板块和太平洋板块的相互作用区域，受太平洋板块向欧亚板块俯冲、南海海盆的两次海底扩张以及台湾东、西两地块的碰撞所影响，构造活动十分活跃（姚永坚等，2002；李绪宣和朱光辉，2005；姚伯初等，2004；董冬冬等，2008；何云龙等，2010）。活动断层是构造活动的直接证据，可以直接触发一系列地质灾害。白云凹陷北坡断裂活动主要受两期断裂活动控制。早期断裂活动主要受南海扩张活动控制，主要发生于恩平组沉积时期至珠江组沉积晚期，晚期断裂活动主要受东沙隆起活动控制（赵淑娟等，2012；Wu et al.，2014）。深水地质灾害常与活动断裂构造、气烟囱构造、多边形断层、海底滑坡等地质构造相伴。

气烟囱构造（gas chimneys）本质上是垂向分布的一系列微裂缝群，与断层不同，其内部并未发生任何错断或滑动，具有幕式张合的特征，它既可以形成垂向泄压的底辟伴生构造，也可形成侧向泄压的层间伴生构造（张树林等，1996；Sun et al.，2011；Sun et al.，2012c）。气烟囱内部的流体可以来自深部岩浆热液，也可来自浅层孔隙水及烃流体。由于其主要沿断层和裂隙发育，当流体中含有大量气体成分并向上涌动时，流体压力不断积累，直至大于封隔层岩石的扩张强度，这时流体便可能穿透或挤入上部塑性物质中，在顶部岩层形成裂隙及断裂，如多边形断层等。热流体运移的方式以垂向运移为主，可分为高速对流和低速扩散两种方式。气烟囱通常呈现幕式活动的特征，多期的活动都会在地层中留下构造痕迹。研究区内的气烟囱构造一般只到更新统和上新统的界限处，很少直接渗漏到地表。这是因为当时发生的海底滑坡改变了压力封存箱内流体的压力，导致流体压力超过地层压力，从而诱发了热流体的活动。当时的气烟囱构造很可能直达海底。水力压裂产生的断裂构造为后来的深部热流体上涌提供了固定的通道，但热流体活动均不如上新世末的热流体活动强烈。这些现象在神狐海域水合物钻探区具有明显的征兆，沿着后壁陡崖，气烟囱活动性明显增强。气烟囱为流体提供了重要的运移通道，其一方面保证了水合物成藏所需的重要气源，促进了水合物的富集，另一方面气体沿烟囱构造向上运移至浅部，受泥岩或水合物层封堵会发生侧向运移，受低渗透率沉积层或水合物层的阻挡可能形成浅层气，从而在穿窿状的顶部大量聚集，对钻井工程造成巨大威胁。

多边形断层（polygonal faults）是指具有微小断距的张性断层系，其在平面上呈多边形展布。就全球范围而言，多边形断层仅仅局限于白垩纪和新生代盆地。多边形断层的发育为其下部烃源岩富含气体的流体提供了初次运移或者多次运移的通道，并为其上部地层输送流体。当上部地层满足温压场条件，并有持续的、充足的气体供应时，流体中的气体与水结合形成天然气水合物。目前世界上已经发现的典型多边形断层与水合物成藏关系都属于此类情况，比如琼东南盆地、挪威海滨岸的Storegga Slide地区、加拿大东部的Scotian陆坡、刚果盆地等地区的水合物成藏。在水合物成藏过程中，多边形断层并非是唯一的流体运移通道，比如刚果盆地中富含烃类气体的流体在烃源岩中生成之后，先在烃源岩顶部的河道砂体中聚集，之后通过断层向上运移，再通过多边形断层继续向上运移，在多边形断层发育的地层顶部形成水合物（Sun et al.，2010）。

海底滑坡一般都具有较高的孔隙度，是烃类气体的良好储集体，白云凹陷大型海底滑坡位于南海北部陆坡中段神狐海域，构造上属于珠江口盆地珠二拗陷。该区地处陆架到陆坡的过渡带，其北部、西部和南部分别与珠江口盆地、西沙海槽和双峰北盆地相接，是由上新统和第四系浅海陆架边缘沉积物因重力失稳垮塌堆积而成，是突发事件形成的快速堆积体。目前的研究表明，它并不是一次形成的，而是由多期滑坡共同叠置而成。

南海深水地质灾害除与构造活动相关外，同时与灾害触发位置的沉积环境密不可分，因而对南海北部陆坡深水区地质灾害机理研究必须要考虑到研究区的沉积条件，如沉积环境、沉积背景及沉积速率等。结合南海陆架和陆坡浅表层较浅深度柱状样和大洋钻探数百米钻井岩芯样资料，利用多种方法对不同深度和时代的沉积物样品进行研究发现，晚第四纪南海陆坡以深沉积物黏土质粉砂和粉砂质黏土为主，极少砂，含量不超过5%，个别高达8%～14%，随水深增加，黏土含量增加，砂和粉砂含量增加，南海北部陆坡总体水动力条件较强，沉积物颗粒较粗（姚伯初，2001）；陆架区沉积物以浅海黏土为主，外陆架沉积有一套砂质或粉砂质粗粒沉积，推测其为晚更新世低海平面时期的残留沉积；陆坡处主要为重力流沉积。从沉积物类型看，陆架区黏土矿物中伊利石的含量最高，蒙脱石的含量最低，半深海环境下伊利石含量最高，蒙脱石和高岭土的含量较少。深海环境中伊利石相对减少，而蒙脱石则有所增加，细粒沉积物的存在为超压的形成提供了很好的盖层。通过对南海北部陆坡沉积物的沉积速率进行计算，发现南海北部陆坡的1145井处（水深3175m），记录了3Ma以来的沉积，平均沉积速率为4～25cm/ka；1146井处（水深2092m），记录了19Ma以来的沉积，平均沉积速率为2～3.6cm/ka；1148井处（水深3294m），记录了32Ma以来的沉积，沉积速率为1～2cm/ka（Wang et al.，2000），即南海北部陆坡自中中新世以来，沉积速率相对较高，总体在4～25cm/ka，高沉积速率是超压形成的重要条件。更新世沉积速率最高，为54～450cm/ka，上新世和中新世沉积速率较低，总的来说自中新世以来沉积速率也是逐渐增加的（李家彪，2008）。

南海北部陆坡深水区流体活动活跃。在有机质供应充分的条件下，甲烷菌的发育程度是决定能否生成生物成因气藏的关键（关德师，1997；康晏等，2004），浅海环境中浮游生物异常发育，沉积物中有机质含量高，缺氧还原和低矿化度近中性水介质环境有利于甲烷菌的大量繁殖，对生物成因气的形成非常有利。生物成因气主要分布于温度低于50℃的地层中，与之相应，绝大部分甲烷菌新陈代谢活跃温度层为4～45℃，最适宜温度为36～42℃。南海北部陆坡神狐海域浅地层沉积物中的气体来源主要为生物成因气，其中甲烷含量介于62.11%～99.91%，平均含量达到98.04%，气体烃C1/C2值较高，介于130～11 995，为明显的甲烷水合物，甲烷$\delta^{13}C$范围为-73‰～-57‰，具有明显的生物成因气特征，δD范围为-225‰～-180‰，表明生物成因气主要是通过微生物CO_2还原形式生成的（付少英和陆敬安，2010）。南海神狐海域地层的地震相和沉积相分布特征、层序地层和沉积体系综合分析表明，区域内发育等深流、扇三角洲相、斜坡扇相及滑坡重力流沉积，沉积速率大，砂岩含量较低（沙志斌，2003；吴时国和秦蕴珊，2009），泥质含量较高。另外，陆坡区还存在丰富的热源气，在深水区已发现具有商业价值的大油气田，如以古珠江三角洲砂岩为储层的Lw3-1-1大气田和以生物礁为储层的流花11-1等大油田，其中Lw3-1-1具有明显的深水区生烃浅水区聚集特征。区域内发育始新统文昌组和下渐新统恩平组烃源岩，文昌组主要烃源岩是中深湖相泥岩，TOC 平均值为 2.94%，最大厚度达 6000m，早期以生油为主，晚期可能由大量油裂解气生成；恩平组则为煤系泥岩，TOC 平均值为 2.19%，最大厚度达 2000m，生烃期较晚，其中恩平组厚度最大、埋藏最深、成熟度最高，目前已经达到生气门限（米立军等，2006），研究区具有明显的生气特征。

1.5.1 海底滑坡

海底滑坡在南海北部和南部都十分发育（McGilvery et al.，2003；Wang et al.，2013；Wang et al.，2014），如位于南海北部珠江口盆地的白云凹陷。白云凹陷处于南海北部陆架到陆坡区之间，呈近东西走向，水深大部分在 500~1500m，为南海北部最大的一个深水凹陷。"十一五"期间，中国科学院海洋研究所对南海北部陆坡海底滑坡的分布及发育机制研究发现，白云凹陷第四系海底滑坡分布可达 13 000km² （图 1-14）。然而，相比国外研究，由于我国涉足深水区较晚，对海底滑坡的研究还处于调研阶段，为数不多的文献报道也只是定性分析了海底滑坡的成因及触发因素，实际深入的研究工作还甚少，尤其是目前对于我国南海北部海底滑坡的专题研究更少。因此，对于海底滑坡的分布范围及形态、海底滑坡和水合物分解之间的耦合关系以及相互影响、海底滑坡的形成过程、形成的地质

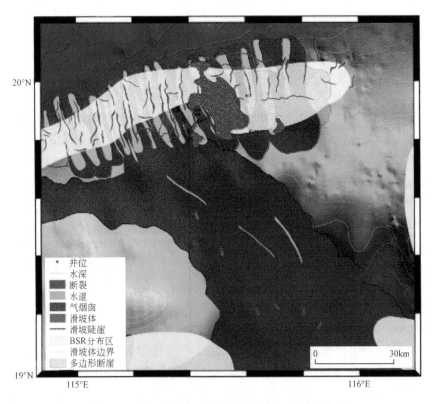

图 1-14　白云凹陷大型海底滑坡及相关地质体分布

条件和触发机制等科学问题认识还不清。上述问题的存在，反映出我们对海底滑坡的认识还相对较浅，这直接影响到今后我国对深水钻探安全性的评价，也会限制我们对海底滑坡引发水合物分解并影响环境的认识。近年来，国内有学者认识到海底滑坡与天然气水合物赋存的关系，广州海洋地质调查局在对西沙海槽进行天然气水合物资源调查时发现了多个规模较大的海底滑坡，结合其他条件分析认为，这些滑塌体可能与天然气水合物的分解有关。

1.5.2　天然气水合物灾害

天然气水合物灾害是南海潜在的深水灾害（吴时国，2015）。我国南海北部的被动大陆边缘是板块活动相对较弱的地区，同时该区也被证实是巨大天然气田形成的有利场所和水合物发育的有利地区。目前，在南海北部的台西南盆地、珠江口盆地、西沙海槽和琼东南盆地已经发现了大量水合物存在的地球物理证据，并在神狐海域钻探取芯获得了水合物样品，饱和度高达48%。因此，在深水油气勘探的同时，尤其是在深水钻探之前，要对钻探区域的水合物分布及其可能的地质灾害影响进行分析预测。

天然气水合物赋存于低温（0~10℃）高压（>10MPa）环境下的沉积物孔隙中，当温度升高或者压力减小时，大陆斜坡上的天然气水合物稳定带将发生变化，部分天然气水合物就分解为气、水混合物，释放出的气体在地层中形成超压，降低了沉积物的固结程度。研究表明四种自然因素会导致天然气水合物分解，并由此引发海底滑坡：①地震、火山等地质活动。地震和火山喷发本身可以诱发海底滑坡。②全球气候变化。全球气候的变暖使得海洋表层水的温度升高，由于海水的连续性，最终必然影响到与天然气水合物接触的地层水。水温的升高导致天然气水合物的大规模分解，为海底滑坡创造了有利的条件。③海平面的下降。海平面的下降，静水压力减小，天然气水合物分解使得天然气水合物稳定带的厚度变薄，导致海底滑坡的出现。④大陆斜坡的连续沉积和沉积物的深部埋藏。大陆斜坡的连续沉积造成已形成的天然气水合物埋藏不断加深，当埋藏达到一定深度时，由于地温梯度，天然气水合物发生分解，同样也可以达到不稳定条件。

1.5.3　浅层气

浅层气是深水重要的三浅地质灾害之一，而且在南海北部表现突出。关于浅层气的识别是以海上平台基础设计、安装和海底管道路由的预选以及钻井作业相关的防护措施提供基础资料为目的的，主要手段包括地球物理探测、取样、地球化学分析（Judd and Havland，1992；李双林等，2007）、现场观察（Bernard et al.，2003）等，其中地球物理探测方法应用最为广泛。

根据近年来的地球物理及地球化学调查研究发现，深水区海底浅层气主要以三种形式存在：①含气体海底沉积物，主要由陆源碎屑物质所携带的大量有机质受细菌分解转化而成，一般埋藏较浅且主要成分是甲烷气体（98%）；②超常压气囊，主要是深部石油或煤系形成过程中由干酪根分解所产生的碳氢化合物组分运移汇聚而形成，埋藏深度不一；③渗漏型气苗，由深部气体沿断层和裂隙等向上运移，直接逸出海底，在海底形成麻坑群。

为了准确评价海上工程施工作业区域的浅层气的分布情况，避免不必要的经济损失和可能发生的地质灾害，海上施工前进行详细的工程物探调查是非常必要的。在理想的条件下，物探资料可结合钻孔取样资料准确评价浅部地层的承载力和锚泊系留力（王雅丽和王明田，2005）。

1.5.4 浅水流

浅水流灾害问题的复杂性及其对工业成本的影响使诸多石油巨头开始意识到准确预测浅水流危险区的重要性。Shell 公司专门成立了一个包括地质学家、地球物理学家、石油地质学家、钻井学家及土木工程学家在内的多学科专家小组来专门从事浅水流的预测工作。研究认为，通过设计合理的方案可以最大限度地预防和规避浅水流灾害问题，方案主要涉及建立区域地质数据库、浅层地震解释、砂体预测、钻井定位及套管选择、钻井平台设计、测井设计以及钻后的井修复及校正工作。该方案在墨西哥湾取得了可喜的应用效果。

浅水流从本质上属于超压的砂体，因此超压研究是一个非常重要的课题。目前国外开展了大量地层超压现象的研究工作。美国帕克大学的 Flemings 教授带领他的团队对路易斯安那州外海（墨西哥湾）的超压地层进行了一系列研究，并发展了一套数值模拟方法，该方法成为利用水动力学模型模拟地下流体活动的基础。基于多孔介质中流体运移的质量守恒方程和 4 个本构方程建立了一维水动力模型（Gordon 水动力模型）（Gordon and Flemings，1998），考虑了沉积物载荷、热载荷以及泥岩脱水对超压形成的贡献。用该模型模拟了路易斯安那州外海的压力与孔隙度的演化。模拟结果表明如果假设地层压实为可逆的（即弹性压实），那么沉积物载荷为超压形成的主要原因（94%）；如果假设地层压实为不可逆的（即非弹性压实），泥岩成岩作用导致渗透率下降，那么孔隙流体的热膨胀和泥岩脱水作用对于超压形成的贡献大于 20%。利用孔隙度预测的泥岩压力和测量得到的砂岩压力描述了墨西哥湾尤金岛某储层压力场的空间变化。在一个超高压的储层内，流体沿着储层运移并在顶部排出，因此围限泥岩的压实程度在储层的顶部比底部低。被超压泥岩所围限的倾斜砂岩体控制着烃类的运移，影响着井孔及陆坡的稳定性。

要防治浅水流灾害的发生需要对浅水流的压力状况进行精细预测，主要体现在以下两个方面。

1）超压的异常程度：从钻井工程的角度，地层压力的大小，不在于绝对值的高低，而在于其压力系数的大小。压力系数是指测压点的压力与该点静水压力的比值，压力系数越大，流体压力越接近上覆地层的静岩压力，其与地层破裂压力的差值越小，对钻井泥浆性质和比重的要求也就越高（Magara，1978）。在实际地质环境中，如果存在他源高压，即由于开启断裂的连通作用形成的超压，往往很容易在前部底层内形成压力系数很高的超压。这是由于开启断裂将原先不同超压的地层在水动力上连通后，这些地层间的流体压力迅速调整，达到平衡，构成了新的压力系统。这时系统内的每个地层中的过剩压力完全一致，地层压力以净水压力梯度随深度增加，但压力系数则在前部的地层中最大。由于这种水连通作用，整个压力系统中的超压源自深部地层，只要深部地层的总体积足够大，前部地层本身在连通前所产生和维持的超压并不一定很高。这就有可能解释这样的事实：在实际盆地中极高的地层压力常常遇到，但定量的流体压力机制分析却发现要获得这样高的压力往往需要很苛刻的地质条件（David，1994）。

2）钻开高压后高压的持续时间：对于浅水流地层而言，一旦钻井钻遇高压层而泥浆压力又小于地层压力时，地层流体将流入井筒，造成井涌、井喷等事故，地层压力也因此而降低。地层压力降低所需的时间越长，发生事故的可能性越大，其危害性也越大。由于地层水的压缩性很小，地层压力降低的速度取决于地层岩石的压缩系数、地层厚度和分布面积，以及围岩向其传递流体和压力的能力。砂岩的压实作用主要发生在浅部，在2000m 以下其压缩性已经非常微弱，由孔隙压力降低而引起的补充压实作用对压力的维持作用不大（Luo et al.，1992）。在渗透性砂岩四周的高压泥质围岩的分布范围虽然可能很广泛，但其形成高压的原因是渗透率小，因而向砂岩传递压力的厚度范围十分有限。此外，压力的传递在渗透性地层中也是一个非常缓慢的过程，相对于钻井的时间长度，泥质岩地层完全可以视为非渗透性地层（David，1994；Luo and Vasseur，1992），其向渗透性地层传递的流体量及压力非常小，完全可以忽略不计。因而在大多数深水盆地中，地层压力降低的速率除与泥浆压力之间的差值有关外，主要取决于渗透性地层的总体积。自源高压和邻源高压基本产生于原地，对于大多数沉积盆地，可以形成高渗透性储层的沉积相带和破裂带的分布面积及范围都是相对局限的，因而，这两类超压在钻井过程中若因事先未准确预测地层压力而导致井涌、井喷等形式的压力释放，地层压力可能很快就会降低，其对钻井的危害就相对较小。他源高压高力除来自原位地层外，还可能来自于远离压力释放区的地层，这种远源高压可以提供更大的液体通量。在适宜条件下开启的断裂可以向下延伸很深并连通多个超压系统的多个超压地层，从而造成浅部极高的超压和庞大的超压流体源。对于承压作用引起的他源高压地层，高压流体源几乎是无穷的（罗晓容等，2000；罗晓容，2001）。

（1）测井方法

识别和预测浅水流过高压性质的测井方法包括钻井时的测量（MWD）、钻井之后的测井及 VSP 测井等方法。在各种测井方式中，声波测井数据被认为是指示异常地压的最好标志，原因是它受井孔、组分温度和盐度的影响较小。根据浅水流声波速度较低的物理特性，可以将声波测井得到的速度曲线与正常曲线进行比较，其偏离正常曲线的程度经常被认为是过高压组分的指示标志。

如果从测井数据中直接确定孔隙度和孔隙压则需要事先了解目标地层的物理性质，包括地震速度和孔隙度之间的关系、孔隙度和有效压力之间的关系等。异常高的孔隙压经常对应着高的孔隙度和低的地震波速。Hamilton 早在 1976 年就对海洋沉积物的弹性性质进行过详细的研究，Lee 研究了海底过高压松散沉积物的弹性性质，运用 BGTL（Biot-Gassmann Theory by Lee）理论求取纵横波速度比，并对理论公式中各参数的求取以及纵横波速度比与有效应力、有效应力与横波速度之间的关系进行了详细讨论，这为研究浅水流，建立过高压带模型提供了理论基础。

利用测井信息建立盆地模型来预测过高压带也是石油工业部门经常采用的方法。盆地建模假设孔隙压力由沉积过程的脱水速率决定，在考虑沉积速率、封闭层、流体的运移、区域构造等因素的条件下，综合利用声波数据及垂直测井数据建立地质模型。地质模型能够提供孔隙压和深度之间的关系曲线，可以用来预测过高压层是否存在。这种曲线提供的虽然是大尺度的低频信息，但是在获取其他高分辨率信息之前还是非常有用的。

（2）地震方法

钻井之前识别出浅水流等过高压层毫无疑问是最有价值的。反射地震方法可以实现这一目的而且预测精度高，所以它是目前最有效和最常使用的方法。这类方法是根据浅水流层的性质，从地震数据中提取有用参数，然后将其作为识别标志来预测浅水流。McConnell（2000）从高分辨率二维数据体和常规三维数据体中提取振幅信息来预测浅水流砂体。然而，由于在较浅层砂与页岩的波阻抗差较小，界面的反射振幅比较弱，因此单独依靠振幅预测浅水流砂体是不可靠的。研究表明，浅水流层具有相对低的纵横波速度和相对高的纵横波速度比（或者泊松比），这些都是识别浅水流的明显标志，所以速度是该类方法最经常提取的参数。使用速度进行最简单的异常地压预测包括以下几个步骤：①获得地震速度；②校正速度；③将地震速度和岩石速度联系起来；④建立一个联系速度和有效应力及孔隙度的岩石模型；⑤使用岩石模型和经校正的地震速度获得有效应力、孔隙压力和上覆压力。

1.5.5　地震海啸沉积

尽管南海地区尚未发生十分严重的地震海啸记录，但马尼拉海沟俯冲带被认为是产生地震海啸的高危地区。已有证据表明，南海曾在1024年发生过大规模海啸（Sun et al., 2013）。然而海啸沉积与风暴沉积有时很难区分，这是制约我们对地震海啸研究的关键问题（Liu et al., 2009）。随着研究工作的深入，关于地震海啸的沉积记录、识别特征、发育频率和动力机制问题，已成为科学的前沿问题。

第2章 海底滑坡

2.1 海底滑坡的概念

海底滑坡是指海底未固结松软沉积物或有软弱结构面的岩石，在重力作用下沿软弱结构面发生向下运动的现象，它包含了滑动、滑塌、碎屑流等地质过程（Moscardelli et al.，2006；Moscardelli and Wood，2008），是块体搬运沉积体系（mass-transport deposits，MTDs）。人工地震探测结果表明，滑坡体与下部地层之间存在一个滑动面，顶界面是被上覆水道沉积体系侵蚀的不规则面（Bull et al.，2009；Weimer et al.，2007；Weimer，1990）。从沉积学角度上讲，海底滑坡是指出现在层序地层底部并且被水道和天然堤上超的沉积体，属于重力流范畴，是非牛顿流体，主要表现为沉积介质（流体）与沉积物混为一体，以悬移方式整体搬运，整体混浊度大（Hampton et al.，1996；Weimer et al.，2007；Schwab et al.，1993）。深水海底滑坡是大陆边缘沉积物扩散系统的重要组成部分，在世界范围内广泛存在。

目前，国际上对深水海底滑坡形成机制、沉积物构造和地球物理特征等方面的研究主要集中于海底工程领域和深水油气领域。海底工程领域研究的海底滑坡，是一种块状运动，岩石块体因受地球重力滑落下来或在剪应力作用下沿着一个或多个表面运动的过程，

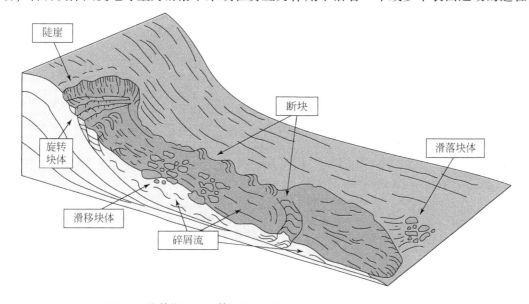

图 2-1　块体搬运沉积体系中不同沉积构造（Prior et al.，1984）

这种运动的岩石块体可能发生或不发生特别强烈的形变，并且运动可能是旋转或滑移（Jackson，1997），其没有明显的地层上下接触关系，通过多波束、侧扫声呐及海底深拖等手段可直接获取其形态。深水油气领域研究聚焦于深埋于地层内部、地层上下接触关系可明确界定的古海底滑坡（Weimer，1989），从沉积角度来讲，它又称块体搬运沉积体系（图2-1），通过人工多道地震数据或浅剖，分析MTDs形态及内部结构特征。在地震剖面上，MTDs顶界面是强地震反射，内部呈现连续性较差的杂乱或透明反射，整体呈现丘状反射（图2-2）。

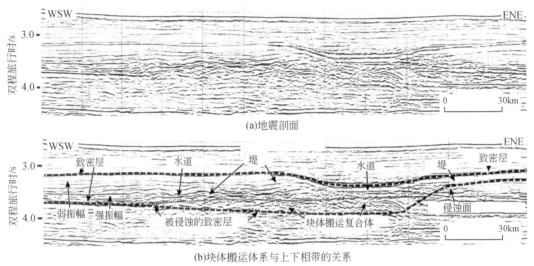

(a)地震剖面

(b)块体搬运体系与上下相带的关系

图2-2　墨西哥湾北部深水区密西西比扇上更新统层序地震剖面

2.2　海底滑坡的分类

　　由于海底滑坡的诱因不同，加之地质条件存在差异，海底滑坡存在不同的类型。根据由海底失稳引发的海底破坏形态，识别出四种主要类型：滑坡、滑塌、块体流和浊流（Dott，1963；Moscardelli and Wood，2008）。根据运动机理，把海底滑坡分为五种基本类型：崩落、拉张、滑动、滑塌和碎屑流，滑动进一步细分为旋转滑动和平移滑动，海底滑坡进一步演变为浊流（Locat and Lee，2002；Shanmugam，2000）。与其他分类方法相比，后者的优点是引入了二级分类概念。随着近几年多波束测深系统的广泛应用，相关的调查结果表明，Locat和Lee的分类方案基本包含了能观察到的海底失稳现象(图2-3)。但是，上述分类方式仍然存在不足——没有深入反映滑坡过程中的变形和相互影响。根据海底斜坡破坏、变形方式，海底滑坡可分为五种不同类型：蠕变、岩崩/碎屑崩落、平移滑坡/滑动、碎屑流和泥流。蠕变是指海底斜坡在一定外力作用下发生的缓慢、持续、长期不可逆转的变形，常发生于黏性土海底，蠕变可能演变为滑动或塑性流，是海底滑坡的前奏，如地中海埃布罗河三角洲前缘斜坡和亚得里亚海内陆架变形带都有比较典型的蠕变迹象，上部地层普遍呈现为波纹状，其他海底斜坡也有类似的现象。在局部近于直立的海底斜坡区，如海底滑坡后壁的陡坎处，失稳的岩石、泥或砂砾会自由向下迅速滑动和崩落，即岩崩或碎屑崩落，这类现象还多发生在海沟壁和海山翼部。海底滑坡最普遍的类型是失稳岩石和沉积物的块体滑动。有些单独的滑坡体或滑坡的复合体非常大，如 Storegga 滑坡是迄今发现的最大的复合滑坡体，体积约为 2400km³，滑移距离达 150km。大型滑坡一般由多个形态单元组成：位于滑坡头部的滑坡源区、位于滑坡中部的沉积物输送区、位于滑坡趾部的沉积物堆积区。海底斜坡土体失稳后，在滑移过程中，未固结沉积物逐渐崩解，演变为碎屑流和泥流。在流动过程中，碎屑流和泥流中的较粗碎屑由间隙流体和细粒沉积物的混合体所支撑，二者的区别在于基质成分不同：碎屑流基质中粗颗粒物质含量一般大于 50%，而泥流基质中细颗粒物质占绝大比例（Canals et al.，2004）。

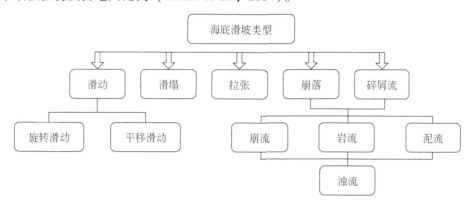

图 2-3　海底滑坡类型

2.3　海底滑坡的触发机制

海底滑坡的触发机制十分复杂，它是多种因素共同作用的结果（图 2-4）。这些因素包括地震活动、削蚀作用、风暴潮、沉积物快速沉积、孔隙气体释放、天然气水合物分解作用、潮位变化、渗流作用、火山活动和高纬度冰川活动（Lee et al.，1999；Lee，2009；Coleman，1993）。海底滑坡的影响因素可分为短期和长期两种机制。长期机制可加速海底不稳定性，但是不能触发滑塌，长期机制主要包括斜坡倾角、块体运动及不断增加的载荷，不断增加的载荷对气体沉积物地层影响较大。

短期机制与长期机制截然不同，它直接引起海底失稳，导致海底滑坡，主要包括：①地震活动引起的地震载荷；②异常高沉积速率使孔隙压力增加和未固结；③火山发育及岩脉的侵入；④水合物分解引起的不稳定性；⑤活动构造、底辟和烟囱的形成；⑥削蚀作用。

（1）地震活动

地震被广泛认为是诱发海底滑坡产生的重要因素之一，地震和海底斜坡失稳之间存在的密切关系已被广泛接受。一方面，地震可导致水平和垂直方向的应力增大，使沉积物中的孔隙水压力和沉积物强度发生变化，从而造成海底失稳；另一方面，大洋岩石圈俯冲到

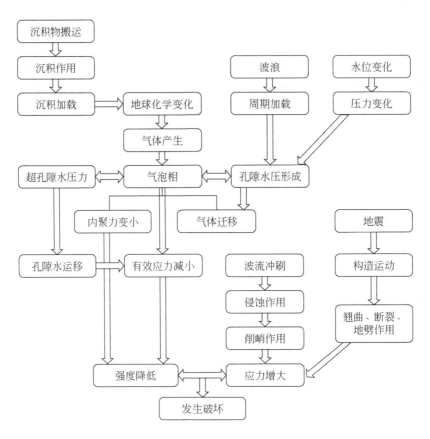

图 2-4　海底滑坡触发机制

大陆岩石圈的大陆边缘翘曲和断裂构造活动可以导致斜坡倾角增加，促使沉积物下滑，进而引起海底滑坡。例如，Moore（1992）在印度洋东北部海沟的侧壁上发现了特大滑坡，滑坡受到斜坡陡化的影响。2003 年 5 月 21 日，阿尔及利亚发生 6.8 级地震，引起大陆斜坡处产生大量的块状物体运移，造成 60 根电缆被破坏。1929 年的 Grand Banks 地震也是产生滑坡的主因（Heezen and Ewing，1952；Piper et al.，1997）。断层引起的滑坡模式可由Statfjord 油田断层构造顶部滑坡体滑坡进行解释（图 2-5）最初形成于 Brent 群内部顶端之后由于断层活动，变形作用延伸至更深的 Dunlin 群层位，伴随着断层的继续活动，变形作用延伸至更深的 Stafjord 群层位（图 2-5）。

（2）沉积物快速沉积

流体活动区是海底滑坡的主要发生区域。在正常的沉积-固结压力状态下，海底沉积物颗粒之间的孔隙为静水压力。当发生快速沉积时，正常固结过程受阻，部分流体不能自由排出，沉积物有效应力降低。当孔隙压力达到极限值时，孔隙流体压力释放，沉积物变形，出现塌陷、冲沟、高密度沉积物重力流等与海底滑坡相关的现象（Coleman et al.，1993）。

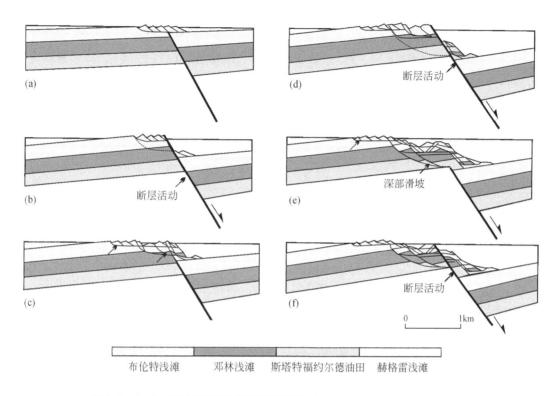

图 2-5　Statfjord 油田顶部的横切面示意图（Hesthammer and Fossen，1999）

（3）海底火山活动

海底火山喷发产生的流体会引起上覆地层的不稳定，堆积在海底未固结沉积层之上的重熔岩火山碎屑物受洋流等流体活动影响也容易发生坍塌。夏威夷群岛的演化证明，该群岛四周超过 100km² 的海区被碎屑岩石包围，这些岩石多发生了二次运移。

（4）天然气水合物分解

天然气水合物通常以沉积物胶结物形式存在，这对沉积物的强度起着关键作用。充填于沉积物层孔隙中的天然气水合物，当压力降低或温度升高时，将发生分解，释放出远大于水合物体积的甲烷，使天然气水合物带从胶结状态转变为充满气体的状态，原先含天然气水合物的沉积物强度几乎变为零从而降低斜坡的稳定性，进而诱发海底滑坡，导致地质灾害的发生。这种类型的滑坡一般具有以下特征：①可发生在坡度小于或等于 5° 的海底斜坡上；②滑坡体的底部深度接近天然气水合物分布带的顶部深度。海底天然气水合物的稳定性对压力的反应敏感，因此，天然气水合物量的大小随海平面的变化而变化，当海平面降低，大陆冰盖相应增加时，在大陆坡沉积物中的一些天然气水合物会分解，这在沉积物内部就会形成一层含有自由气体的层位，从而大大降低沉积物的强度。Piper 等（1997）通过对亚马孙扇的研究分析，认为块状搬运沉积的触发机制来自天然气水合物的分解作用。欧洲、非洲、美洲沿岸一些因海底塌方引起的强大海啸，以及新西兰、日本海东部和地中海东部发生的滑坡，都被证明与天然气水合物中甲烷的释放有关。

（5）活动构造

底辟或泥火山会伴随着盐水、石油或沉积物的流动而活跃。伴随地形的隆升坡度增加，引起周围沉积物快速沉积，并触发断层作用。此外，盐底辟活动还会引发额外应力场，如果沉积物渗透率低，就会增加超静孔隙水压力，进而导致沉积物剪切强度减小，引发海底滑坡。

（6）削蚀作用

大陆斜坡上沉积物遭受到水流的冲刷，会造成削蚀和变形，破坏地层稳定性，促使浅层气发生运移。尽管不一定改变应力状态，但任何形式的变化均有可能导致沉积层不稳定（Embley，1982）。

高沉积速率和孔隙流体超压异常对海底滑坡的发生起着重要作用，斜坡的稳定性取决于斜坡方向上的剪切力和抗剪强度之间的作用。大多数沉积物的有效黏滞力都比较小，可以忽略，摩擦角一般为20°~45°。然而，海底斜坡失稳很少由单一因素引起，而更多的是由多种因素共同作用所致。当剪切应力达到土体的抗剪强度时，斜坡都可能因一种或多种因素的差异而达到临界状态。目前，还无法观察滑坡的形成时间及形成过程，海底滑坡仍然是地学界的主要学术研究问题之一。因此，必须去推测海底滑坡的成因，去揭示未知的答案（Schwab et al.，1993；Morton，1993；Hampton et al.，1996；Hesthammer and Fossen，1999；Locat and Mienert，2003）。

海底滑坡的动力学机制十分复杂，而且需要滑坡的运动学参数，如断层崖、滑移面、滑坡范围、滑移距离等。COSTA计划利用多波束测深、旁扫声呐、光学成像、水平和垂直分辨率地震勘探、高分辨率和深穿透地震及取样等方法，系统研究了欧洲边缘六大海底滑坡，从北向南依次为 Traenadjupet 滑坡、Storegga 滑坡、Finneidfjor 滑坡、Afen 滑坡、BIG95 滑坡和 Adriatic 中央形变带的海底滑坡。通过实例研究，确定滑坡的倾角，根据斜坡稳定原则，确定滑坡的动力，进而分析滑坡的触发机制。滑坡体积可以应用三种方法近似计算：①假定滑坡前的海底地形，计算断层崖区域处缺失的沉积物，该方法要求对断层崖比较清楚。②计算斜坡沉积面处沉积物堆积的体积来确定海底滑坡沉积的深度，滑坡沉积地层的底部越清楚，计算的沉积物体积越准确。③假定正常沉积海底地形，计算聚积在该滑坡上的外来沉积物体积。但是，在大多数情况下沉积前的海底地形都不容易确定。

2.4　海底滑坡的识别特征

2.4.1　调查方法

海底滑坡的研究需要借助三维人工地震、浅层剖面技术及多波束技术等高分辨率地球物理成像技术，通过海底沉积地层成像，描述海底滑坡的外部形态和内部结构特征，并结合地质样品，分析海底滑坡事件（表2-1）。

表 2-1 海底滑坡的研究方法及技术手段

海区	地形数据	旁扫声呐	光学成像	VHR 地震	HR 和 DP 地震	钻探
Storegga	近海底成像	Deep Tows GLORIA, TOBI, OKEAN		Deep-Tow Boomer	气枪, 电火花	重力活塞
Canary	Simrad EM12 EM12S	Deep Tows GLORIA, TOBI		TOPAS	气枪	活塞
Tranadjupet	Simrad EM1002	Deep Tows GLORIA, TOBI		Deep-Tow Boomer, ROV	电火花	重力
CADEB	Simrad EM3000	Surface Portable Side Scan		Chirp, 3D 地震	电火花	重力活塞
BIG 95	Simrad EM12S, EM 12D, EM 1000	Deep Tows TOBI, MAK-1	沿选择剖面摄像	Chirp, TOPAS	气枪, 电火花	重力活塞
Gebra	Simrad EM12D EM 1000		—	TOPAS	气枪, 电火花	重力活塞 振动取样
Afen	3D 地震提取	Deep Tows TOBI		Deep-Tow Boomer, Pinger	气枪, 电火花	重力活塞 振动取样
Finneidfjord	Simrad EM100	Surface Portable Side Scan	陡崖摄像	Deep-Tow Boomer, TOPAS	—	重力活塞 振动取样

（1）多波束海底测深

多波束海底测深是水声技术、计算机技术、导航定位技术和数字化传感器技术等多种技术的高度集成，工作原理是通过声波发射与接收换能器阵，进行声波广角度定向发射、接收，通过各种传感器（卫星定位系统、运动传感器、电罗经、声速剖面仪等）对各个波束测点的空间位置测算，获取垂直于走航方向的条带式高密度水深数据。多波束测深系统同单个宽波束的回声测深仪相比，具有横向覆盖范围大、波束窄、效率高等优点，适用于海上工程施工区和重要航道的精确测量，对于海底滑坡形态的描绘极其有效。

（2）侧扫声呐

侧扫声呐又称"旁视声呐"或"海底地貌仪"，它是一种主动声呐探测工具。侧扫声呐由拖鱼、线缆和船上处理器三部分组成，工作原理如下：由拖鱼产生两束与船行进方向垂直的扇形声束，声波碰到海底或礁石、沉船等物体时就被反射回来，反射回来的信号由拖鱼接收系统接收、转换放大，然后由处理器以图像的形式记录。通过图像处理和分析，了解海洋内部环境状况和海底滑坡形态。

（3）光学成像

光学成像是指水下照相、录影及视频等技术，如电视抓斗等。该技术可揭示海底露头，但对被埋藏的古滑坡陡崖及侧壁等效果较差，仅在极少数地区应用。

（4）高分辨地震

与传统地震不同，高分辨地震系统如 VHR（very high resolution）、HR（high resolution）和 DPs（deep penetrating seismic）均具有很高的分辨率，可以穿透几十米到上百米的地层，实现海底地形的高精度成像。

（5）钻孔取样

针对滑坡区浅表层样品，多采用重力活塞、振动取样和钻井取样。

（6）三维地震勘探

三维地震勘探是根据人工激发地震波在地下岩层中的传播路线和时间，探测地下岩层界面的埋藏深度和形状，认识地下地质构造的技术，它可以对地下地质体进行表面及内部成像，确定地质体的形态与规模。

2.4.2 地球物理响应特征

2.4.2.1 测井

滑坡沉积物具有较高泥质含量、高地层倾角、高声波速度、高中子密度特征。地层倾角测井和伽马（Gamma）测井被认为是识别海底滑坡沉积两个最有效手段。

地层倾角测井：地层倾角测井显示滑坡地层存在较大的倾角变化，ODP 155 航次在亚马孙扇上钻取海底滑坡富泥段岩芯，取样点倾角测井资料表明，滑坡富泥段与变形层倾角方向一致；ODP 155 航次 933A 站位的滑坡地层倾角方位图显示其上覆水道充填及下伏天然堤沉积层的倾角较低，而滑坡体内部地层倾角较高且无规则（99～154ft）（Piper et al.，1997）；路易斯安那州南部下渐新统 Hackberry 滑坡块体地层倾角图也显示滑坡体处，倾角突然增加，对应一个旋转滑坡块体（Cossey and Jacobs，1992）（图2-6）。

Gamma 曲线：Gamma 曲线显示滑坡段具有高值。墨西哥湾北部密西西比峡谷 MC778 井和 MC822 井的测井曲线均穿过滑坡体，在 MC778 井中，滑坡段（6190～6640m）主要由页岩组成，并伴有不连续的砂岩互层带（如 6520～6610m、6310～6360m 段），MC822 井所钻遇的滑坡体主要为页岩，也伴有一些砂岩带（Lapinski，2003）（图2-7）。阿拉斯加北部下白垩统 Fish Creek 滑坡合成记录显示，滑坡段具有高密度、高 Gamma 值（图2-8），对安哥拉岸外海底滑坡 Gamma 曲线分析可知，滑坡段具有明显的高值，表明层序富含页岩，如发现的底部富页岩层序。在地震剖面上发现滑坡体在盆地边缘尖灭，复合水道上覆于滑坡体之上，滑坡体依次被加积的水道–天然堤体系所覆盖（Sikkema and Wocjik，2000）；亚马孙扇的 ODP 155 航次 935A、936A 和 944A 站位滑坡体自然 Gamma 曲线异常，岩芯柱状图发现厚层的砂岩，但沉积物总体上以细粒为主（Piper et al.，1997）（图2-9）。据 Gamma 曲线计算的泥质含量可知，安哥拉 16 区块滑坡体底部由细粒沉积组成，上覆沉积由水道系统（含砂碎屑及水道充填砂）组成（Sikkema and Wojcik，2000）（图2-10）。

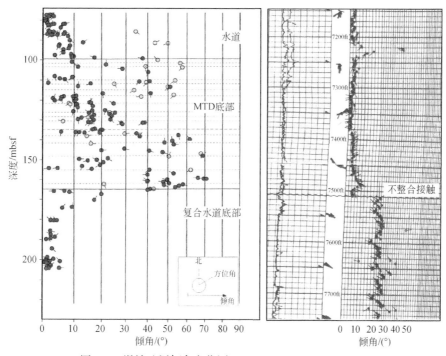

图 2-6 滑坡地层倾角方位图（Cossey and Jacobs，1992）

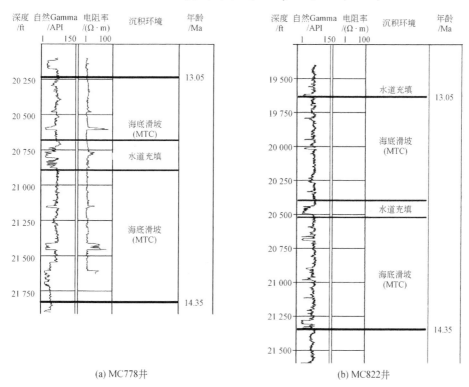

(a) MC778井   (b) MC822井

图 2-7 墨西哥湾北部密西西比峡谷测井曲线

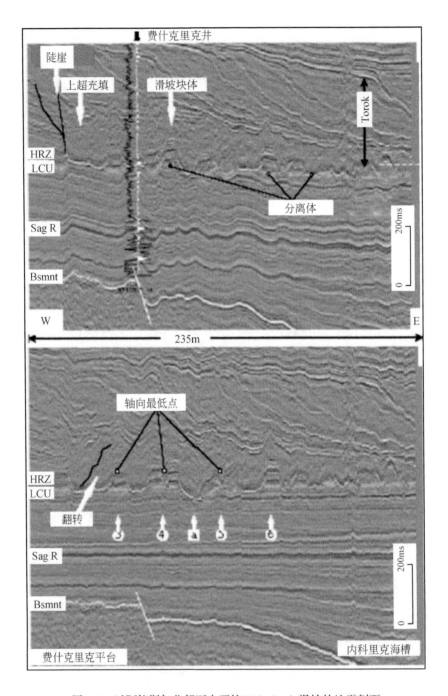

图 2-8　过阿拉斯加北部下白垩统 Fish Creek 滑坡的地震剖面

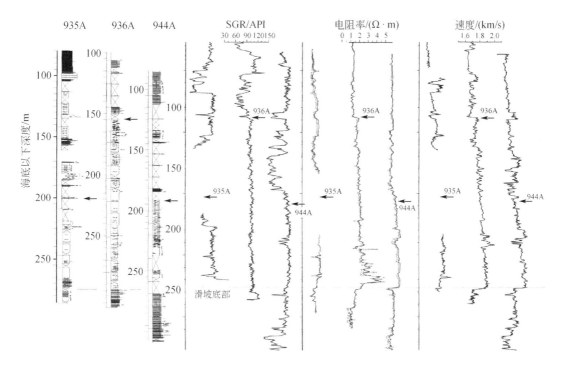

图2-9 Amazon扇的ODP 155航次935A、936A和944A站位块状搬运沉积的
岩芯柱状图、自然伽马、电阻率及速度曲线（Piper et al.，1997）

2.4.2.2 钻井

由于海底滑坡的钻井岩芯资料相对较少，钻井岩芯资料主要来源于海底浅层（<5m）的工程地质研究，沉积物类型多为天然堤和水道充填沉积物，在岩芯和成像测井中常见几厘米到几米厚的小规模滑坡体，且发育相对广泛（图2-11）。

来自亚马孙扇ODP155航次的研究资料表明，海底滑坡沉积内部的岩芯主要是变形泥岩和倾斜层，可见由形变作用引起的褶皱沉积，在其中一个大型的迁移块体内部发现受生物扰动作用高度影响的含砂段，及受块体内部的旋转作用影响的变形薄层，且在这些薄层泥碎屑物内部还发现一系列小型断层（图2-11）。这些岩芯主要包括五种基本岩相：①均一泥质大块体；②米级泥质块体；③厘米到分米级的块体；④砂质、粉砂质泥岩；⑤具有粉砂质纹理的挠曲泥岩。944A站位的块状搬运沉积的成像测井图显示了滑坡沉积物中粒度和角度的突变，推测为飘浮碎屑物（图2-12）。相似的岩相在其他海域的岩芯中也有记录。

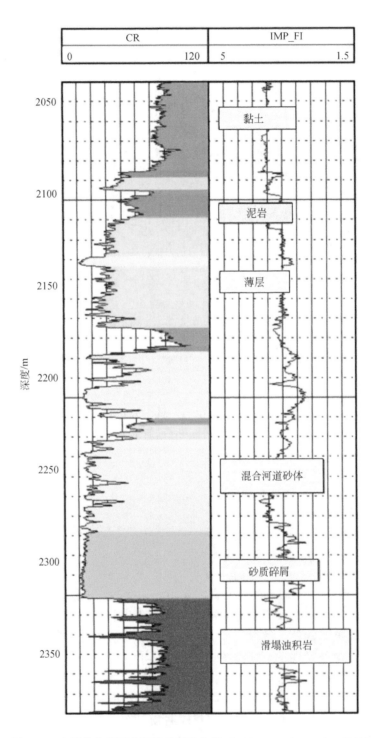

图 2-10　安哥拉典型深水层序的测井曲线（Sikkema and Wojcik，2000）

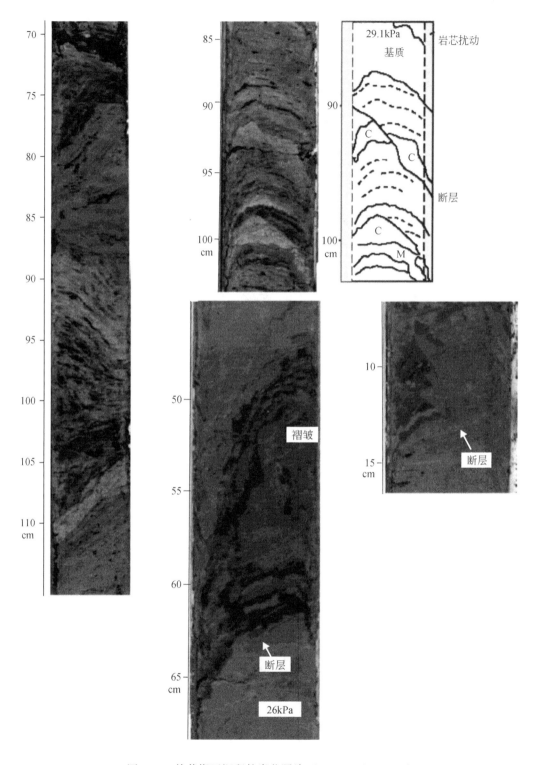

图 2-11 块状搬运沉积的岩芯照片（Piper et al.，1997）

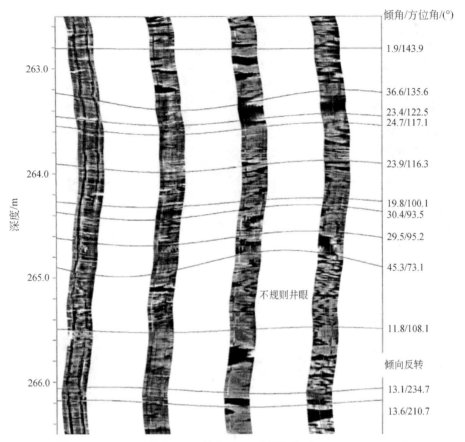

图2-12　ODP 155 航次 944A 站点 MTD 成像测井（Piper et al.，1997）

2.4.2.3　地震响应特征

尽管地震资料相对于露头、井筒、测井曲线等观测特征尺度较大，对于海底滑坡这种小范围露头区研究具有局限性，但地震仍是研究海底滑坡最直接、经济、有效的方法。国外学者总结了欧洲西北陆缘主要现代海底滑坡及埋藏海底滑坡的主要形态特征。

（1）表面形态与构造

海底滑坡受沉积物性质、触发因素、水文及洋流条件影响，其形态在平面图上有相当大的变化，且在不同海区海底滑坡形态不同。沉积物的形态大概反映了最初失稳区域的规模、盆地的相对界限以及末端搬运的距离。

海底滑坡的分布范围取决于海底地形特征、触发强度、原位沉积物性质及下伏流体分布。海底滑坡面积变化范围较大，局限于陆坡盆地中的海底滑坡（如墨西哥湾北部部分滑坡）面积为 20 ~ 30km²，而开阔盆地中的海底滑坡宽度一般达到 50 ~ 75km，长度超过 200km，覆盖面积可达数千平方千米（Lee et al.，2004；Newton et al.，2004）。MTD 厚度的变化可以从 5m 到数百米（Kowsmann et al.，2002；McGilvery and Cook，2003；Lee et al.，2004；Newton et al.，2004）。更大和更厚的复合体与大陆坡的巨大失稳相关。海底滑坡的表面特征需要根据不同部位的变形特征及与周围地层的边缘接触关系界定。

　　海底滑坡的顶面一般是不规则的，通常被水道、漫滩及席状砂所覆盖，同时也被水道系统和底流所改造。在陆坡盆地，一般堵塞浊积岩（ponded turbidite）与 MTDs 形成交互层。充填陆坡盆地沉积物卸载后，来源于翼部的块状 MTDs 可以充填整个盆地（Twichell et al.，2000）。海底滑坡起源多以一个或多个陡倾斜面为标志，即滑坡后壁，其反映了滑坡上端的延伸范围。陡崖向深部逐渐变缓，与海底滑坡的滑脱或滑移面衔接，值得一提的是，当有向下坡大规模沉积物搬运的事件时，则很难追踪到海底滑坡上端的初始破裂面。海底滑坡侧边界从陡峭到逐渐变缓各不相同。海底滑坡前缘或末端一般上覆于侵蚀面之上，并且沉积物向侵蚀槽的侧向边界上超。根据不同的滑坡识别标志，可以将滑坡分为三部分：滑坡根部、滑坡主体和滑坡前缘（Bull et al.，2009）

　　滑坡根部是滑坡开始形成的部位，为地质薄弱带，当海底滑坡被触发时，地质体沿着断裂面或滑坡面向下滑移，该部位多发育张性构造，如滑坡陡壁、滑塌沟谷、滑坡台阶等。

　　滑坡陡壁指滑坡后留下的断层崖，这在多波束测深获取的海底地貌图和地震剖面图像上可以很清楚地看到。这些断层崖是上陆坡常见的地貌特征，滑坡陡壁根据其位置可分为滑坡后壁（headwall）和侧壁（sidewall）。滑坡后壁位于滑坡的后侧，大致平行于陆坡，高约数米到数十米，而侧壁位于滑坡的两侧，大致垂直于陆坡延伸，长达数千米至数百千米（图 2-13）；滑塌沟谷（slide valley）指滑坡后壁和滑坡体之间的不对称沟谷，靠滑坡后壁较陡，靠滑坡体一侧较缓，且呈弧形分布，谷深几米至几百米。常发育海沟、冲蚀谷、海丘等微地貌（图 2-14 ~ 图 2-16）；滑坡台阶（slide terrace）是受滑坡体张性拖曳产生的多级台阶构造，台阶顶面多与陆坡平行，内部构造一般未发生变形。发育冲刷海槽、海底断块等微地貌。

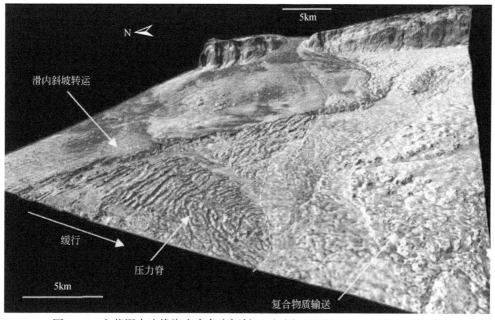

图 2-13　文莱深水边缘海底高角度倾斜 3D 视图（McGilvery and Cook，2003）

滑坡主体（slide body）是白云海底滑坡的主要部分，呈丘状展布。在靠近滑坡根部的部位一般遭受强烈的变形，但也存在内部层序完整的区域，这主要是因为当滑坡根部的滑块迅速滑至该部位时，局部压实较好的地质体未来得及变形便迅速下滑至前端，导致地质体内部层序来不及发生变形，该部位地震反射杂乱呈强振幅，推测其主要由混杂沉积物组成。在靠近深海盆地一侧，地层几乎未发生变形，反射波波形稳定，连续性较好，呈中振幅反射，推测该部位主要为滑坡作用推进的陆源碎屑物质和连续沉积的深海沉积物（图 2-13～图 2-16）。

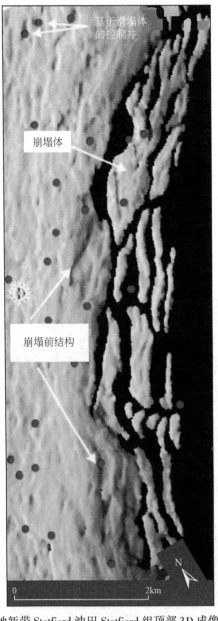

图 2-14　北海 Viking 地堑带 Statfjord 油田 Statfjord 组顶部 3D 成像（Løseth et al.，2003）

(a)北西向MTDs   (b)北东向MTDs

图2-15　文莱深水区两个相互分离的 MTDs 底面最大正极性振幅（McGilvery and Cook，2003）

滑坡前缘以沉积物流堆积体（sediment flow）为主要特征，堆积体是滑坡体向深海盆地推进、挤压，转变至沉积物流后形成的，常呈串珠状向深海延伸，一般距离滑坡体较远，单个堆积体往往呈丘状或舌状展布，受挤压作用影响，堆积体内部多发育正断层、泥火山等各种复杂的挤压构造（图2-13）。滑坡前缘深入到深海盆地，外部形态较为简单，是坡度较小的部分，坡度一般小于3°。地震相以席状亚平行/波状弱振幅连续地震相为主，以平行-亚平行反射结构为特征，外形呈席状–丘状，反映了滑坡体逐渐向深海平原消亡的过程。

表层成像技术可以直观地体现海底滑坡的展布特征，海底滑坡表面形态多呈舌状、条带状、扫帚状、马蹄状、瓶颈状、盾形展布，通常倾向于从轻微到强烈向下坡方向延长，向下坡迁移的滑坡可能在倾斜图上比在走向图上更长。舌状滑坡由于滑坡沉积物滑移后自身黏度较大或触发条件较弱，沉积物沿滑坡方向前行速率较慢，从而在前缘逐渐堆积形成滑坡，如来自文莱的深水边缘海底高角度倾斜滑坡，图2-16显示，该滑坡主要是由一个上倾的陡崖和多个由转动和挤压滑塌组成的长形块状滑塌，陡崖呈南北向展布，倾角大。滑坡体形态复杂，呈杂乱分布，这与滑坡内部沉积物的杂乱分布有关，之后滑移块体被侵蚀并被水流改造，海底滑坡顶部水深变化不规则（图2-13）。条带状滑坡多发生于陆坡下倾方向，平行于陆坡呈条带状展布，具有垂直陆坡方向的阶梯状陡崖，此类滑坡滑移后沉积物极少沿滑坡方向滑动。例如，北海 Viking 地堑带 Statfjord 油田 Statfjord 组顶部的海底滑坡，3D 成像图显示该组地层自西往东，由于滑动而缺失（黑色区域），一部分沉积物往北西倾（亮色），而另一部分代表地层向南东倾斜（颜色进一步加黑的区域）（图2-14）。扫帚状滑坡受地形控制明显，如文莱深水区浅水面以下的古海底滑坡，最大正极性振幅图显示存在两个相互分离的滑移面，在上倾方向上，滑坡体具有狭窄的、条带状展布向北延伸的急剧变化边缘，在海底滑坡末端，沿下倾方向边缘逐渐分叉，图 2-15 中两个不同方向滑移面表明此处经历了多期滑坡，且发育方向由为北西向变为北东向。马蹄形滑坡多为小型滑坡，断崖延伸范围较长，滑坡体集中于一处，受限于地形，滑坡延伸范围较小，如挪威北部的一个小型海底滑坡（图 2-16）。瓶颈形滑坡在陆坡处发育多处断崖，在头部组成范围较大的类似瓶塞地形，沿滑移路径，在开阔海域逐渐扩散。例如，挪威 Storegga 海底滑坡（图 2-17）；长条形滑坡常发育于海底峡谷或水道相内部，海底滑坡触发强度较弱，滑坡在陡崖附近堆积，受水文条件控制呈长条形展布，如南非 Kwazulu-Natal 北部陆架海底滑坡（图 2-18）；盾形滑坡多发育于地形平坦部位，水文条件弱，沉积物向滑移方向堆积，如苏格兰设得兰群岛西北 Afen 滑坡（图 2-19）。

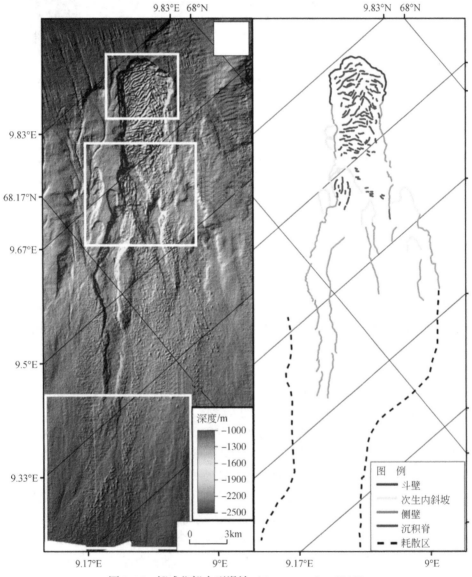

图 2-16 挪威北部小型滑坡（Baeten et al.，2013）

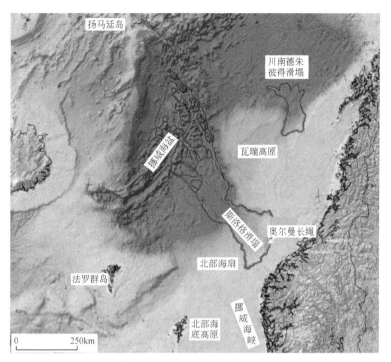

图 2-17　挪威 Storegga 海底滑坡（Blasioa et al., 2004）

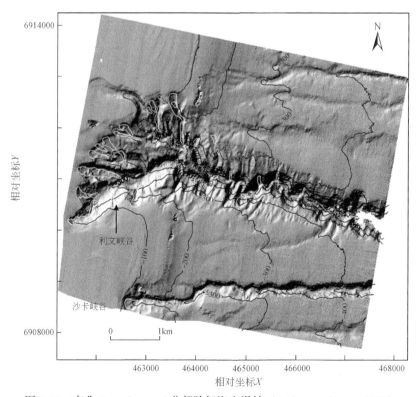

图 2-18　南非 Kwazulu-Natal 北部陆架海底滑坡（Andrew and Ron, 2008）

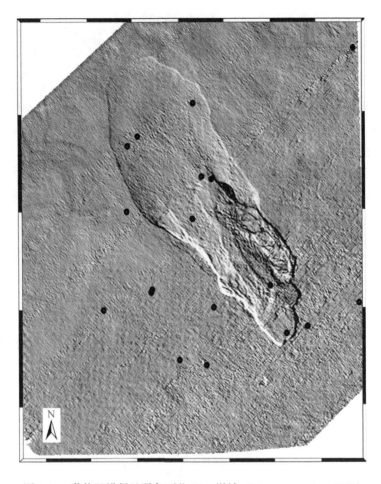

图 2-19　苏格兰设得兰群岛西北 Afen 滑坡（L'eureux et al.，2013）

（2）内部结构

海底滑坡内部结构受变形特征控制，多沿着内在力学机制软弱的区域（即滑移面）发生。滑移面常具有不同的岩性，如墨西哥湾北部深水区晚更新世的滑坡出现在高水位体系域形成的凝缩段内部或顶部（Doyle et al.，1992；Dixon and Weimer，1998），北阿拉斯加下白垩统滑坡存在两个滑脱面，浅部滑脱面富含有机物页岩，含 2%～6% 的有机质，较深部的滑脱面位于浅部滑脱面以下 90m 的富含页岩地层（Weimer，1987；Homza，2004），但大多数深水盆地凝缩段具有较高的黏土含量，含水量高，由有机碎屑生成，天然气含量高，存在超压。根据滑坡体受力状态，其内部构造主要分为三类：①拉张构造。如旋转或滑动块体，附近初始地层存在，是受拉张和块体侧向搬运的区域，在 3D 地震图上，这些特征表现为长条形块体，挤压脊与水流方向垂直，在少数地区，跃迁块体可能以剧烈变形的方式延伸。②挤压构造。如逆冲块体或挤压脊，附近存在一些初始的地层，反映了变形内部正在进行的挤压活动。③剪切构造。通常发生在向下倾斜的斜坡部分，经常位于滑动块体之间或滑移面附近，在滑坡内部表现为杂乱反射。

拉张构造。拉张构造多是由沉积物不均匀沉降引起的，滑坡内部的拉张构造与滑坡体沿滑移面不均匀下滑运动有关，包括旋转拉伸和无旋转拉伸，主要构造类型包括：牵引构造、犁式断裂和旋转块体。犁式断裂（gutter fault）是一种向下倾角变缓，总体呈上陡下缓的犁式形态断裂，多发育于滑坡根部。犁式断裂的存在表明滑坡具有张性特征，牵引上部碎屑物向下滑动。旋转块体多发育于滑坡根部陡崖处，表现为滑坡体内部的孤立块体（图2-13，图2-20）。北阿拉斯加下陆坡下白垩统 Torok 组一个大型的沉积物滑坡（大约3500km²）内部存在多个明显的变形带（Weimer，1987；Homza，2004），近上端破裂面出现旋转滑坡块体、侧向搬运滑坡块体和逆冲块体组成的变形带，下端滑坡区变形地层在二维地震数据中多表现为丘状反射和杂乱堆积反射（图2-21）。

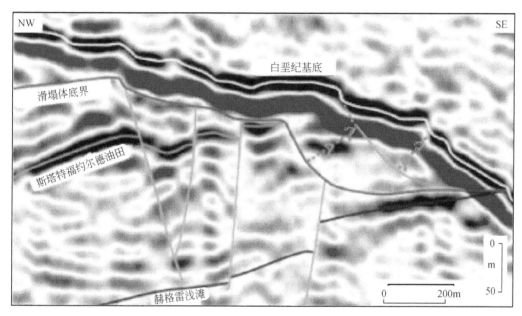

图 2-20　Stafjord 油田东侧旋转滑坡块体（Hesthammer and Fossen，1999）

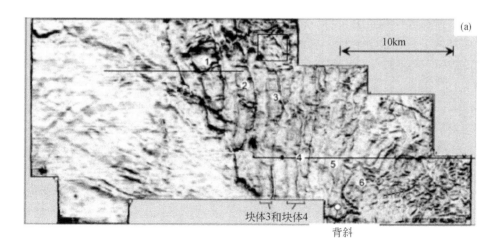

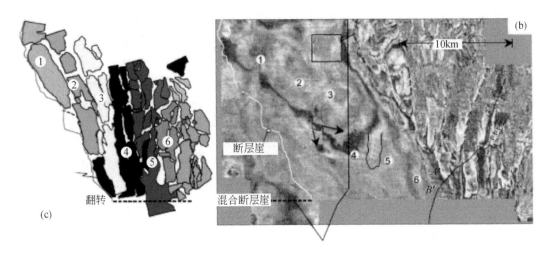

图 2-21　阿拉斯加北部下白垩统 FishCreek 滑坡的平面图（Homza，2004）

挤压构造。海底滑坡向下端尖灭的性质是不同的。当海底滑坡在平滑表面搬运时，要么在某地停留，要么在其末端出现碎屑流（图 2-13，图 2-22），而遇到局部斜坡或阻碍时，在其末端便可形成一系列叠瓦状逆断层或挤压脊。在平面图和切片图上均表现为清晰的平行或亚平行长条状块体，零散分布有少量旋转块体和逆冲断块（图 2-13，图 2-23），在地震剖面图上表现为叠瓦状的多个近垂向反射（图 2-24），挤压脊标志发生了压缩和挤压的区域，滑移块体后期多被侵蚀和水流改造，在 MTDs 和滑坡的顶部有一个不规则的水深变化。例如，文莱深水边缘海底 3D 振幅均方根图显示，海底 50～100ms 时，暗黑色面积增大，表明 MTDs 向北变宽，逐渐消散，MTDs 中存在部分不连续块体（图 2-23）。特立尼达海域晚更新世 MTDs 地震剖面也识别出挤压逆冲构造，表明 MTDs 内部存在局部挤压，反映了海底滑坡的滑动过程（图 2-24），在三维地震相干剖面上可见多处挤压形成的条带状构造，MTDs 边缘变化快，差异明显，在该剖面上还识别出弯曲水道和少量泥火山（图 2-25）。

剪切构造。剪切构造多发育于滑移面或滑坡内部。滑移面（slide plane）是贯穿滑坡主体底部的一条明显分界面，界面处沉积物发生液化且饱含流体活动的地层，它贯穿整个地震剖面，将滑坡体与下部未变形底层分开，为海底滑坡体向下运动的滑脱构造面，是判断滑坡存在的重要依据。受剪切作用的影响，下部地层未发生明显变形（图 2-21），而上部滑坡体则产生明显位移，滑移面上多见擦痕和沟槽（图 2-22，图 2-25），滑坡体内部的剪切构造多为剪切破坏的残余块体。在剪切力较强的区域，滑移面被侵蚀成明显的阶梯状轮廓。在 3D 地震图中，底面表现为不同尺度的侵蚀凹槽（Posamentier and Morris，2000；McGilvery and Cook，2003；Newton et al.，2004），凹槽走向指示了块体或碎屑在层流中被搬运的方向。阿拉斯加北部下白垩统 Fish Creek 滑坡内部的时间切片说明滑坡沉积物由有序转变为杂乱过程（Weimer，1990）。

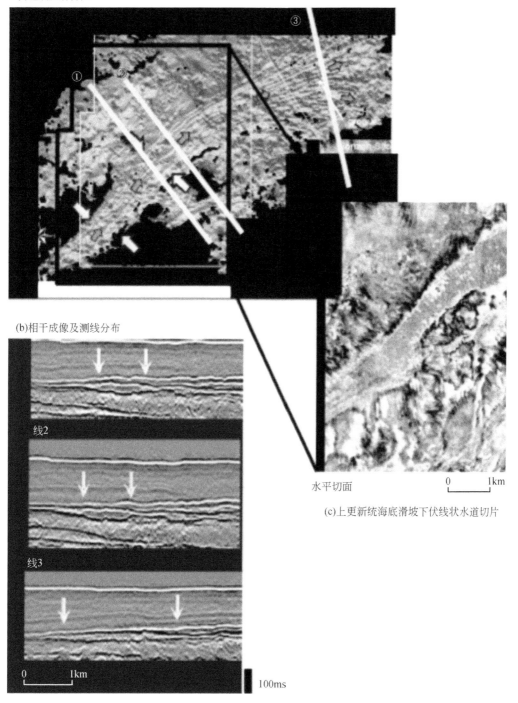

图 2-22　印度尼西亚 Makassar 海峡 MTDs 特征（Posamentier et al.，2000）

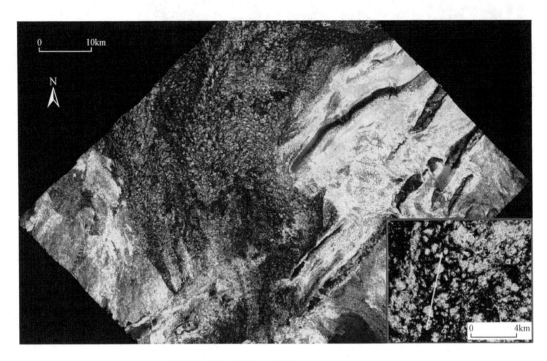

图 2-23 文莱深水边缘振幅均方根图（McGilvery and Cook，2003）

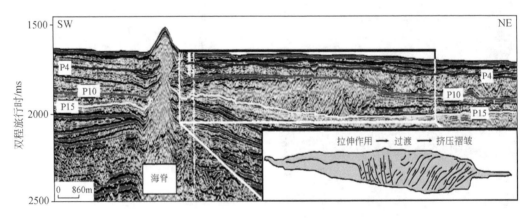

图 2-24 特立尼达海域晚更新世 MTDs 地震剖面（Brami et al.，2000）

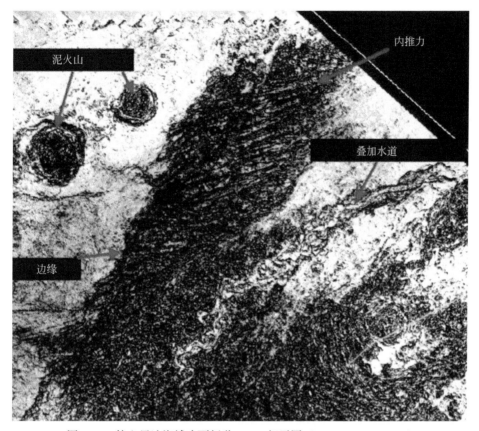

图 2-25　特立尼达海域晚更新世 MTDs 相干图 （Brami et al.，2000）

　　海底滑坡地震反射特征反映了沉积物类型和内部层序的变化，受海底内部变形构造影响，海底滑坡内部反射特征多变，主要表现为杂乱、空白带或强振幅，沉积体横向分布不均匀，上倾杂乱反射转变为下倾垂向，或亚垂向反射，反映了 MTDs 内部运动状态变化复杂的地震相特征，滑坡内部不同期次滑动或同一期次不同沉积体的存在，也可能与同期沉积物不同的搬运距离有关。剖面中类似线状空白带的反射特征表明滑坡沉积物的不断向前推进作用 （图 2-26），均方根振幅图上的斑点状外貌是海底滑坡典型地震相特征，一般不会出现在其他深水沉积中。例如，文莱深水区上倾地震剖面出现强振幅，反射层面横穿褶皱，全部滑坡体内部反射杂乱，滑坡沉积整体厚度不均，下倾地震剖面可见平缓倾斜滑脱底面、强振幅交互层、不规则层状反射 （滑塌块） 和低振幅的杂乱反射（McGilvery and Cook，2003）。印度尼西亚深水区望加锡海峡晚更新世浅海滑坡地震剖面显示，互状滑坡体上覆于不规则的侵蚀面之上，内部反射杂乱，连续性较差 （Posamentier and Morris，2000） （图 2-27）。摩洛哥海下古新统地层的地震剖面，可见滑坡体内部存在一个原始地层保存完好的单独滑坡块体，周围沉积物为杂乱反射 （Lee et al.，2004）（图 2-28）。安哥拉近海地区 16 区块海底滑坡在剖面上表现为低振幅杂乱、丘形及杂乱反射，滑坡体上部为水道及水道–天然堤系统，并超覆于盆地翼部 （Sikkema and Wojcik，2000） （图 2-29）。

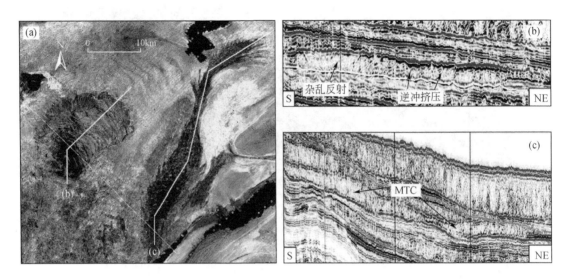

图 2-26　文莱深水边缘区浅层 MTC 的振幅图和地震剖面（McGilvery and Cook，2003）

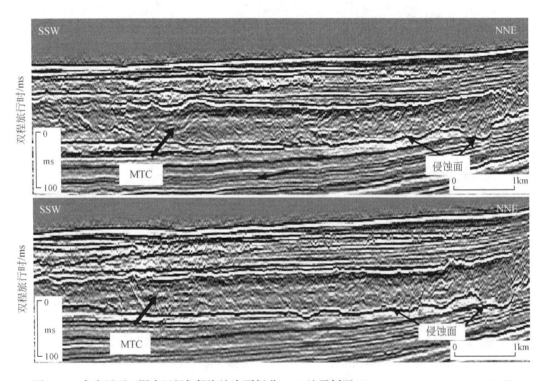

图 2-27　印度尼西亚深水区望加锡海峡晚更新世 MTC 地震剖面（Posamentier and Morris，2000）

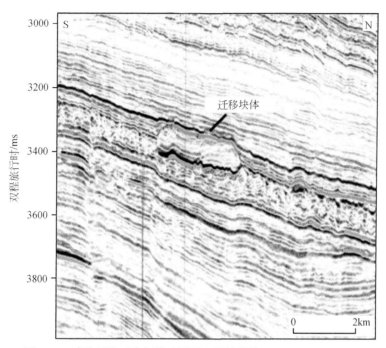

图 2-28　摩洛哥海下古新统地层孤立滑坡块体（Lee et al.，2004）

四周为杂乱反射

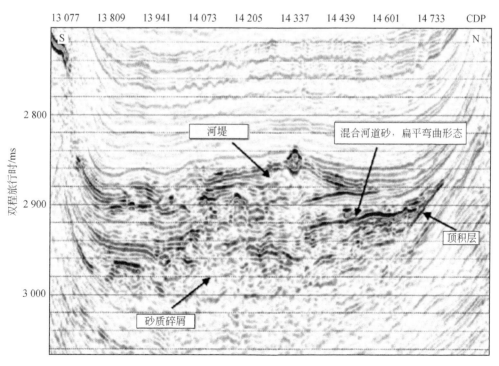

图 2-29　安哥拉近海地区 16 区块地震剖面（Sikkema and Wojcik，2000）

2.5 神狐海底滑坡

2.5.1 神狐海底滑坡结构与识别

神狐海底滑坡的分布范围从陆架坡折带至神狐峡谷趾部区域,水深为 200 ~ 1700m。其北侧为番禺低隆起,地势较为平坦,南侧为白云凹陷主凹,地形复杂 (图 2-30)。根据地貌单元种类的不同,神狐海底滑坡又进一步分为陆架坡折头部伸展区和神狐海底滑坡区。

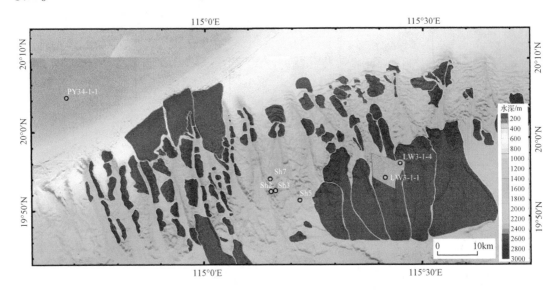

图 2-30　神狐海底滑坡分布范围

2.5.1.1　陆架破折带头部伸展滑动区

在神狐海底滑坡头部沿陆架坡折带向海一侧,发育有大量规模不等的活动断层,在地貌上形成陡坎,后壁十分明显 (图 2-30,图 2-31),每一个滑坡后壁对应于一个海底峡谷。滑坡头部 3 个典型后壁 (Ⅰ、Ⅱ、Ⅲ) 分别对应着 5、6、7 三条海底峡谷 (图 2-31)。与Ⅰ和Ⅲ滑坡区相比,区域Ⅱ中发育的滑坡最典型,具有完整的滑坡头部变形特征,包括滑坡后壁和侧壁,而区域Ⅰ和Ⅲ中仅发育滑坡后壁,侧壁不明显,甚至不发育。

滑坡区Ⅱ的滑坡后壁垂直落差接近 50m [图 2-32 (d) 中 DD′ 剖面];滑坡头部拉张区侧壁的规模较大,两边的侧壁垂直落差都达到了 30m [图 2-32 (a) 中 AA′ 剖面];滑坡的体部平移区内,东侧侧壁的垂直落差减小至 15m,而滑坡体西侧侧壁的垂直落差仍然接近 30m [图 2-32 (b) 中 BB′ 剖面];滑坡趾部挤压区与海底峡谷相接,滑坡体两边的侧壁近乎消失,推测此时滑坡体已注入海底峡谷 [图 2-32 (c) 中 CC′ 剖面]。

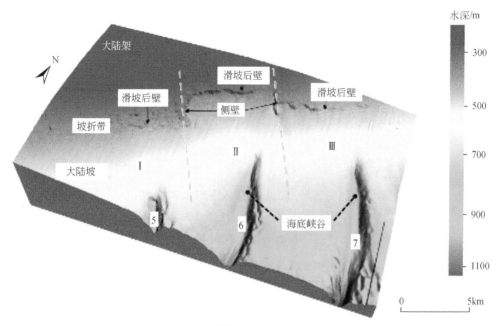

图 2-31 神狐海底滑坡头部地形地貌

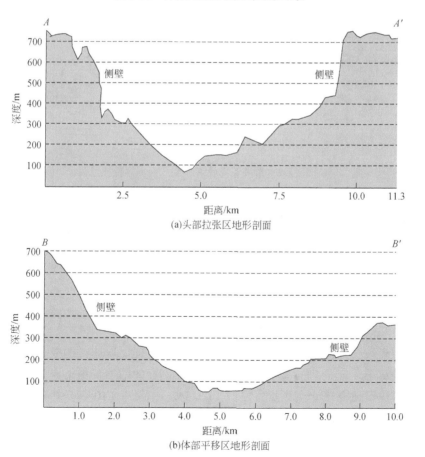

(a)头部拉张区地形剖面

(b)体部平移区地形剖面

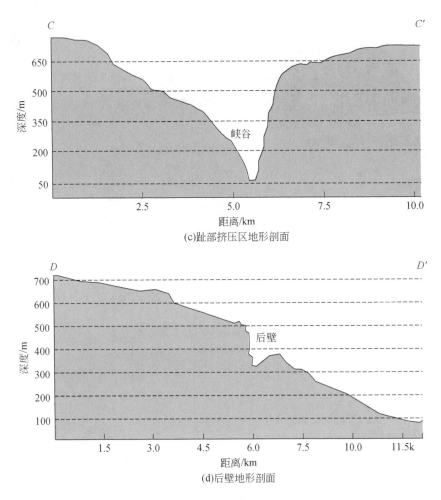

图 2-32 滑坡头部峡谷地貌几何剖面特征
剖面位置见图 2-31

陆架坡折带是陆架坡折点的连线，它是位于陆架最外缘与陆坡之间坡度明显转折的地带。坡折带 NW 侧的陆架区坡度普遍小于 1°，而 SE 侧的陆坡区坡度普遍大于 2°。坡度最大值出现在滑坡的后壁、侧壁以及海底峡谷的两翼，坡度可以达到 25°［图 2-33（a）］。另外受白云凹陷持续热沉降的影响，研究区海底坡向总体以 S—SE 向为主，由于海底峡谷对局部地形坡向的显著改变，峡谷东翼地形以 SW—NW 向为主，西翼以 NE—SE 向为主［图 2-33（b）］。

神狐海底滑坡头部拉张区，包括后壁、铲状断层、伸展块体、侧壁、冲沟、斜坡、滑动面、残余块体等。依照 Pang 等（2007）对 1530 剖面的精细解释，本书在缺少井震对比的情况下确定出了研究区 T_0（2.4Ma）、T_1（5.5Ma）和 T_2（10.5Ma）3 个时间界面，这为研究提供了参照。经确认，陆架坡折带海底滑坡发生在 T_0 之后，属于第四纪海底滑坡。该滑坡发育有典型的后壁及侧壁，均以小型铲状正断层的形式出现，并切断正常沉积地层

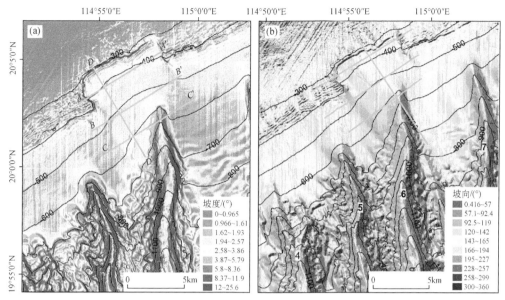

图 2-33　滑坡区地貌属性

（图 2-34）；滑坡体的体部拉张特征明显，推测原因可能是发生滑动的沉积物滑入海底峡谷，在坡折带附近几乎没有残留；滑动面呈现强振幅、连续的反射特征，反映出滑动面与下覆沉积物的波阻抗差异较大（图 2-34）。滑坡体上覆楔状沉积体，地震反射强度中等、连续性较强，地层依次上超于滑动面之上；滑坡体下伏地层的地震反射特征与楔状沉积体的特征明显不同，具有弱振幅、半透明的反射特征，连续性较差，地层加积和前积特征明显，向下陆坡方向依次下超，将其解释为三角洲前积体（图 2-34）。T_0 与 T_1 之间发育一套厚度近 200ms、中强振幅、连续性较好的沉积层，这套沉积层将下伏的半透明、弱连续、低振幅的古峡谷侵蚀充填沉积体与上覆的三角洲前积体分隔开来，将其解释为一套海进沉积层序。研究区内发育数条正断层，大部分止于 T_1，小部分能够切穿 T_1 甚至 T_0，直达三角洲前积体内部。这种断层已经被证实能够充当流体运移通道，使深部的流体运移到表层（孙启良，2011；Sun et al.，2012b）。研究区浅地层中含气现象明显，气体由深部向浅部运移过程中将气体通道周围的地层改造，使地层的连续性遭到破坏。含气地层具有透明-半透明、弱连续、弱振幅的地震反射特征。向上运移的气体若受到低渗透性地层（泥岩层）的封堵，则其在地震反射特征上形成极性反转（图 2-34）。

2.5.1.2　神狐海底滑坡区

（1）滑坡区地形特征

神狐海底滑坡区从西到东共发育 17 条海底峡谷，每条峡谷的长度有所不同，以 9 号峡谷为界，西侧的峡谷平均长度明显大于东侧，而且东西两侧峡谷的走向也略微不同，西侧峡谷走向大致为 N—S 向，而东侧峡谷走向则变为 NWW—SSE 向，另外，除 7 号峡谷外，9 号峡谷以西的其他峡谷头部连线与陆架坡折带之间的直线距离较短，而以东峡谷头部连线与坡折带之间的直线距离明显增大（图 2-35）。

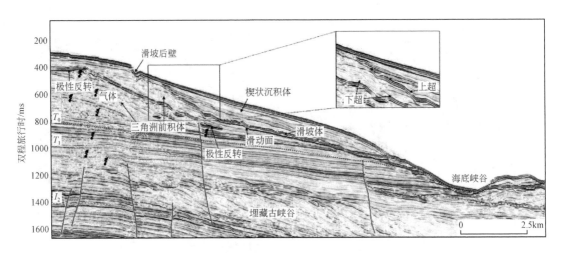

图 2-34　滑坡体地震反射特征

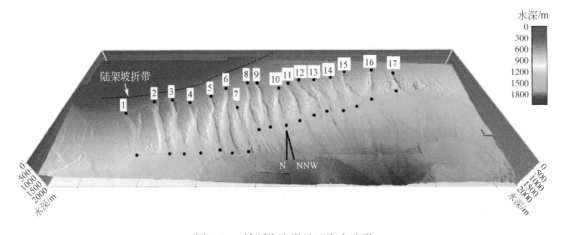

图 2-35　神狐海底滑坡区海底地形

（2）滑坡区的平面、剖面特征

神狐海底滑坡区内海底滑坡分布具有一定的规律，集中发生在三个区域，分别是海底峡谷头部、两翼和趾部。1～9 号峡谷头部地形坡度相对较大，最大坡度达到 45°，受此影响滑塌发育明显多于 10～17 号峡谷，后者峡谷头部相对平缓，最大坡度仅为 15°［图 2-36（b），图 2-36（c）］。峡谷头部的滑塌也被称作峡谷的溯源侵蚀，它的上述地形特征预示着 1～9 号峡谷的溯源侵蚀能力较强，10～17 号峡谷溯源侵蚀能力较弱，这在某种程度上可以作为东西两组峡谷头部连线离陆架坡折带远近不同的原因。如图 2-36（a）所示，由于长期受到重力流的冲刷侵蚀，所有 17 条峡谷的两翼坡度均大于 15°，这样大的坡度必然导致海底峡谷两翼的沉积物因重力失稳产生滑塌，但这种类型的滑塌由于搬运距离极短，且滑塌体进入峡谷内会立即向下陆坡方向运移，滑坡体比较难保留，因此这种滑塌体的反射特征在地震剖面中较少见，仅见于少数埋藏的古峡谷沉积体系内部（Gong et al.，2013）。

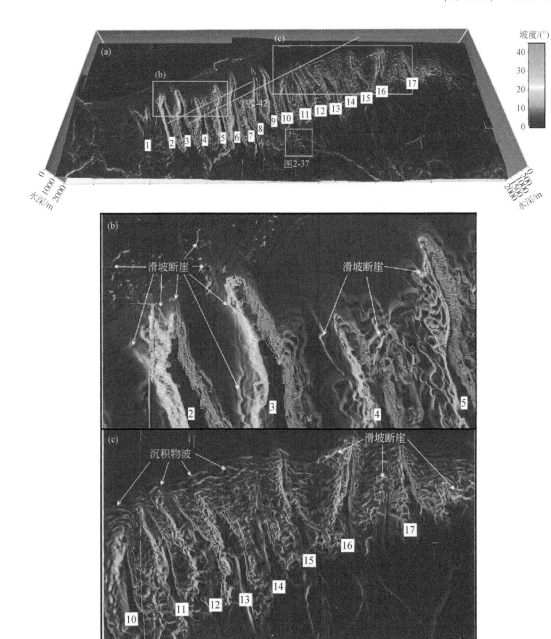

图 2-36　神狐海底滑坡的平面分布特征

海底峡谷趾部的海底滑坡源于趾部地层的垮塌。如图 2-37 所示，在 10 号峡谷的趾部发现了两处海底滑坡（滑坡体 1 和滑坡体 2），其平面和剖面特征均非常典型。两处滑坡的后壁坡度均为 30°左右，其中滑坡体 1 后壁长度为 2km，滑坡体 2 后壁长度为 8km，后者发育的规模与陆架坡折带识别出的滑坡规模相当［图 2-37（a）］。虽然从规模上说，二者均属于小型滑坡，但却是典型的由水合物分解引起的海底滑坡。滑坡体 1 和滑坡体 2 的正下方均有 BSR 发育，其中滑坡体 1 的下方还发育有双 BSR，由于前人已经就神狐海底滑坡区的海底滑坡与水合物分解的相关性进行过详细的研究（吴时国等，2011），分析认为这两处滑坡与水合物分解引起的地层超压之间存在着密切关系（图 2-37）。

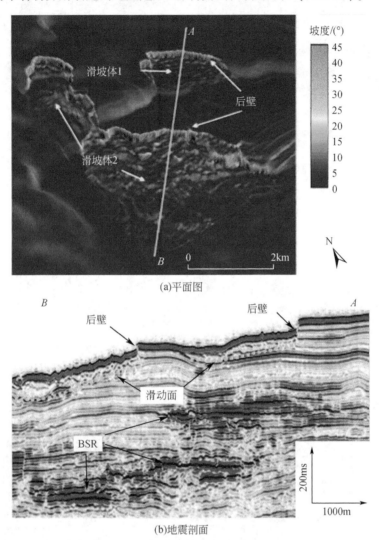

(a)平面图

(b)地震剖面

图 2-37　海底峡谷趾部的海底滑坡

2.5.2　滑坡的控制因素

2.5.2.1　相对海平面变化

3D 地震资料解释显示，海底滑坡发育在三角洲前积体之上（图 2-38），由于研究区所处的陆架坡折带位于浅水陆架向深水陆坡的过渡区域，发育在此处的三角洲沉积被称为陆架边缘三角洲。这种三角洲一般形成于强制海退期和低位正常海退期，此时海岸线离陆架边缘较近，大量的沉积物会越过宽阔的大陆架到达陆架坡折带甚至上陆坡，向海和向陆双向尖灭的沉积楔状体得以形成；而海侵期和高位正常海退期，河流的注入点离陆架边缘非常远，沉积物大多滞留在大陆架上，形成陆架三角洲，此时陆架边缘三角洲不发育（Porębski and Steel，2003）。据此，假定古珠江的物源供应相对稳定，可以推断，陆架坡折带发育的海底滑坡与相对海平面变化具有密切关系。

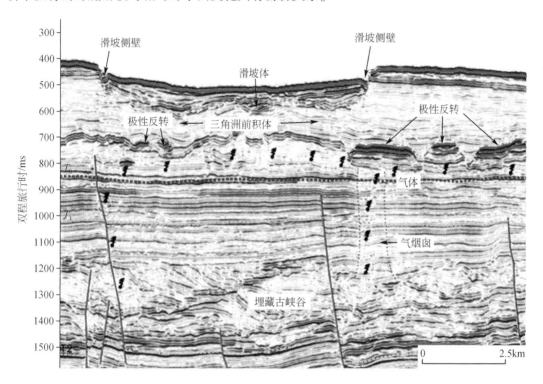

图 2-38 滑坡体地震反射特征
横剖面，剖面位置见图 2-33

珠江口盆地第四纪经历了多次海平面升降，其中几次规模较大的海退使海平面退到番禺低隆起与白云凹陷之间的陆架坡折带附近（秦国权，2002）（图 2-39），这满足了陆架边缘三角洲形成的客观条件。海平面升降在剖面中的反映是体系域空间上的变化，这点从T_0之后三级层序体系域的空间展布特征中有所体现（图 2-40）。海底滑坡大致发育在低位体系域与海进体系域之间的某一段时期内。强制海退晚期以及低位正常海退时期，沉积物在陆架边缘三角洲向海一侧发生快速前积和加积，沉积速率明显增加。加之此时陆架边缘水较浅，波浪、海啸等水体波动能直接作用于海底，这使本身就松散的沉积物发生海底滑坡。同样，在海侵早期，陆架边缘水体深度快速增加，造成了水动力的普遍不稳定，也容易诱发海底滑坡（Flemings et al.，2008）。然而，在海侵晚期以及高位正常海退期，沉积物的注入点离陆架边缘较远，且陆架边缘水动力环境相对稳定，此时上陆坡沉积速率降低，以深海−半深海沉积为主，海底滑坡相对不发育。

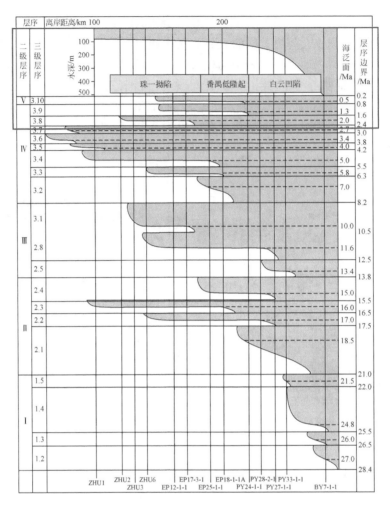

图 2-39 珠江口盆地三级海平面变化曲线（秦国权，2002）

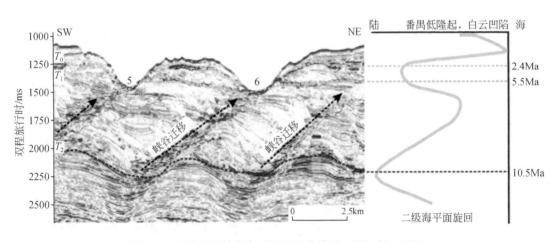

图 2-40 海底峡谷演化与海平面变化关系（秦国权，2002）

通过上述分析可以得知，神狐海底滑坡区内发育的海底滑坡与峡谷的演化密切相关。一般来讲，峡谷是由小冲沟汇聚的沉积物重力流（主要是浊流和碎屑流等）不断冲刷形成的（Pratson and Coakley，1996）。神狐海底峡谷并非一直处于侵蚀冲刷阶段，其实它是经过许多期侵蚀—充填—再侵蚀—再充填的过程才形成现今的地貌形态，而且这种侵蚀充填过程受控于相对海平面变化（Zhu et al.，2010；Gong et al.，2013）。图2-40阐述了5号和6号峡谷10.5Ma以来随海平面变化的演化过程。10.5～5.5Ma海平面较低，海底峡谷总体以侵蚀为主，而且在重力流和底流的共同作用下，峡谷不断向NE向迁移（Gong et al.，2013）；至5.5Ma峡谷的侵蚀过程基本停止，随着5.5～2.4Ma高海平面时期的到来，峡谷进入充填期；之后就是2.4Ma的低海平面时期，峡谷再次进入侵蚀期，被侵蚀的峡谷底部已经出露5.5Ma的地层。特别值得一提的是，从地震剖面上可以看出第四纪以来海底峡谷并没有发生NE向的迁移，这预示着低海平面时期底流作用的减弱。

2.5.2.2 东沙运动

10.5Ma之后神狐海底峡谷经历了侵蚀——充填——再侵蚀的过程，2.4Ma（T_0）之后由于重力流的侵蚀，海底峡谷重新开始发育。但2.4Ma之后并非所有的峡谷都在原来的基础上有继承性发展，换而言之，2.4Ma峡谷重新发育之后，并非所有峡谷的规模比之前有所扩大。以9号峡谷为界，西侧的9条峡谷是在古峡谷的基础上通过溯源侵蚀发展而来，并且规模比之前有所扩大；而东侧的8条峡谷溯源侵蚀的能力明显减弱，尤其是10～14号峡谷，它们的规模非但没有扩大反而比原先小很多（图2-41）。经过详细的剖面解释，这可能是东沙运动（10.5～5.5Ma）导致的断块升降将9号峡谷以东区域抬升的缘故。这种抬升作用导致区域整体地形坡度变小，这不仅能够减弱重力流的下切侵蚀能力，也可能改变重力流的流向，这或许不仅可以用来解释东侧峡谷走向的微小变化，也能够解释东部峡谷头部地形相对西部峡谷平缓。

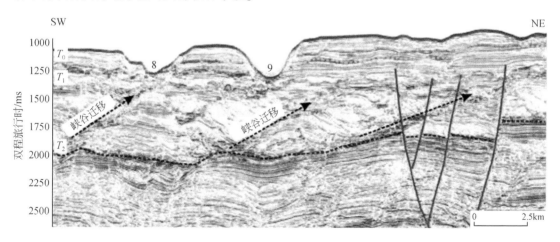

图2-41 东沙运动导致东西部海底峡谷发育的差异

1～9号峡谷上游的陆架坡折带发育着大量的海底滑坡，说明此处的重力流活动频繁，而 10~17 号峡谷对应的陆架坡折带重力流活动明显减弱，推测这是由区域抬升导致的陆架边缘沉积中心向西迁移造成的。这种情况类似于美国新泽西陆坡发育的海底峡谷（Pratson et al.，1994）。神狐峡谷的 1~9 号峡谷头部的连线到陆架坡折带的距离要远远小于 10~17 号峡谷的现象能为上述结论提供佐证。

由此，本书提出如下模型：东沙运动区域抬升 [图 2-42（a）] 之前 1 和 2 号两条峡谷均有陆架边缘三角洲向其供应沉积物，因此这两条峡谷的发育程度相近，规模相当；东沙运动之后 [图 2-42（b）]，东部区域被抬升，沉积中心向西迁移，陆架边缘三角洲的前缘离 2 号峡谷头部的距离增大，导致通过 2 号峡谷的重力流沉积显著减少，此时充填作用大于侵蚀作用，2 号峡谷的规模逐渐变小；相反，迁移后的沉积中心使 1 号峡谷能够更直接地接收陆架边缘三角洲前缘的沉积物，沉积物的供应量增大，重力流的侵蚀能力增强，从而使 1 号峡谷发生溯源侵蚀，峡谷规模不断扩大。

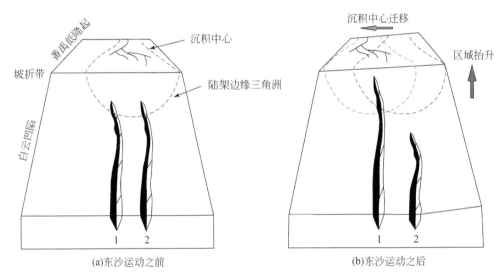

图 2-42　区域抬升引起的海底峡谷发育状态的改变

2.5.2.3　超压流体活动

3D 地震资料综合解释以及近些年的工业勘探结果表明，研究区流体活动非常活跃（Sun et al.，2012a，2012b；Chen et al.，2013a）。朱俊章等（2006）和米立军等（2006）分别对白云凹陷-番禺低隆起天然气的烃源构成特点、运聚成藏规律等进行了比较系统的研究，认为该区天然气主要来自下渐新统河湖相煤系烃源岩。底辟构造、高角度断裂和垂向裂隙系统构成了研究区主要的流体运移体系（吴能友等，2009；孙启良等，2014）。底辟构造在地震剖面上呈直立的、下大上小的烟囱状通道，所经地层形成反射模糊带，其顶部常见亮点振幅异常和极性反转，反映其存在丰富的游离气。高角度断层作为一种重要的流体输导系统，存在垂向和侧向两种输导方式。深部流体往往通过混合输导模式从深部烃源岩运移到浅层（施和生等，2009）。

剖面对比发现发生极性反转的层位大体位于最大海退面之下的海退体系域内。海退体系域沉积物多为高位体系域细粒沉积物遭受剥蚀形成，砂泥比较低，地层的渗透性较差（Catuneanu，2006）；由深部向上运移的气体一旦遇到上述地层容易发生聚集，形成局部超压。另外，滑坡体不同部位含气地层与滑动面的相对位置也不同，越靠近滑坡体头部，发生极性反转的层位离滑坡体滑动面的垂直距离越远；越靠近滑坡体趾部（即越靠近峡谷头部），发生极性反转的层位离滑坡体滑动面的垂直距离越近（图2-43）。这表明滑动面与含气地层不是完全吻合的，二者只在峡谷头部吻合较好。由于大多数海底滑坡具有退积式发展的特点（Ferentinos et al.，1988；Gardner et al.，1999；Gee et al.，2007），因此，本书认为研究区的海底滑坡不是一期滑坡事件所致，而是多期滑坡通过退积式发展形成的，推断最初滑坡发生的位置大致位于峡谷的头部。据此，本书提出了陆架坡折带海底滑坡发育的一般模式。

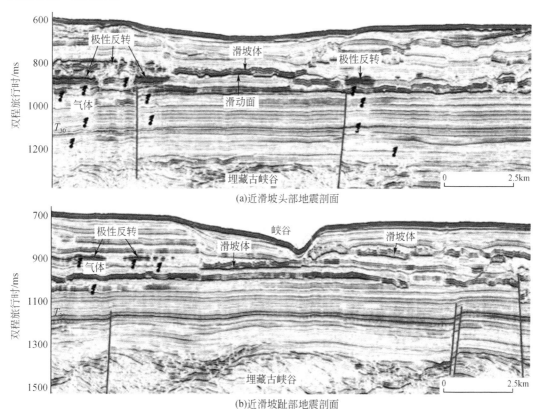

图2-43 滑坡体各段地震反射横剖面对比

2.5.3 海底滑坡的发育模式

深部气体通过高角度正断层及气烟囱向浅部地层运移，遇到海退期低砂泥比的细粒沉积层后发生气体聚集，形成局部超压［图2-44（a）］。地层超压的形成使地层的有效应力减小，地层的抗剪强度降低。海底峡谷头部的地层受溯源侵蚀和峡谷头部复杂水动力条件的影响，地层稳定性最差，最先发生海底滑坡，这部分滑塌的物质绝大部分进入峡谷内部，只有少量滞留在原位 [图2-44（b）]；峡谷头部的地层发生滑动之后，上陆坡的地层因坡脚处缺少了地层的支撑，力的平衡被打破，重力水平方向的分量会大于地层的摩擦力，这样上陆坡的地层会陆续发生滑动，这种连锁反应退积式发展，一直扩展到陆架坡折带 [图2-44（b），（c）]；由于坡折带向陆一侧地层的坡度近乎水平，重力水平方向的分量微乎其微，沉积物重新达到平衡状态。因此，此处的地层较稳定，不容易发生海底滑坡 [图2-44（d）]。

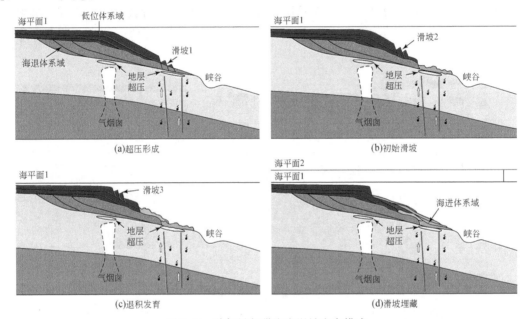

图2-44　陆架坡折带海底滑坡发育模式

2.6　白云海底滑坡

　　白云海底滑坡主体位于珠江口盆地白云凹陷，它是一个十分复杂的海底滑坡体（孙运宝等，2008）。后期经细致研究，白云凹陷依据其海底地貌形态和沉积演化的不同，可以进一步划分为不同期次的滑坡类型（Wang et al.，2013）。

2.6.1　滑坡区地貌及地震响应特征

2.6.1.1　滑坡区地貌特征

　　白云海底滑坡区北接神狐海底滑坡区，西邻云开低隆起，最南端以洋-陆过渡带为界，水深为600~3000m，区域面积约为10 000km²（图2-45）。

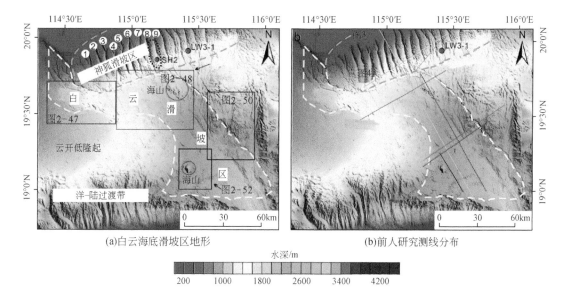

图 2-45 白云滑坡区海底地形和前人研究测线分布

（a）中黄色虚线代表白云滑坡区的范围；蓝线–孙运宝等，2008；绿线，Sun et al.，2012a；
橙线，Ding et al.，2013；红线，Li et al.，2014

前人对白云滑坡区进行研究时通常是将滑坡区作为一个整体来研究（孙运宝等，2008；吴时国等，2011；Li et al.，2014），这样的弊端就是只能从滑坡区进行宏观研究，而一些微观结构和构造则容易被忽略。本书在前人的成果基础上，对白云海底滑坡区进行了细分，分成了Ⅰ、Ⅱ、Ⅲ和Ⅳ 4 个滑坡区。划分的方法是首先分别绘制研究区的地形坡度图和坡向图，然后利用极大似然分类法进行分类，每个滑坡区的地貌属性特征见表 2-2。

表 2-2　各滑坡区地貌特征　　　　　　　　　　　［单位：（°）]

滑坡区	坡向			坡度		
	最大	最小	平均	最大	最小	平均
滑坡区Ⅰ	358.5	0	47.6	71.4	0.1	1.1
滑坡区Ⅱ	347.3	0	169.1	38.7	0.1	1.3
滑坡区Ⅲ	355.3	0	218.9	31.8	0.3	1.1
滑坡区Ⅳ	358.9	0	168.2	29.3	0.2	1.0

从表 2-2 中可以获得每个滑坡区大致的地貌特征信息。例如，根据海底坡向的平均值可知每个滑坡区的主要坡向不尽相同，其中滑坡区Ⅰ为 NE 向，滑坡区Ⅱ和Ⅳ为 SES 向，滑坡区Ⅲ为 SWS 向；根据平均坡度值可知滑坡区内平均坡度较小（不超过 1.5°），地势较平缓。从图 2-46 中可以看出，白云海底滑坡区内仍然存在坡度突变的区域。例如，滑坡

区的北部和东部边界处存在的一条绵延数百千米的断崖，此处的坡度最大可以超过20°；另外滑坡区内还存在两座海山，其中一座属于盾状海山，位于滑坡区Ⅱ中央，另一座属于锥状海山，位于滑坡区Ⅳ中央。

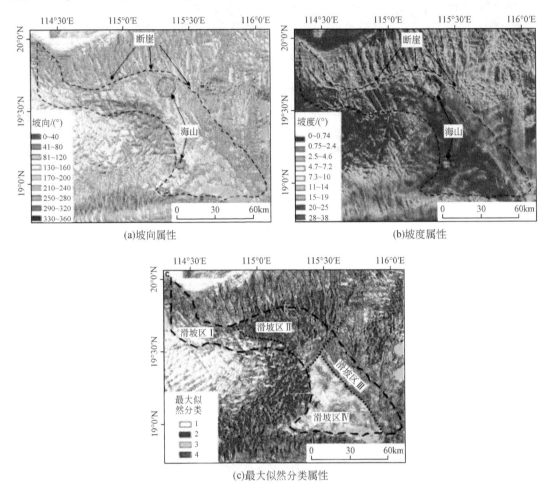

图 2-46　白云滑坡区地貌属性

2.6.1.2　滑坡区地震响应特征

滑坡区Ⅰ位于白云海底滑坡区的最北端，南面与云开低隆起相邻，北面紧靠神狐海底滑坡区的1~3号峡谷，同时该区南、西、北三面被断崖环绕，断崖总长度达100km，垂直落差达到200m［图2-47（a）］。滑坡体由一套厚约250ms的中等振幅、半透明、中等连续的反射层组成，其顶面为一连续反射界面，大致与5.5Ma时间界面吻合。受浊流强烈改造的影响，滑坡体底面较为模糊，向下逐渐过渡为正常深海沉积，其下界面大致位于10.5Ma时间界面之上。由此判断这套滑坡体发育的时间在10.5~5.5Ma。区内发育着数条深大断裂，它们向下直达前古近纪基底，向上能够切穿近地表，本书将其解释为白云凹陷的控凹断裂。其中，有数条大断裂上方正好对应着环绕滑坡区的断崖，由此可判定该区内的断崖可能是断控型成因而非滑坡成因 [图 2-47（b），（c）]。将断崖两侧的地层反射特征对比发现二者具有高度的相似性，说明滑坡体的范围超出了断崖的范围。除此之外，该滑坡区内没有发现能够指示滑坡运动学特征的构造单元，比如头部的伸展型扩张脊、断块，滑坡侧壁、残留块体，趾部的挤压脊和叠瓦状构造等。以上种种迹象表明滑坡区Ⅰ内发育的并不是典型的滑坡沉积，而是被浊流强烈改造的特殊滑坡体。据此进一步推断，滑坡区Ⅰ可能不是海底滑坡的发育区，而是海底滑坡的沉积区，即上陆坡方向的滑坡体经过远距离搬运以及与海水的不断混合演变成浊流，其进入由大断裂形成的负地形并对此处前期形成的滑坡体进行改造。

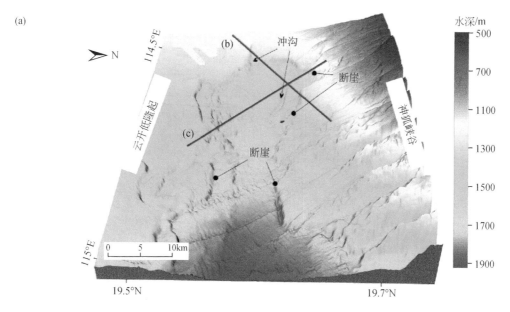

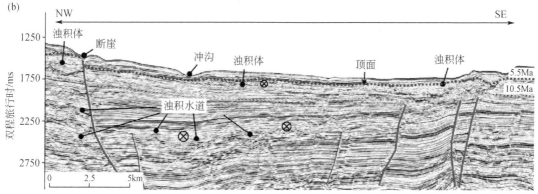

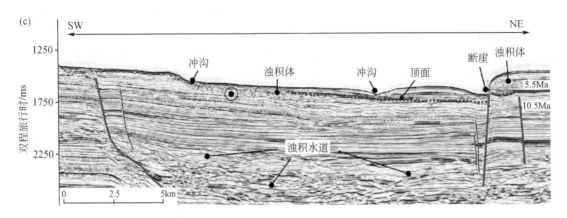

图 2-47　滑坡区 I 地貌及地震反射特征

表 2-3　各滑坡区的地震反射特征

滑坡区	顶面反射	底面反射	内部反射	运动学特征	重力流类型
I	高振幅，连续	许多低振幅连续反射界面组成的过渡层	低–中振幅，弱连续–杂乱反射	顶面，冲沟	被浊流改造的滑坡
II	低振幅，连续，负反射系数	中–强振幅，连续，负反射系数	低–中振幅，不连续	顶面，滑动面，后壁	滑坡
III	滑坡体 B1：高振幅、连续；滑坡体 C1：高振幅，不连续	滑坡体 B1：低振幅，不连续；滑坡体 C1：高振幅，连续	低–中振幅，杂乱反射	顶面，滑动面，后壁	滑坡
IV	高振幅，连续	中等振幅，连续	滑坡体 1：中等振幅，不连续；滑坡体 2：低振幅，杂乱反射	顶面，滑动面，挤压脊，内部斜坡	滑坡

　　滑坡区 II 几乎占据了白云海底滑坡区的中间部分，北面与 4～9 号峡谷相接，东南与云开低隆起相邻。在滑坡区中部有一座盾状海山，其直径约为 10km，高出海底接近 300m ［图 2-48 （a）］。该区滑坡体由一套弱–中振幅、杂乱的反射层组成（表 2-3），最厚处约为 250ms，向下陆坡方向逐渐变薄。其顶面为强振幅连续反射界面，基本与 5.5Ma 时间界面相吻合，底面（滑动面）为中强振幅连续反射界面，位于 10.5Ma 之上。由此推断该区海底滑坡事件发生的时间与滑坡区 I 相似，同样为 10.5～5.5Ma。滑动面呈一上凹型界面且向上陆坡方向与滑坡体的头部断崖相连，该断崖是滑坡区 I 在滑坡区 II 的延伸，但二者之间存在一个明显的拐点 ［图 2-48 （a）］。另外，从地形上来看，神狐峡谷脊部在滑坡区 II 的断崖处突然终止，由此推断该断崖应该为滑坡后壁，它的形成可能与峡谷脊部（4～9 号峡谷）的崩塌有关。滑坡体的滑动方向受海底坡向的控制，因此该区滑坡的滑动方向应为南东向或南向。除滑坡后壁，该区没有发现滑坡侧壁，残留块体、挤压脊等滑动构造，且从剖面上可以发现，该区滑坡体已经进入滑坡区的范围 ［图 2-48 （b）］。

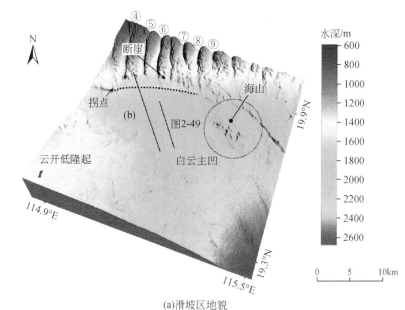

(a)滑坡区地貌

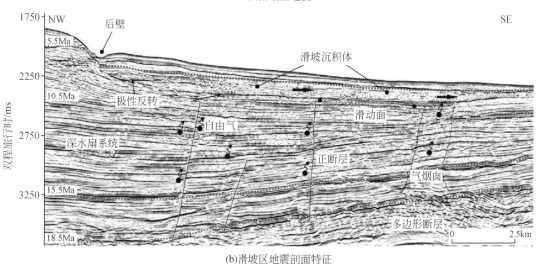

(b)滑坡区地震剖面特征

图 2-48　滑坡区Ⅱ地貌及地震剖面特征

　　滑坡体之下是一套约 1500ms（2250～3750ms）的中强振幅、弱连续的反射层，解释为珠江口深水扇沉积。气烟囱构造和数条正断层从多边形断层带向上延伸切穿了深水扇沉积直达滑坡体的底部。深水扇沉积体中分布有相当的自由气，它们以低振幅、半透明反射为特征。地层中赋存的气体通过滑动面之下的极性反转能得到证明（图 2-49）。

　　滑坡区Ⅲ位于白云海底滑坡区东南部，其东南侧和南侧以洋–陆过渡带为界。该区地势总体具有"东高西低"的特点，一条长约 50km 的断崖贯穿其中。在该滑坡区内识别出了多期海底滑坡体，分别用 A、B、C 和 D 表示，每一期包含多个独立的滑坡体，分别用

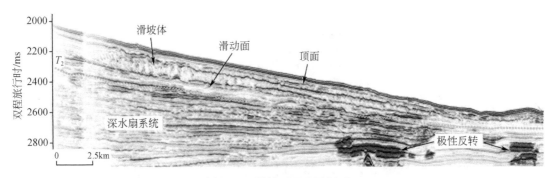

图 2-49　滑坡区 II 地震剖面

阿拉伯数字表示。滑坡体 A 是区内最老的一期滑坡，其中分布着许多小的滑坡断崖，但是因其个体小，很难将滑坡体 A 中每一个独立的滑坡体进行区分。识别滑坡体 A 最显著的特征就是在趾部发育有挤压脊构造以及由于不断侵蚀形成的负地形 [图 2-50 (f)]。滑坡体 B 发育的时间晚于滑坡体 A，从滑坡体 B 中可以识别出 3 个独立的滑坡体，即滑坡体 B_1、B_2 和 B_3 [图 2-50 (a)]。其中，B_3 滑动距离达 15km，是规模最大的滑坡体，B_1 次之，B_2 最小。从滑坡趾部挤压脊的展布方向看，B_3 和 B_2 的滑动方向为南南东向，而 B_1 滑动方向为南东向。滑坡体 C 发育晚于滑坡体 B，从滑坡体 C 可以识别出 C_1、C_2 和 C_3 3 个独立滑坡体，其中 C_2 的滑动距离超过 25km，规模最大，C_1 次之，C_3 最小 [图 2-50 (c)]。滑坡区的海底坡向直接影响了滑坡体 C 的滑动方向。C_1、C_2 和 C_3 的头部均对应着断崖位置，3 个滑坡体自断崖处开始，显示沿南南西向滑动，而后 C_1 和 C_2 发生转向，滑动方向变成南东向。从地震剖面判断，滑坡体 B_1、C_1 和 D 发育的先后顺序为 B_1—C_1—D [图 2-50 (a)]。3 个滑坡体均呈低中振幅杂乱反射的特征，B_1 的顶面对应 C_1 的底面，为一中强振幅连续的反射界面；C_1 的顶面对应 D 的底面，同样为一中强振幅连续的反射界面。从滑坡体 D 的滑动方向（南东向）和规模来看，其有可能来自滑坡区 II。

　　滑坡体 IV 位于白云滑坡区的东南部，其南以洋-陆过渡带为界，西邻云开低隆起。区内有一处锥状海山，高为 375m，直径约为 6.5km。与滑坡区 III 正好相反，该滑坡区的地势特点为"西高东低"，加之海山和残留地层的存在，该区的地形更为复杂 [图 2-51 (a)]。区内共识别出两个独立的海底滑坡，即滑坡体 1 和滑坡体 2。滑坡体 1 由一套中振幅不连续的反射层组成，其底面为中振幅连续反射界面；滑坡体 2 由一套低振幅杂乱的反射层组成，其底面为一中振幅连续反射界面。由于两个滑坡体的滑动面相接，推断两个滑坡体可能来自同一物源区且沿同一滑动面发生滑动，只不过滑动过程中被残余地层分隔成两个独立的滑坡体 [图 2-51 (a)]。受残余地层的阻挡，滑坡体 1 中发育有特征明显的挤压脊构造及陡峭的斜坡。滑坡体 1 的滑动面在斜坡处发生变化，向上跃迁至残余地层的顶面，这造成滑坡体厚度从 250ms 骤然减薄至 100ms [图 2-51 (b)，图 2-52]。

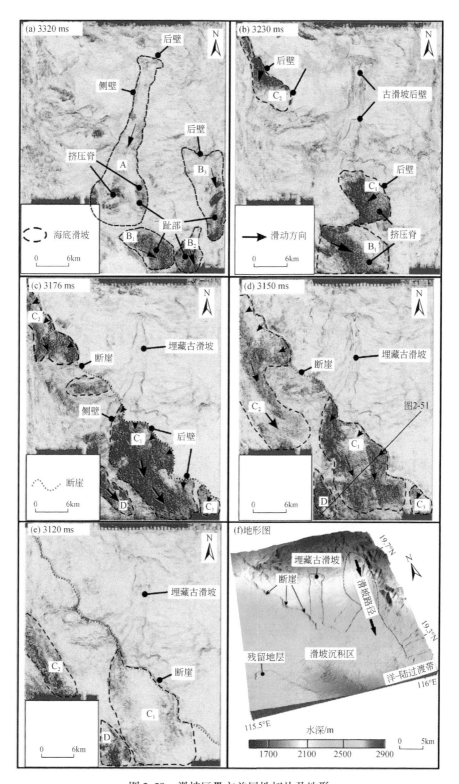

图 2-50　滑坡区Ⅲ方差属性切片及地形

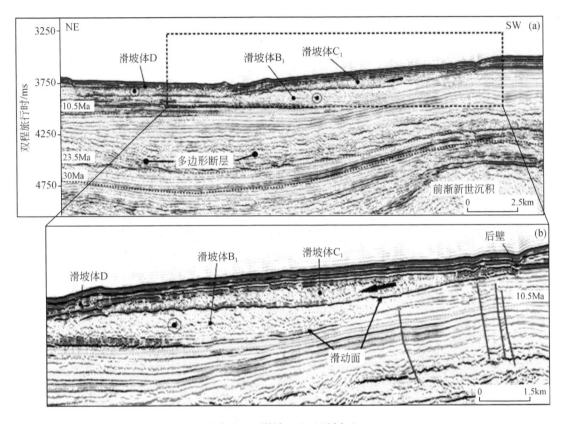

图 2-51 滑坡区Ⅲ地震剖面

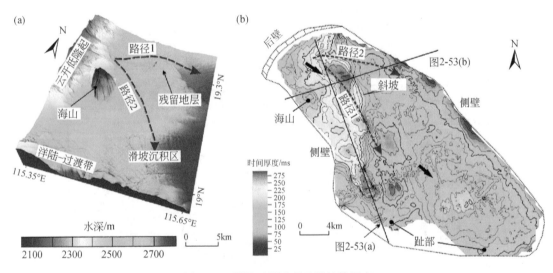

图 2-52 滑坡区Ⅳ地形及滑坡体厚度

　　海山的形成过程对地层影响较大。10.5Ma 之前的地层因岩浆向上运移而发生上拱，而 10.5Ma 之后的地层接近水平。据此可以推断该海山形成于 10.5Ma 前后。另外，从剖面中还可以看出，该海山的形成还伴随着大量的岩浆侵入。由于岩浆的上拱作用，在侵入体的正上方可识别出密集的裂隙，一部分裂隙穿透了上覆地层直达滑坡体的底部（图 2-53）。

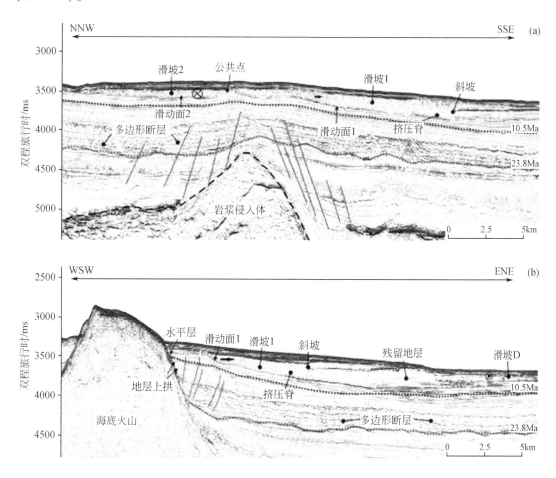

图 2-53　滑坡区Ⅳ的地震剖面

2.6.2　海底滑坡时间的界定

本书基于 Pang 等（2007）的地层年代基准得到了地震剖面中的时间界面，进而确定了白云海底滑坡区内发育的海底滑坡时间介于 10.5~5.5Ma。这一结论似乎与前人的研究结果不同。孙运宝等（2008）对"白云滑坡"进行了研究并推断该滑坡的发生时间应该为晚中新世—第四纪，随后这一结论被吴时国等（2010）加以证实；Li 等（2014）依据沉积速率数据以及滑坡体上覆远洋沉积的厚度推算"白云滑坡"的时间为0.6Ma。本书认为出现这种滑坡时间判定的误差主要有两个原因。

其一，孙运宝等（2008）和吴时国等（2010）所指的"白云滑坡"与本书中提到的"白云滑坡区"的范围有区别，其实"白云滑坡"的范围基本上就是神狐海底滑坡区和白云海底滑坡区范围的总和。换句话说，"白云滑坡"的头部和主体其实是指神狐海底滑坡区。考虑到神狐海底滑坡区内的滑坡时间（尤其是峡谷两翼）是从晚中新世持续到现今（Zhu et al.，2010；Gong et al.，2013），孙运宝等（2008）和吴时国等（2010）得到的关于海底滑坡发生时间的结论就变得合理。

其二，Li 等（2014）的 0.6Ma 结论是基于沉积速率 11.3cm/a 得出的，这个沉积速率值让人产生怀疑，因为它远远高于 Xie 等（2013）提出的白云凹陷 10.5Ma 之后的平均沉积速率（0.1mm/a）。倘若这一数值可信，那么由此可以推算出 10.5Ma 以来，白云凹陷的沉积厚度接近 1000km。显然，Li 等（2014）所用的沉积速率是不合实际的，因而 0.6Ma 也是不正确的。本书用 0.1mm/a 代替 11.3cm/a 之后重新算得"白云滑坡"发生的时间约为 5Ma，由此可见 Li 等（2014）中所描述的海底滑坡应该属于白云海底滑坡区中的某一期滑坡，这也证明了 10.5~5.5Ma 这一时间的可靠性。

2.6.3 海底滑坡的控制因素

上述的地震剖面解释结果证实整个白云海底滑坡区在 10.5~5.5Ma 频繁受海底滑坡影响。发生如此大规模、多期次的海底滑坡就会引出这样一个问题，即什么因素导致该区域 10.5Ma 之后的海底稳定性遭到破坏。国外已有许多学者讨论过海底滑坡的控制因素，包括水合物分解（Laberg and Vorren，2000；Maslin et al.，2005）、地层气充注（Yun et al.，1999；Best et al.，2003）、海底火山活动（Morgan et al.，2003；Chadwick et al.，2012）、地震活动性（van Daele et al.，2013；Laberg et al.，2014）、高沉积速率（Valle et al.，2013；Noda et al.，2013）及海底地貌（Strozyk et al.，2010；Ikari et al.，2011）。下面对研究区海底滑坡与上述六种控制因素之间的关系逐一进行分析。

（1）水合物分解

水合物分解通常发生在水合物稳定带的底界，它引起的地层超压能够显著降低沉积物的结构强度进而导致海底滑坡的发生（Xu and Germanovich，2006）。神狐水合物钻探区是白云凹陷内已知最大的水合物分布区，它位于神狐海底滑坡区 10~14 号峡谷之前的区域，自勘探以来已有诸多学者对其水合物的形成、富集、分解等过程进行过研究（Wang et al.，2011a，2011b；Wu et al.，2011；Sun et al.，2012c；Chen et al.，2013a；Wang et al.，2014d；Yu et al.，2014）。同时也有学者讨论过水合物分解与海底滑坡之间的成因联系（孙运宝等，2008；吴时国等，2010，2011；Li et al.，2014）。但是就如本书所认为的，前人研究的"白云滑坡"主体位于现今的神狐海底滑坡区，与神狐水合物勘探区关系密切，因此在此区域内讨论水合物分解与海底滑坡之间的耦合关系具有可行性。但白云海底滑坡区与神狐水合物勘探区之间相距十几千米，且该滑坡区内目前没有水合物存在的直接证据，貌似白云海底滑坡区内的海底滑坡与水合物分解二者之间难以建立直接联系。事实并非如此，如图 2-54 所示，在 10 号峡谷趾部区域已证实有水合物存在，此前已讨论过此处的水合物分解导致的地层超压与海底滑坡的关系，加之滑坡区Ⅱ的物源可能与峡谷趾部的地层垮塌有关。据此可以认为神狐海底滑坡区峡谷趾部的水合物分解与滑坡区Ⅱ内的海底滑坡存在某种间接关系。

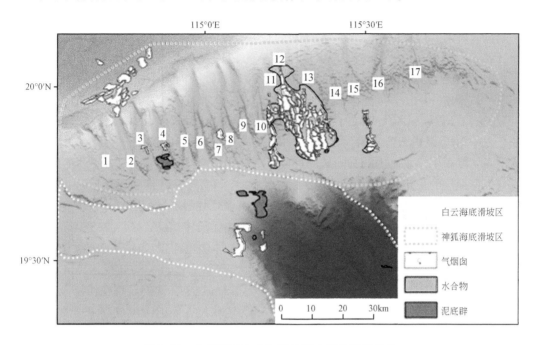

图 2-54　白云凹陷水合物及地层中流体活动分布

（2）地层气充注

有多种情况能够导致含气地层产生超压，如地震、高沉积速率及水合物的分解等（Hampton and Lee，1996；Dugan，2012）。地层超压能够使地层的有效应力显著降低，从而使地层更易发生海底滑坡。在白云海底滑坡区内，气体可以通过两种方式运移至浅地层中：其一是原位生成的生物成因气；其二是来自深部的热解成因气和生物成因气。对勘探区水合物的地球化学分析表明，水合物的气源是一种以原位生物成因气为主的混合气体（Sun et al.，2012b），并且指出海底以下 3000m 以浅的地层（晚渐新世—新近纪）中的不成熟有机质均可以作为生物成因气的有利烃源岩（何家雄等，2013），说明研究区内有生成生物成因气的巨大潜力，这一点已经被地震解释结果证实。深部的热解成因气向浅部运移有两个前提条件，即深部的超压气源以及活跃且连通性较好的流体运移通道（Cartwright et al.，2007）。地震解释结果证实，研究区内能够同时满足以上两个条件。研究区内文昌组和恩平组地层的有机质成熟度较高，能够成为深部热解成因气的气源（Zhu et al.，2009）。受东沙运动影响，深部的超压储层的密封性遭到破坏，超压流体得以沿着多边形断层、深大断裂和气烟囱等流体运移通道到达浅部（Sun et al.，2012a；Chen et al.，2013a）。其中，深大断裂和气烟囱构造是超压流体进行垂向长距离运移的主要通道。这些运移至浅部的气体连同原位的生物成因气易在渗透性较差的海相泥岩层之下发生聚集，形成含气地层。一旦该区受到地震影响，这些地层极易发生海底滑坡。

（3）海底火山活动

海底滑坡与火山活动之间的内在联系已经被许多学者专门研究过。尽管研究二者关系的实例大多来自像夏威夷群岛、加那利群岛这样的出露水面的火山岛屿，但经推测海底平顶山或普通海山的边缘也是海底滑坡的多发地带（Holcomb and Searle，1991）。基于这种推断，Voight 和 Elsworth（1997）提出岩浆侵入可以通过多个渠道影响地层的稳定性，包括岩浆的上拱使上覆地层变形，通过增加孔隙压力来降低滑动的阻力以及火山活动引发的地震等。关于这一论述，近年来又有了新的发现，如太平洋和地中海的海山（Mitchell and Lofi，2008；Livanos et al.，2013）、纽芬兰外海的 Orphan 海山群和大西洋中脊（Pe-Piper et al.，2013）以及白云凹陷的火成岩侵入体（Sun et al.，2014）。本书从多波束地形图和地震剖面中都识别出了海山及其附属的规模巨大的火成岩侵入体。有迹象表明，海山形成过程与上覆地层的稳定性破坏之间存在内在联系。首先，该火山形成的时间为 10.5Ma 前后，该时间段与海底滑坡发育的时间较吻合；其次，岩浆的上拱使上覆地层发生变形；最后，侵入体上方密集分布的裂隙能透露出很多关于超压流体信息（图 2-53）。Cartwright 等（2007）认为这种裂隙形成于侵入体快速上拱或侵入体缓慢而漫长的冷却过程中，而且它们可以作为岩浆释放的热液流体或超压气体向上运移的通道。Sun 等（2014）在探究 LW3-1 井区周围侵入体与浅层气关系时观察到了同样的现象，他们发现在浅层气富集区的正下方分布有规模巨大且数量众多的侵入体，认为这些侵入体的侵位过程可以为流体活动提供长期的运移通道。本书认为，在白云海底滑坡区同样存在这样的可能性，即曾经有相当规模的流体通过这些裂隙向上运移到浅部地层。可以想象，一旦这种热液流体或超压气体被渗透性差的海洋泥岩层阻挡，加之与火山活动相伴的地震作用，海山周围地层的不稳定性会显著提高。本章中描述的海山只是冰山一角，其实在洋-陆过渡带附近新近纪、古近纪和第四纪的岩浆活动非常频繁，分布广泛（Hu et al.，2009；Franke，2013）。由此可以推测，尤其是在洋-陆过渡带附近，海底火山活动对海底不稳定性的影响应该是比较可观的。

（4）地震活动性

地震活动被认为是海底滑坡最根本的触发因素，它包括火山成因和构造成因两种。它对海底沉积物的稳定性有两方面影响。其一，地震波中的纵波和横波能分别对沉积物施加水平向和垂向的载荷，从而直接改变沉积物的应力状态（剪应力和正应力发生改变）；其二，由于地震载荷的瞬时性和周期性，由地震引发的孔隙压力上升在短时间内难以消除并很容易达到较高的水平（Hampton and Lee，1996；Sultan et al.，2004b）。其中，前者可以作为地震触发海底滑坡的直接原因，后者则是通过影响沉积物的抗剪强度来间接影响海底稳定性。有资料证明，白云凹陷的中心以热沉降为主，构造相对稳定，而边界处被数条控凹断裂所控制，且现代的地震监测数据表明这些深大断裂具有较高的地震活动性（丁原章，1994）。因此，可以推断，边界断层频繁的地震活动应该是研究区频发海底滑坡的重要触发因素。

（5）高沉积速率

较高的沉积速率能导致沉积物欠压实，沉积物中的水分不能完全排空，久而久之不断上升的围压就会使孔隙压力升高，进而使沉积物的抗剪强度降低（Frey et al., 2005）。白云凹陷的回剥分析结果表明，10.5Ma 之后白云凹陷的沉积中心已经回撤至陆架，深水区的沉积速率降至约 100m/Ma（Xie et al., 2013）。从表面上看，这种沉积速率不足以产生足够的孔隙压力以诱发大规模海底滑坡。但不应忽视沉积速率随时间的变化。晚中新世之后，珠江口盆地经历了多期海平面升降旋回以及局部构造运动（东沙运动），这些都导致海进和海退的不断更替（秦国权，2002）。鉴于此，可以推断 10.5Ma 之后白云凹陷的平均沉积速率应该高于 0.1mm/a。也就是说，沉积速率对研究区海底不稳定性的贡献应该大于预期。

（6）海底地貌

白云海底滑坡区除边界处的断崖坡度较大（能达到 20°左右）之外，其内部的地形坡度相对平缓，平均坡度不超过 1.5°，这样的坡度单纯在重力载荷下不足以诱发如此大规模的海底滑坡，只能导致局部滑坡的产生（图 2-54）。从这种意义上说，白云海底滑坡区的地形坡度不是引发海底滑坡的决定性因素。但从广义上说，整个南海北部大陆边缘的地貌形态都是由古新世—渐新世裂谷期的构造格架决定的（王海荣等，2008）。白云凹陷的地貌形态在经历了数次热沉降过程之后开始成型，尤其在经历了东沙运动的断块升降之后基本形成了现今的地形（Chen et al., 2013b; Xie et al., 2013; Chen, 2014; Chen et al., 2014）。热沉降和断块升降使白云凹陷形成了一个相对封闭的沉积环境，沉积物得以被围限在较为集中的区域内，从这种意义上讲，构造作用下形成的区域地形特征是白云凹陷沉积过程的根本控制因素，从而也是研究区海底滑坡发生的根本前提。

2.6.4 海底滑坡发育模型

基于本书的地震解释结果以及上述的讨论，提出白云海底滑坡区海底滑坡发育的一般模型（图 2-55）。该模型意在表明白云海底滑坡区海底滑坡的发生与多种控制因素有关，这些因素可以归纳为构造因素和沉积因素两类。其中前者包括海底火山活动、地震活动和海底地形因素，后者包括水合物分解、地层气体充注和高沉积速率因素。

构造或火山成因的地震活动是研究区海底滑坡根本的触发因素，受构造作用控制的区域地形格架是其首要的前提条件。水合物分解引起的地层超压能够导致峡谷趾部地层崩塌，从而间接影响白云海底滑坡区滑坡的发育。深海泥岩层之下富集的浅层气在周期性振动的作用下（地震、火山）同样能够引起地层超压，进而导致地层失稳。这些浅层气是生物成因气和热解成因气的混合气。生物成因气的烃源岩是海底以下 3000m 以浅的晚渐新世和新近纪地层，这些生物成因气原位生成或经过短距离运移即可到达浅层；热解成因气的烃源岩是深部的文昌组和恩平组地层，它们在经历东沙运动之后才得以从高压储层中释放，然后沿着多边形断层、深大断裂以及气烟囱等构造垂向运移至浅部地层。上述特征决定了浅地层的气体充注应该是区域性的，影响范围较大，这决定了浅层气对海底滑坡的影响是广泛的，可能遍布整个研究区。海底火山作用因其在洋-陆过渡带附近的广泛分布，它被认为是洋-陆过渡带区域海底失稳的重要控制因素。尽管 10.5Ma 之后研究区的沉积

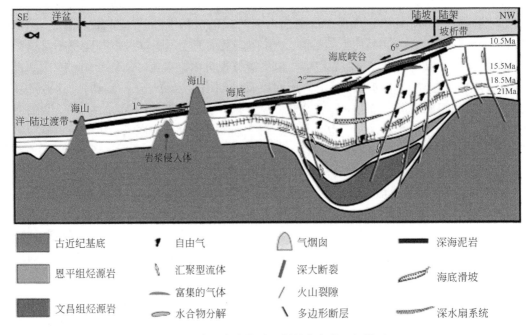

图 2-55　白云海底滑坡区滑坡发育的一般模型

速率只有 0.1mm/a，但受频繁海进海退的影响，实际沉积速率应该高于平均值，因此可以认为，沉积速率对该区海底滑坡（地层超压）的贡献要高于预期。

需要强调的是，以上只是简单而单独讨论了每个因素对海底滑坡的影响，实际上，地质历史时期海底滑坡的控制因素很可能不是单一的，而是综合叠加的，而且这种综合控制因素中每个单一控制因素所起的作用也可能随时间和空间变化。另外，上述所有讨论的控制因素可能同时受控于更高一级的因素，比如构造运动。或者说这些低一级的控制因素只是高级控制因素在不同时间和地点的不同表现形式。据推测，与研究区海底滑坡发育时间比较吻合，空间上相近的构造运动就是东沙运动。也就是说，东沙运动期间的区域性的构造活动（具体表现为地震、火山和流体活动等）从根本上控制着研究区海底滑坡的发生。关于东沙运动对白云凹陷深水区的影响已经被相关研究所证实（Xie et al.，2013）。但是要找到东沙运动与海底滑坡之间的确切联系，还要在数值模拟、岩芯和地球化学分析方面做更多工作。

2.7　琼东南深水海底滑坡

南海位于欧亚板块东南端，夹持在太平洋板块与印度-澳大利亚板块之间，是地球上两个最大地壳活动带（环太平洋和地中海-喜马拉雅活动带）的交汇处，构造活动频繁，北部和南部发育大量滑坡。琼东南盆地第四纪地层中的块体搬运体系（QMTD）是西北陆坡诸多块体搬运体系中的一个规模比较大的体系，由于缺乏足够的地震资料，QMTD 的东北部边界无法确定。本书研究的区域主要分布在琼东南盆地之中，在 3D 地震研究区内的面积约为 500km²。QMTD 位于 3D 研究区内，部分位置在 110°8′E ~ 110°36′E，16°24′N ~ 16°38′N，水深大于 1000m（图 2-56）。研究区的构造位置位于琼东南盆地中央拗陷以南的南部凹陷内，东南以西沙-中沙隆起为界。由于缺乏钻井资料，无法对 QMTD 发育的地质年代做出精确估算，仅根据识别的地震层序，判断出该套沉积物属于第四纪地层。

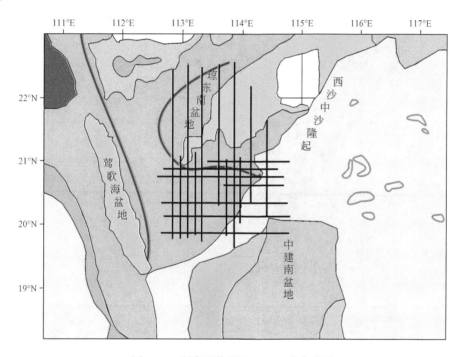

图 2-56　研究区位置及 QMTD 分布范围

2.7.1　琼东南块体搬运体系的地震识别特征

块体搬运体系的沉积物具有明显的地震特征，地震可分辨尺度内容易识别，可以通过目的层的顶底界面（时间或深度）构造图和内部时间切片，分析块体搬运体系的外形、内部结构及力学机制等特征，尤其是借助 3D 地震资料的属性分析技术（倾角、方位角、相干体和振幅等属性）能够充分认识块体搬运体系的形成过程。

通过对 QMTD 的识别与追踪，建立了 QMTD 在 3D 工区内的底界面时间构造图（图 2-57），QMTD 在 3D 工区内的边界是 AA′。从底界面的时间构造图上，容易得出结论，QMTD 分布在构造低部位区域，说明了块体搬运体系是沿着斜坡流动的多种类型重力流的复合体。本书选取了剖面 BB′ 作为 QMTD 的典型剖面分析块体搬运体系的剖面特征（图 2-58），选取 3D 工区的西北部分析块体搬运体系的内部结构（图 2-59）。

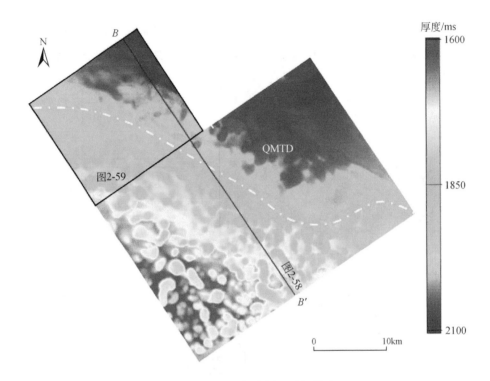

图 2-57 QMTD 的底界面时间构造

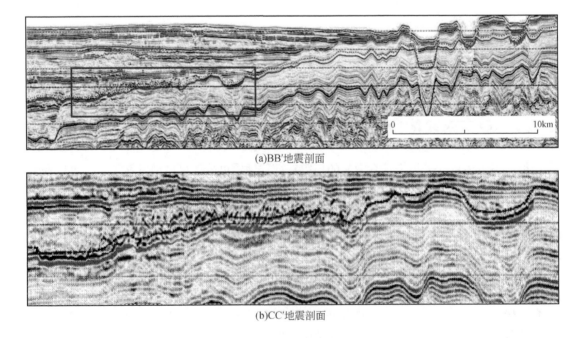

(a)BB′地震剖面

(b)CC′地震剖面

图 2-58 QMTD 地震剖面特征

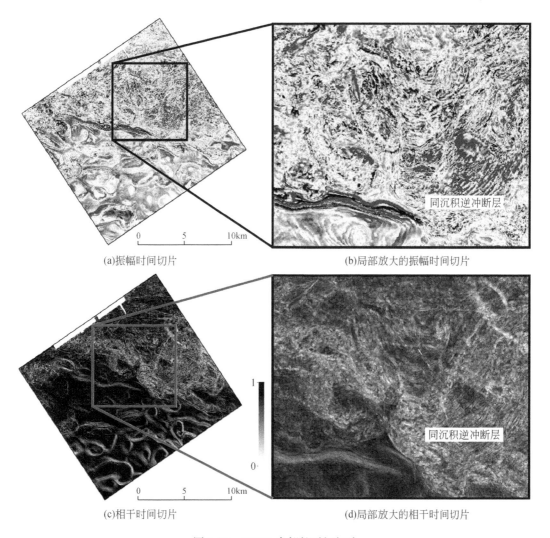

(a)振幅时间切片   (b)局部放大的振幅时间切片

(c)相干时间切片   (d)局部放大的相干时间切片

图 2-59　QMTD 内部的时间切片

2.7.1.1　剖面特征

块体搬运体系表现为丘状外形、波状反射结构、弱振幅（局部中–强振幅）和连续性差的地震特征。内部整体比较杂乱，局部发育正断层、褶皱及逆冲断层等构造。例如，在过 QMTD 的地震剖面 BB' 中（图 2-58），构造低部位（3D 工区的东北部）的内部反射特征杂乱，发育逆冲断层，并呈叠瓦状排列。

2.7.1.2 内部结构

为了展现 QMTD 的内部结构，将 QMTD 的底界面进行层拉平处理，提取了 QMTD 内部的振幅和相干属性特征。QMTD 的振幅和相干时间切片显示 QMTD 的内部整体比较杂乱、局部发育逆冲断层。针对研究区的西北部局部范围内的 3D 地震数据体进行研究，以便显示 QMTD 内部的具体细节。在切面［图 2-59（a）］中以近似对角线的 AA'' 为界，右上部地层中发育 NE 向的同沉积逆冲断层。对右上部的时间切片进行局部放大［图 2-59（b）］，展现逆冲断层的走向、发育规模等信息，振幅切片中清晰识别出 NE 走向的构造，分析认为这是 QMTD 内部发育的同沉积逆冲断层，同相轴的分布显示断层断距小、分布密集，剖面中呈叠瓦状分布（图 2-58），符合塑性流体的沉积特征。进一步提取该时间的相干切片［图 2-59（c）、（d）］，相似性差的白色条带呈现 NE 向分布，具有密集分布、距离小的特点，代表了 NE 向分布逆冲断层面的分布规律和发育规模。振幅时间切片的整体杂乱反映了重力流内部物质分选差、杂乱无章的构成，局部发育逆冲断层表明研究区位于整个 QMTD 的趾部位置，处于挤压应力环境，也说明 QMTD 在研究区内已经演变为碎屑流。

2.7.2 成因机理探讨

自 4~2Ma 以来，地球上无论构造稳定区还是活动区，沉积速率都突然增加了 2~10 倍。与全球性沉积作用一致，南海在上新世之后的第四纪沉积加速。从沉积物的分布来看，南海的沉积物主要集中在南海的周边陆架和陆坡，即北部、西部和南部陆缘的沉积盆地中，中央海盆、南沙及南海东部地区沉积厚度相对薄得多。南海西北陆坡的第四纪沉积物厚度很大，这为 QMTD 的形成提供了物源条件。

陆坡地区地形坡度比较大，水动力强，海底稳定性较差，是 QMTD 发育的长期因素。QMTD 分布的区域位于红河断裂带、南海西缘断裂带和西沙海槽断裂带之间（图 2-60），构造上位于地震多发带，具备了 QMTD 形成的触发机制。陆坡沉积物在一定诱发因素的影响下，如断层活化、地震活动及天然气水合物的分解等，发育滑动、滑塌和碎屑流等类型的重力流，逐渐形成目前的块体搬运体系。总之，南海西北陆坡中的第四纪块体搬运体系的发育时间和成因机理作为一个大的科学问题，有待进一步研究，需要地质、地震和钻探等众多学科领域的合作。

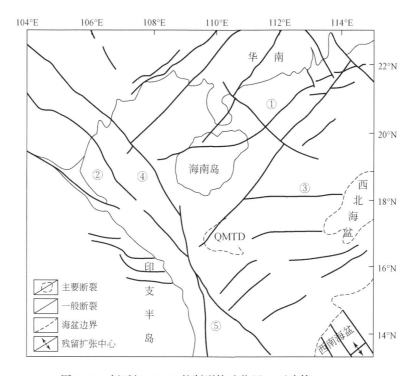

图 2-60　新近纪 QMTD 的断裂构造位置（万玲等，2005）
①琼北–珠外断裂带；②马江–黑水河断裂带；③西沙海槽断裂带；④红河断裂带；⑤南海西缘断裂带

第3章 天然气水合物灾害

3.1 天然气水合物概念及分类

海域天然气水合物灾害是指水合物形成和分解对海底管道、钻井平台乃至近岸环境造成的威胁，多发生于深水区浅层，这与其形成环境密切相关。天然气水合物是由天然气与水在高压低温条件下形成的结晶物质，是由气体和水分子组成的笼形包合物，外形似冰，在海底沉积物中以层状、浸染状、脉状等形式赋存，广泛分布于世界各大洋的陆坡、岛坡区及边缘海。随着海上钻探活动的增加，由天然气水合物引起的地质灾害问题越来越多受到重视。

根据天然气水合物的状态，天然气水合物灾害可分为水合物生成灾害和水合物分解灾害。水合物生成灾害主要表现为气体在管道中运移时产生"固相生成"，堵塞管柱和设备关键通道，形成循环困难和钻井事故。例如，2010年5月英国石油公司曾计划用一个大型钢筋水泥罩封堵墨西哥湾漏油的方案因大罩内部意外出现大量结晶状气体水合物，这种气体水合物（主要为甲烷水合物）聚集在大罩内，形成堵塞，使得"控油罩"内收集的漏油无法被输出。分解灾害主要表现为水合物快速分解产生大量气体，破坏地层稳定性，导致井眼失稳，破坏平台，甚至引起海底滑坡。例如，西非安哥拉外海 Banzala 45-2 井意外钻遇水合物层，导致井涌形成井喷，被迫关停。

3.1.1 水合物生成灾害

在特定的温压条件下，只要气源充足便可生成大量的水合物颗粒。钻探开发活动会导致地层的温度和压力发生变化，形成有利于水合物生成的条件，进而导致一系列钻井事故发生。"固相生成"不仅使原有的多相流动更加复杂，而且可能造成管线的"部分堵塞"，在目前技术发展阶段阻塞点定位和处理都很难，甚至发生很小的堵塞，其带来的后果和弥补费用也是相当惊人的，在墨西哥湾、西非、巴西深水作业中多次遇到水合物堵塞水下防喷器，拖延井控时间、导致防喷器无法连接、堵塞压井管线和井筒，产生严重的井控问题（图 3-1）。水合物还可能破坏导向基座和水下生产设备，影响正常作业，通常发生海底混输管线立管段的严重断塞流不仅使上下游设备处于非稳定工作状态，而且还容易引发管线、连接部件的不规则振动，甚至发生严重的流固耦合问题，直接威胁中心平台或油轮的安全。另外，海底混输管道输送的多是未经净化处理的多相井流，既含有 H_2S、CO_2 等酸性介质，又含有水、沙砾等杂质，由多相流引起的冲刷腐蚀已成为一种涉及面广且危害巨大的腐蚀类型，近年来逐步成为腐蚀和多相流科学中的研究热点。

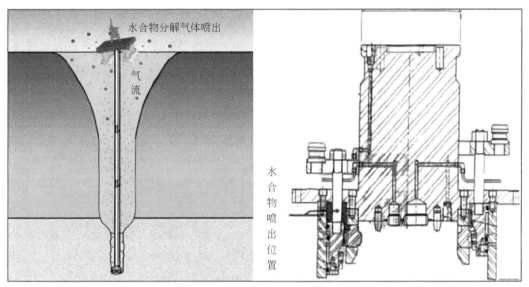

图 3-1　水合物风险事故

3.1.2　水合物分解灾害

3.1.2.1　水合物分解引起全球变暖

海底水合物的不稳定、无序的释放，会对环境造成影响。水合物分解释放甲烷，甲烷是一种温室效应极强的气体，单位体积的甲烷蓄热能力为单位体积二氧化碳的 20 倍。正常情况下，大气中甲烷含量仅占温室气体的 15%，相对于二氧化碳，其对全球温室效应的影响较弱，但据水合物资源量评价资料，全球水合物甲烷含量占地球上甲烷总量的 99%，大约是大气甲烷含量的 3000 倍，标准状态下 1m³ 甲烷水合物可以释放出约 164m³ 的甲烷。水合物对温度、压力变化敏感，处于亚稳态，一旦稳定条件被打破，引发水合物大范围分解，将导致全球气候发生巨大变化，促使全球变暖，改变生态系统（Paull, 1991）。南极冰芯记录表明，地球历史上大气甲烷含量增加的趋势与全球变暖趋势吻合，表明甲烷在全球升温过程中具有重要作用（彭晓彤和叶瑛, 2002）。全球变暖趋势的变化及人类对水合物资源的开发均可能导致水合物向大气中释放甲烷。分析表明，若这些甲烷全部被氧化为二氧化碳并释放到大气中，可使地球温度升高 4~8℃。

3.1.2.2　水合物分解引起深水地质灾害

（1）诱发海底滑坡

天然气水合物往往分布在大陆坡和深水盆地浅层沉积物中，受温压条件的影响其赋存状态容易发生变化，活动构造作用、海平面下降和海底工程等因素都能导致天然气水合物稳定带（GHSZ）整个或部分自然消失（Bouriak et al., 2000；Weaver et al., 2000）。当海平面下降时，海底沉积物中天然气水合物的稳定带底界将变得不稳定并开始分解，分解的气体和水如果未及时释放，将迅速形成高压，驱动低密度沉积物穿透含水合物沉积层，甚至喷出地表。同时，被液化的分解带能形成一个向下的滑动面，沿此滑动面含天然气水合物胶结的沉积物楔状体会向下滑动形成大规模的海底滑坡。海平面变化会使这些事件不断重复，因此，能在斜坡下部形成一个厚的、混乱的沉积物滑坡体（图3-2）。

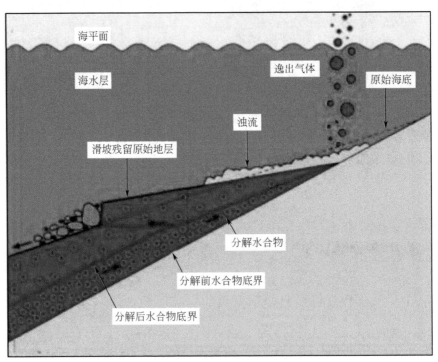

图 3-2　天然气水合物分解可能引发的海底滑坡示意图

（2）威胁钻井安全

作为灾害地质因素，天然气水合物对海洋油气勘探的危害还表现在其分解将导致地层承载力不均匀上。无论是浅层生物成因气还是深部热成因气，这种含气区内部承载力的不均匀都将威胁海洋工程的安全，如造成钻井平台桩腿的不均匀沉降，使平台倾斜甚至翻倒等。另外，气体的突然释放还会对管道产生破坏作用，特别是高压浅层气释放时轻则侵蚀套管，重则造成井喷，甚至可能引起平台燃烧，造成生命及财产的损失。因此，研究天然气水合物分解引起的海底滑坡，评价其对未来天然气水合物开发安全性和可持续性的影响具有重要科学指导意义及实用价值。

另外，在油气钻探开发过程中也存在水合物风险。钻井活动会导致地层的温度和压力发生变化，导致天然气水合物层的不稳定，水合物的分解会产生大量的气体，导致一系列钻井事故发生。人类对海底进行石油勘探和开发有关的钻井、铺设管线等，钻井把深部热流体带入浅部含水合物地层来，将会破坏水合物存在的温度压力条件，可能导致水合物分解。在此类地层钻井时井壁岩层失稳垮塌、井涌或井漏等问题会更加突出，当井眼打开，引起其胶结或骨架支撑作用的固态水合物分解时，分解本身就会使井壁坍塌失稳。分解后气体急骤膨胀，从而引发事故，使井径扩大、套管被压扁、井口装置失掉承载能力，失掉井控手段、出现井涌、井喷，污染周围环境，井周出现溶洞，地基下沉，产生海底地基沉降等重大事故，甚至产生灾难性的地质塌陷、海底滑坡和海水毒化等灾害。分解产生的部分气体进入井筒内同钻井液一起上返到地面，在这过程中如果井内温压条件合适，它们又会重新在钻井管线和阀门内，特别是防喷器内形成水合物，导致循环管道被堵塞等钻井事故发生。因此，井壁易失稳和井内事故易发是水合物地层钻井的一个主要特性（图3-3）。

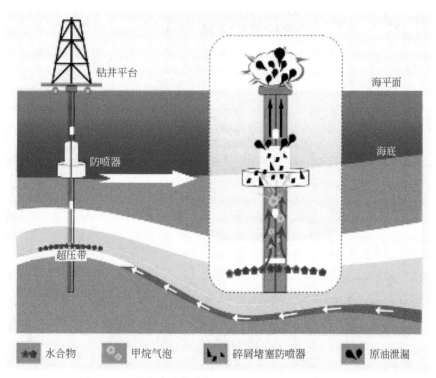

图 3-3　天然气水合物分解可能引发的钻井风险示意图

3.2　天然气水合物灾害触发机制及特征识别

3.2.1　天然气水合物灾害触发机制

国外主要深水盆地海底不稳定性研究结果表明，天然气水合物的形成与分解和海底滑坡存在着极其密切的关系（表 3-1）。一方面虽然深水区主要沉积细粒沉积物，但海底滑坡也可能携带粗粒的沉积物到达海底，形成较大的孔隙空间，而滑移面本身即滑动层面，其滑动后造成孔隙空间增加，当这些大的孔隙空间处于合适的温压场状态，并具有足够稳定的气体通量时，天然气水合物便在其间充填赋存，可形成天然气水合物矿藏；另一方面天然气水合物稳定带为动态平衡区域，受温度和压力变化影响较大，分解引起的气体膨胀和孔隙水压力升高将导致水合物沉积层的不稳定，引起表层物质的剥离，降低稳定带底界的压力，分解产生的流体又进一步削弱水合物覆盖层的强度，加速陆坡的失稳。

表 3-1　主要海底滑坡触发机制研究

滑坡区	沉积条件			其他因素	最终触发机制
	沉积速率	沉积物源	距物源距离		
Storegga	150~200cm/ka（末次盛冰期河冰川消融期）；2~10cm/ka（间冰期）	冰期活动冰盖。冰期受洋流影响（在上陆缘侵蚀，与海平面变化影响导致的风蚀作用有关）	距离末次盛冰期接地线位置30km	冰川作用导致的细粒半深海沉积物和软泥的快速沉积	与冰后期地壳均衡反弹相关的地震活动
Canary	—	火山喷发和深海背景	距离艾希路岛海岸30km	—	由岩屑崩塌造成的沉积陆坡加载
Traenadjupet	高达100cm/ka	冰期活动冰盖。间冰段和间冰期的深海背景和底流	输送距离很短	具有高沉积速率的等深流沉积（约100cm/ka）滑移面发育于上陆坡	与冰后期地壳均衡反弹或水合物分解或二者共同作用相关的地震活动
CADEB	1000~10000cm/ka（使用过去5500年间636个最大平均值计算）；400~1600cm/ka（使用过去100年数据计算）	波河和亚平宁河的硅质碎屑泥岩河粗粒沉积物	距离波河约350km	超压层位可能存在	地震和海啸加载，在底部薄弱层孔隙超压的增加
BIG'95	8.5~12.4cm/ka（全新世中下陆坡）	埃布罗河的硅质碎屑砂岩、粉砂岩河泥岩	约80km	末次盛冰期海平面上升，沉积中心发生变化	很可能是地震活动，但很大程度上是各种因素的综合影响
Gebra	240~3400cm/ka	冰期活动冰盖。半深海背景、浊流河底流	距离末次盛冰期接地线位置15km	主后壁下的半地堑边缘（构造控制作用）	很可能是与构造背景相关的地震活动受；冰后期地壳均衡反弹增强
Afen	11cm/ka（第四纪平均值）	冰期搁浅冰河间冰期底流沉积	约40km	滑坡后壁位于等深流沉积内部	地震活动
Finneidfjord	150/250cm/ka	河流侵蚀	2km	快速移动泥层、人为活动	由于气候和人为因素相互作用导致的孔隙压力过高

与天然气水合物分解相关的海底滑坡主要受天然气水合物地层的岩石物性控制。天然气水合物作为固相组分，其无论作为岩石骨架的一部分还是作为孔隙充填物，均加强了地层强度，与岩石骨架一起共同支撑上覆应力，但考虑到其稳定状态受温压场条件控制明显，这就导致天然气水合物的形成与分解过程必将引起沉积物的物性特征发生变化，从而导致地层强度减弱。特别是当天然气水合物分解时，含水合物沉积物乃至水合物稳定带底部的天然气得以释放，导致内部孔隙压力的增加、有效应力减小，形成的局部超压降低了沉积物强度，这使作用在水合物稳定带底部含水合物沉积物层的剪切应力增强，而在下方，游离气在沉积物中聚集，其存在降低了地层的剪切系数，充当了地层润滑剂的作用，这必将导致整个陆坡体系的稳定性减弱。例如，在冰期，海平面下降引起沉积物压力下降，导致水合物层分解，释放游离气，游离气圈闭于沉积物中，在这种情况下，天然气水合物分解便可触发首次海底滑坡的产生，而一旦滑坡产生，水合物下方沉积物中的天然气藏就可能崩解，温压场发生较大的变动，可能诱发更大程度、更多期次的海底滑坡。Rothwell 等推测水合物分解介入了他们发现的巨大浊积岩的形成过程中，大多数大型滑坡实际上是与水合物失稳有关的。

Kayen 和 Lee（1991）指出，含水合物的沉积层其稳定性要得以保持，需要满足如下条件中的一个或多个：①水合物分解过程产生的过高孔隙压力被迅速释放，通过断层或其他运移通道排散，孔隙压力无法积聚到足以产生破坏作用的程度；②水合物在沉积物层中完全形成或存在，并产生较强的胶结强度，比如形成水合物的孔隙空间和沉积物已经有机地胶结在一起，不存在因水合物分解而产生的润湿带或脆弱面；③沉积物层下面填充的流体通过沉积物层的断裂通道可以迅速地向斜坡上端运移，沉积物层下部不存在产生超压区的可能性。上述理论分析把海底斜坡的失稳与水合物在一定程度上联系了起来，反之亦然，由此也说明了水合物分解与海底斜坡失稳存在一定的对应关系。

理论分析表明，天然气水合物分解引起的海底滑塌更容易出现在海洋浅地层区域，主要表现在：①水合物的稳定带与海底地面交叉的区域会形成上倾界限区，该区域一般水深较浅，由于水合物分解释放的气体容量在上倾界限内会逐步累积，以至于达到很大的体积容量。由于区域相对较低的静压力，在水合物分解过程中释放的气体更容易膨胀，导致沉积物层中产生更大的孔隙压力，降低地层有效应力，促使斜坡失稳。②海洋浅地层区域的温度及压力更容易产生波动，温度和压力的变化将使得水合物容易脱离其稳定带的范围，热流及压力的变化可能导致水合物分解或重新生成，这种频繁的变化使得沉积物层的孔隙压力呈现某种周期性的上升或下降，这降低了水合物与沉积物的胶结强度。③游离气更容易在海洋浅地层区域存续和累积（游离气可以来自于水合物的分解，也可以来自他处），游离气的存在可降低沉积物的强度，增加了孔隙压力，使斜坡更易失控。④在海洋浅地层区域，由自然原因引起的局部沉降更加频繁，在上倾界限区内，将更容易导致水合物的分解，而水合物的分解反过来则影响地层沉降的尺度，引起更大范围的斜坡失稳。⑤在海洋浅地层区域内，斜坡的稳定性更容易受到人类活动的影响，诸如油气钻探、近海工程等，因为这些活动更多的是在离岸的浅地层区域中进行，这使得人类生产活动与水合物分解的关联性大为增加，从而成为海底斜坡失稳的潜在因素。

对于海底斜坡的失稳究竟是否由天然气水合物分解所引起，Dillon 等（1998，1993）等总结了三条判定标准：①水合物在滑塌区域不仅存在，而且分布广泛；②滑坡带起始位置必须位于水合物相边界内；③在水合物层的底界上，沉积物层必须是低渗透性层，有利于维持高的孔隙压力。

更多的研究结果已经表明了海底斜坡失稳与水合物分解之间存在的可能联系。Kvenvoden（1988，1993，1998，1999）总结了非洲西海岸陆坡及美国大西洋海岸陆坡的斜坡失稳与水合物分解之间的关系。不少学者也对挪威外海大陆边缘带的海底滑坡进行了深入分析，结果表明，水合物在触发该区域的大型海底滑坡过程中起着重要的作用。为了定量研究水合物分解对海底滑坡的影响，Sulta 对挪威外海的水合物分解与海底滑坡的关系进行了研究，Nixon 和 Grozic（2007）对加拿大波佛特海的海底滑坡进行了初步研究，结果表明，水合物的分解量是海底斜坡失稳的关键因素。

影响海底斜坡稳定性的因素既包括沉积物自身的内部因素，也包括海水环境变化的外部因素。目前，就水合物分解引起的海洋浅层区域斜坡滑塌而言，主要的研究思路是从两个方面入手：一个是研究含水合物沉积物层的强度；另一个是研究沉积物层的孔隙压力。

沉积物层强度的减弱是造成海底斜坡失稳的原因之一，其中包含如下模式：①沉积物层支撑力的减弱或支撑物的去除。这种沉积物强度减弱的模式主要是斜坡前端的侵蚀或地层的沉降，减小了起着阻滑作用的沉积物的容量，这在很大程度上会引起斜坡的失稳。②沉积物中岩土成分改变。如果组成斜坡沉积物层的岩土物质中的一部分或大部分发生了化学或物理性质上的改变，也有可能导致斜坡的失稳。一个典型的例子就是泥页岩中的蒙脱石在一定条件下会转变成伊利石，这破坏了泥页岩的原有结构，使得沉积物丧失了原有的黏结力。另外在含水合物的沉积物中，原本胶结充分，结构强度高的沉积物因其水合物的分解，沉积物的黏结力随之大幅度降低，降低了沉积物的强度。③地震活动的影响。地震将破坏斜坡沉积物层的原有结构，使得原有固结的沉积物层出现某种程度的松动，从而降低沉积物的抗剪切强度。④沉积物的充气化和液化。气体进入沉积物结构会在低渗透层形成过高的孔隙压力，引起斜坡的抗剪切强度降低。例如，深部的气体（生物降解气或热成因气）沿着断层向上运移，在上层圈闭的作用下充满沉积物孔隙空间，这降低了沉积物的胶结强度。水合物的分解会产生大量的水，沉积物胶结作用减小造成沉积物强度降低，这类似于充满冰的沉积物层，从而使得沉积物的抗剪切强度降低。

沉积物孔隙压力过高也是影响海底斜坡失稳的原因之一，原因是水合物的分解使大量的气体和水释放在沉积物层中，水合物分解的过程一方面引起了沉积物强度的下降、胶结作用弱化，更重要的是产生极高的孔隙压力，尤其是在不渗透或低渗透的沉积物层表现得尤为明显。一旦水合物分解，水和气的释放将导致沉积物层体积的巨大膨胀。例如，在1000m 的水深，水合物完全分解，体积接近膨胀 100%。在不渗透或低渗透的沉积物层中，如果气体和水没有逃逸的通道，那么，整个过程将是圈闭的，由此产生的超高孔隙压力将使沉积物层有效应力大为减小，总切应力增加这很大程度上会影响海洋浅层区域斜坡的稳定性。

水合物分解引起的斜坡失稳的滑动面可以是平滑的，也可以是非平滑的。平滑型的滑坡面是指整体上单一的滑面，一般滑面位于水合物的分解区域，在这一区域，超高的孔隙压力已经累积到足够高，这很大程度上减小了沉积物的强度，当超压达到剪切强度时，则引起斜坡失稳。沉积物中存在的流体，易平滑型的斜坡失稳。非平滑型的滑坡面，一般指不存在整体上单一的滑面，滑面呈阶梯状分布，这种类型的滑面主要出现在斜坡的底部或顶部，局限在斜坡的很小部分，斜坡坡脚的侵蚀，或者斜坡顶端上倾界限内水合物的分解，可引起斜坡局部失稳。

实验研究表明，含水合物的沉积物层更容易受到外围环境变化的影响。由于水合物层本身可看作不渗透层，这有助于沉积物层总孔隙压力的积聚，故水合物分解引起的海底滑塌多见于低渗透层的沉积物层中。如果含水合物的沉积物层是高渗透性的，比如由更粗糙的大粒径岩体组成，这将带来水合物分解过程中的过高压力快速释放。因此，对于粗粒的沉积物层，仅仅过高的孔隙压力不足以引起斜坡运动，这一因素如果和其他因素能结合起来，比如地震、快速的沉积运动结合起来，才有可能会导致斜坡的失稳。

3.2.2　水合物特征识别

除了钻探与海底沉积物取样可直接获取水合物样品外（图3-4），绝大多数天然气水合物的识别主要靠地质、地球物理和地球化学能间接方法来确定。

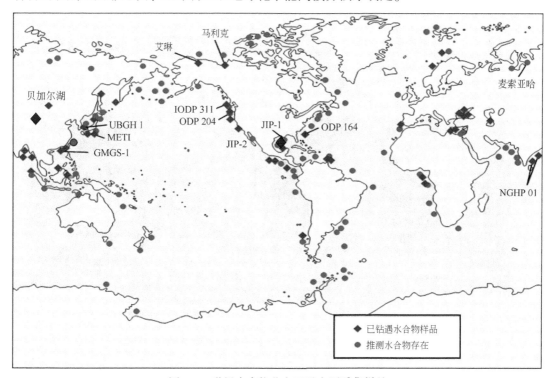

图3-4　世界水合物分布区及主要采集样品

地球物理方法仍然是目前海域天然气水合物识别与预测分析的主要手段之一，多种地球物理手段包括地震测量、重力测量、电磁测量、地热测量以及测井等被用于水合物调查研究，其中地震数据包括高分辨二维及三维地震数据、海底多分量地震数据、广角 OBS 地震数据、VSP 数据等。在地震资料处理方面，高精度的速度分析、多次波压制、高分辨率处理、子波处理、保幅处理、DMO 等特殊处理被用来提高水合物识别的准确度，叠前深度偏移等油气勘探中的前沿技术也被应用于水合物的地震资料处理分析过程中。在水合物的识别上已由原来的主要利用速度及振幅信息轻度为利用叠前弹性阻抗反演方法提取多种属性参数进行判别。所有这些新技术的应用提高了天然气水合物地球物理识别以及储层预测的准确性，为将来的工业开采提供了更加可靠的理论依据。

3.2.2.1 地震识别标志

（1）似海底反射

水合物的存在需要一定的温压条件，而温压梯度在有限地区内是相当稳定的，因此，水合物稳定带大约分布在同一海底深度上，这就形成了来自于水合物稳定带底界的大致与海底平行的反射，称为似海底反射（BSR）（图 3-5）。BSR 在地震剖面上通常表现为强振幅、极性反转、大致与海底平行，通常与沉积层面斜交，与真正的沉积地层反射不相关。空白反射带在反射地震剖面上通常与 BSR 伴生。目前认为这是沉积物孔隙被水合物充填胶结而使其在声学上呈现均一响应的结果。BSR 是最早也是目前使用最多、最可靠、最直观的标志，迄今确认的海洋天然气水合物多是通过反射地震剖面来识别的。BSR 通常被解释

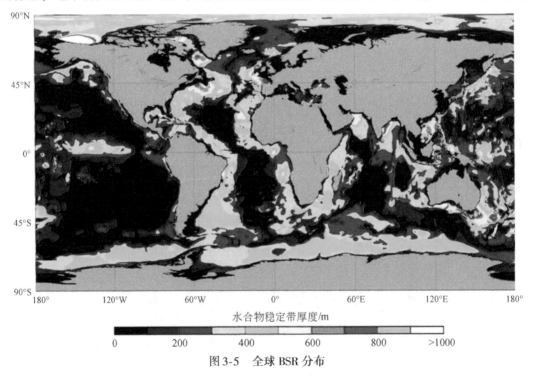

水合物稳定带厚度/m

| 0 | 200 | 400 | 600 | 800 | >1000 |

图 3-5　全球 BSR 分布

为介于上部为含水合物地层（其中地震 P 波速度增加）和下部为不含水合物地层之间的一个非常明显的过渡带。在此过渡带下，有可能存在游离的甲烷气，从而导致地震 P 波速度降低。

运用 BSR 来识别天然气水合物要注意以下几点：①天然气水合物与 BSR 并不存在一一对应的关系；②BSR 受到构造作用、沉积作用、沉积物含碳量以及水合物含量等因素的影响，要想在地震剖面上观察到 BSR，除了满足含量达 20% 的天然气水合物地层条件以外，还需要存在含量不低于 10% 的游离气地层位于水合物地层之下；③构造抬升、沉积速率高，以及沉积物含碳量和水合物含量高都有助于 BSR 的形成。

（2）振幅空白带

振幅空白带是指地震剖面上含水合物沉积层内存在的振幅"消隐"现象（振幅暗点），这种现象表明层间声阻抗的差异已为水合物胶结作用所减弱。水合物与沉积物的均匀混合致使 BSR 之上的反射振幅减弱，若含天然气水合物沉积物中连续出现这一现象，则称为空白反射。空白带的主要特征为：①反射振幅较地震记录中正常的反射振幅低；②空白带区域沉积物的层速度较一般海底沉积物略高。

（3）速度反转

当地震波由水合物胶结物向 BSR 下部的沉积物传播时，其速度突然降低。

3.2.2.2　测井识别标志

地球物理测井数据有助于定性地指示水合物的存在。国外学者基于水合物钻井资料提出了利用地球物理测井方法识别含天然气水合物特殊层的四个条件（图 3-6）：①具有高的电阻率（大约是水电阻率的 50 倍以上）；②声波传播时间短（约比水低 131μs/m）；③在钻探过程中有明显的气体排放（气体的体积分数为 5% ~ 10%）；④必须在钻井区内两口或多口井中出现。

墨西哥湾的综合测井曲线显示（图 3-6），天然气水合物储集层具有以下特点：①与饱和水的地层相比，天然气水合物层位在电阻率测井曲线上具有相对高的电阻率偏移；②与含游离气的层位相比，自然电位测井曲线在天然气水合物层位的负偏移幅度相对较低；③与饱和水或游离气的层位相比，含天然气水合物层位声波时差降低；④含天然气水合物层位中子孔隙度略微增加，这与含游离气层位中子孔隙度明显降低恰好相反；⑤含天然气水合物层位与饱和水的层位相比，密度略有降低。

表 3-2 给出了块状水合物、含水合物沉积物、饱和水沉积物与含气沉积物常规测井测量的物理性质。一般而言，由于水合物替代孔隙中高电导率的海水，含水合物地层的电阻率测井值比饱和海水的电阻率大。水合物作为高速度的孔隙充填物与颗粒间的胶结物，使沉积物硬化，纵波速度与横波速度值会增加。在游离气存在的情况下，声波测井与 VSP 速度会减小。含水合物沉积物的自然伽玛、中子孔隙度、体积密度测井值有小幅度或不明显的降低。

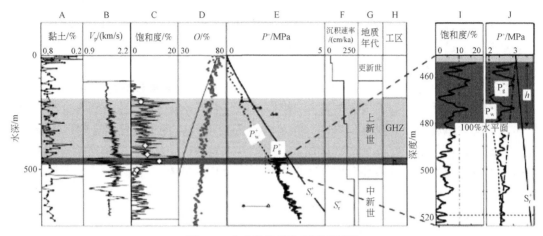

图 3-6　水合物地球物理测井特征

表 3-2　沉积物物性参数

物性参数	块状水合物	含水合物沉积物	饱和水沉积物	含气沉积物
$V_p/$（km/s）	3.2~3.6	1.7~3.5	1.5~2.0	1.4~1.6
$V_s/$（km/s）	1.6~1.7	0.4~1.6	0.75~1.0	0.4~0.7
$R/$（$\Omega \cdot m$）	150~200	1.5~175	1.0~3.0	1.5~3.5
$\rho/$（g/cm³）	1.04~1.06	1.7~2.0	1.7~2.0	1.1~1.5
$\Phi/\%$	20~50	35~70	35~70	50~90
$\gamma/$（API）	10~30	30~70	50~80	30~80

资料来源：Goldberg et al.，2000。

3.2.2.3　沉积岩性识别标志

（1）颜色结构

在自然界发现的天然气水合物多为白色、淡黄色、琥珀色、暗褐色，呈亚等轴状、层状、小针状结晶体或分散状（吴时国，2015）。它既可存在于0℃以下，又可存在于0℃以上的温度环境。从所取得的岩芯样品来看，天然气水合物可以以多种方式存在：①占据大的岩石粒间孔隙；②以球粒状散布于细粒岩石中；③固体形式填充在裂缝中；④块固态水合物伴随少量沉积物。

（2）岩性特征

目前世界海域发现的水合物主要呈透镜状、结核状、颗粒状或片状分布于细粒级的沉积物中（图3-7），含水合物的沉积物岩性多为粉砂和黏土（Saeki，2008）。沉积物的性质对于水合物的形成与分布具有重要的控制作用。还有部分研究结果表明在水合物稳定带的沉积物中含有较丰富的硅藻化石。据推测，由于硅藻化石具有较多的孔隙结构，而大量硅藻的存在增加了沉积物的孔隙及渗透率。由于富含硅藻的沉积物形成于当地古气候适宜和古生产率较高的环境之下，它也是有机碳的来源之一，因此，岩石学特点也可指示水合物的存在与否。

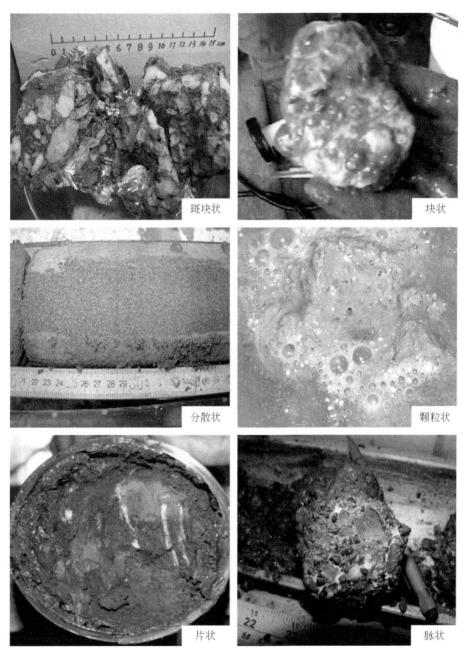

图 3-7　水合物样品及层析成像

（3）沉积环境及沉积相

从世界上已发现的水合物分布区来看，沉积速率较高、沉积厚度较大、砂泥比适中（35%～55%）的三角洲、扇三角洲以及浊积扇、斜坡扇和等深流等各种重力流沉积是水合物发育较为有利的相带。砂泥比和储集空间越大，孔隙水含量会越多，越有利于水合物的形成；但砂泥比太大，封闭性会变差，反而不利于水合物的形成。至于沉积厚度，一般沉积速率较高的地方沉积厚度就大；但沉积厚度最大的地方即沉积中心处，砂泥比最小，不易形成储集空间，孔隙水也少，反而不利于水合物的聚集。等深流沉积具有的颗粒较粗、储集物性好、气源充足和流体运移条件优越等特点，对水合物的形成相当有利，因此在等深流沉积作用强烈的海区往往是水合物的有利富集区。布莱克海台是著名的含水合物地区，现已证实其含水合物沉积物与沉积速率高达 350/Ma 的海底等深流沉积密切相关。

3.2.2.4 地球化学识别标志

沉积物孔隙水氯度、氧同位素和硫酸盐浓度梯度是指示天然气水合物存在的指标之一。成功的实例表明：孔隙水氯度明显降低，而 $\delta^{18}O_{SMOW}$ 向深部升高，线性的、陡的硫酸盐梯度和浅的硫酸盐–甲烷界面（sulfate-methane interface，SMI）都是天然气水合物可能存在的标志：①沉积物孔隙水氯度。沉积物孔隙水氯度是指示天然气水合物存在的指标之一，危地马拉近海气体水合物样品氯离子浓度测定显示，其含氯量为 0.051%～0.32%。秘鲁海为 0.18%～0.82%。样品中含氯量远远低于海水平均含氯量（1.98%）。②沉积物中的有机碳含量。沉积物中有机碳的含量高低是决定天然气水合物形成的制约因素。在危地马拉滨海带含天然气水合物的沉积物中有机碳的含量为 2.0%～3.5%。在布莱克外脊，沉积物中有机碳平均含量为 1%。推测在天然气水合物形成之时，这些沉积物中有机碳含量可能更高。③沉积物中孔隙水的氧化–还原电位、硫酸盐含量和氧同位素指标特征。沉积物中孔隙水的氧化–还原电位、硫酸盐含量较低和氧同位素 $\delta^{18}O$ 等可以作为指示天然气水合物存在的指标。④标型矿物。能指示天然气水合物存在的标型矿物组成通常是某些具有特定组成和形态的碳酸盐、硫酸盐和硫化物。它们是成矿流体在沉积作用、成岩作用以及后生作用过程中与海水、孔隙水、沉积物相互作用所形成的一系列标型矿物。例如，天然气水合物分解以后，碳酸盐会发生沉淀，此时这种碳酸盐就具有一种特殊的同位素地球化学特征，据此可判断天然气水合物是否存在。同时，根据岩石中某些特征化石集合体，如 *Calyptogena* 属的软体动物的出现，也能从一个方面帮助判断天然气水合物的存在。20 世纪 90 年代，自生碳酸盐矿物在北美西部俄勒冈滨外、印度东部大陆边缘和地中海的 United Nations 海底高原等海底沉积物中相继发现并引起人们对此种自生矿物的高度重视，从而使得人们将天然气水合物的分布与自生碳酸盐矿物形成联系起来，并将该自生矿物的产出作为天然气水合物的形成标志。通常，这些自生矿物呈碳酸盐的岩隆、结壳、结核和烟囱等形式产出，与之相伴的还有贻贝类、蚌类、管状蠕虫类、菌席和甲烷气泡等。所有这些都是富甲烷流体垂向排出所致，因而，它们在泥底辟和泥火山发育区更为典型。⑤海洋沉积物热释光。海洋沉积物热释光是一种潜在的天然气水合物找矿方法。热释光法是核探测技术的一种，它以烃类形成或分解后产生的标志性矿物为探测对象。不同成因形成的矿物，它们的热释光峰的数目、形状和吸收剂量是不同的。天然气水合物在形成和分解后，伴随产生的标志矿物如碳酸盐、硫酸盐沉淀下来后，成为很好地找矿标志。此外，一些碳酸盐矿物如方解石、文石是构成海洋生物壳体的主要成分，有的软体动物还与天然气水合物存在有关，通过测量这些软体动物化石的热释光，可帮助判断天然气水合物的存在。⑥海面增温异常。在瞬时构造活动期间，海底水合物或常规油气藏因压力的降低或温度的升高可发生分解，析出甲烷等烃类气体，经运移扩散到海面，受瞬变大地电场或太阳光能的作用，导致激发增温。利用卫星热红外扫描技术对海面低空大气的温度及时进行记录，便可定性探索海底排气作用，从宏观上研究其与水合物或油气藏分布的关系，从而可以在调查早期初步圈定有利区带。

3.2.2.5　地形地貌识别标志

天然气水合物主要分布在主动和被动大陆边缘的陆坡、岛坡、滨外海底海山、边缘盆地，乃至内陆海或湖区。其与板块俯冲带、滑塌体、增生楔、泥底辟等特定类型的构造地质体有空间和形成条件的关系。

（1）海底滑坡

海底滑坡的发育为天然气水合物赋存提供了较为适宜的温压环境。海底滑坡作用的发生，使得局部区域产生快速堆积，从而产生局部压力屏蔽效应，此时，如果屏蔽体内部存在较为充足的水和气体时，天然气水合物较易形成。此外，滑塌本身可能就是气体水合物分解而产生的构造效应（随着压力增加，气体从下伏稳定带中排出，使水合物顶部边界破裂，引起上陆坡悬浮沉积物沿其平缓边缘滑动，流体分解沿着水合物楔状边缘的滑动形成一个滑面）。海平面的交替变化可引起一系列事件重复发生，从而在陆坡的坡脚下形成厚的混杂堆积。在晚更新世海退期间（220～170ka），海平面下降了100～120m，结果造成海底总承受压力减少了约1000kPa，总压力的减少引发天然气水合物分解，释放出大量甲烷和水，由此引发海底滑坡。因此，发生在晚更新世末次冰期的海底滑坡是寻找天然气水合物的一个重要线索。20世纪80年代后期，在挪威西部大陆架发现了与天然气水合物有关的大型海底滑坡，它由3个时期的主要滑坡构成。滑坡总面积达5580km^2，其中尤以发生在8～5ka的第2次滑坡规模最大，它从陆坡区一直延伸到深海盆地，滑移距离达800km以上，受影响的最大水深达3500m。值得注意的是，在滑坡区附近还发现了代表天然气水合物的BSR。调查认为，地震和由地震引发的天然气水合物分解是造成上述大型海底滑坡的主要原因。

（2）泥底辟

泥底辟与水合物有较为密切的关系。首先，泥底辟本身可能是地层内部圈闭气体压力释放上冲的结果；其次，泥底辟构造也有可能成为气体向上运移的通道，有利于气体疏导；最后，泥底辟也有可能形成局部高压，有利于天然气水合物的形成。1996年"Gelendzhik"号的TTR-6航次在位于克里木大陆边缘（黑海北部）东南面的Sonokin海槽进行了采样，在5个含有泥质角砾岩的岩芯中均观察到了天然气水合物，这一发现进一步证实了底辟构造与水合物的密切关系。沉积物负荷和甲烷的产生相互结合有利于泥火山的发育或有利于泥底辟的演化，而甲烷的聚集又导致了天然气水合物的形成。因此，泥火山或泥底辟与天然气水合物在许多方面是有联系的。值得注意的是，在泥火山或泥底辟发育区，天然气水合物与BSR常常不是一一对应的关系。没有BSR的天然气水合物样品已经在墨西哥湾、鄂霍次克海、里海、黑海、地中海及尼日利亚近海沉积物中采集到。对这些地区天然气水合物的赋存情况分析表明，天然气水合物普遍存在于泥火山或泥底辟顶部附近。

（3）增生楔

增生楔是具有一定厚度沉积物的海洋板块在俯冲过程中沉积物被刮落，并增生到断裂带内形成的地质体。它是水合物发育较常见的特殊构造之一，这与其独特的成矿地质环境密切相关。富含有机质的洋壳物质由于俯冲板块的构造底侵作用而刮落，并不断堆积于变形前缘内，深部具备了充足的气源条件；同时，增生楔处沉积物加厚、载荷增加，连同构造挤压作用一起导致沉积物脱水脱气，形成叠瓦状逆冲断层，孔隙流体携深部甲烷气沿逆冲断层快速向上排出，在适合水合物稳定的浅部地层形成水合物。

3.3 实例研究

我国南海北部陆坡具有丰富的天然气水合物资源。1999 年和 2000 年广州海洋地质调查局在南海西沙海槽地区开展了天然气水合物的前期调查，初步发现在地震剖面上存在 BSR 现象，证实西沙海槽地区存在天然气水合物。宋海斌等（2001）利用地震、测井与地温资料综合分析了南海北部东沙海域可能存在的天然气水合物的分布特征，提出在沉积地层大多平行海底的情况下，地层中弱振幅带对天然气水合物的识别至关重要。文鹏飞（2003）利用 AVO 技术揭示了西沙海槽地震剖面上的 BSR 强弱与该地区天然气水合物含量之间的关系。张明等（2004）通过对南海天然气水合物的地球物理调查研究了地震勘探频率与 BSR 识别的关系，并提出我国天然气水合物调查的频带范围应该为 10~120Hz，主频应为 40~70Hz。王秀娟等（2006a，2006b）基于双相介质理论和热弹性理论，利用 ODP 184 航次的测井数据，对南海陆坡天然气水合物饱和度进行了估算，并认为南海陆坡天然气水合物的饱和度比较高，而且天然气水合物饱和度从浅层到深层变化较大。刘学伟等（2005）以南海地震数据为例，提出当 BSR 和空白带特征不明显时，利用纵波和横波速度剖面、泊松比剖面以及部分 AVO 属性剖面对天然气水合物和游离气进行了识别。梁劲等（2006）通过利用 Dix 公式和速度反演两种方法对南海北部陆坡求取速度场，揭示了天然气水合物的存在特征。2007 年广州海洋地质调查局成功在神狐海域钻获了天然气水合物样品，进一步证实了南海北部陆坡存在丰富的天然气水合物资源。

于兴河等（2004）对我国南海海域天然气水合物沉积环境进行了分析，认为研究区内陆源沉积物供给充分，沉积速率高，比开放性大洋高 2~3 倍，并在研究区内发现了大量的滑坡沉积物，区内重力流、底流侵蚀发育，为滑坡碎屑的运移提供了有利的条件，同时塑造了白云深水陆坡区独特的海底地貌，特别是陆坡区向海盆方向水深急剧变化，峡谷纵横，水道复杂，形成海底非常崎岖的地形地貌（图 3-8）。通过利用二维、三维地震资料，结合多波束水深测量，在南海北部白云凹陷发现了白云海底滑坡。研究发现白云大型海底滑坡具有滑坡陡壁、滑塌谷、滑移面、滑坡台阶、丘状滑坡体和沉积物流舌状体 6 个明显的海底滑坡地貌单元，地震相特征表现为楔状弱振幅杂乱地震相、块状平行或波状弱振幅中连续地震相、席状亚平行/波状弱振幅连续地震相、谷状水平充填中振幅中连续地震相和丘状/透镜体状前积地震相五种典型地震相特征。初步估算白云海底滑坡范围大约为 13 000km²，滑坡分布受地形和海底沉积物岩性控制，晚期活动在中更新世。

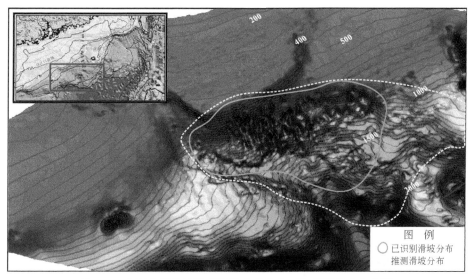

图 3-8　南海北部陆坡海底地形地貌及白云海底滑坡分布范围

最新采集的天然气水合物钻区取样结果分析表明，研究区沉积物层主要以黏土、粉砂质黏土等细粒沉积物为主，表现为低渗透性地层。于兴河等（2004）认为区内第四纪沉积物以浅海–半深海–深海相细粒沉积物为主，沉积物中砂质含量仅为 15% ~ 50%，大部分砂质含量低于 25%；上新统地层以浅海–半深海沉积为主，地层砂质含量分布在 25% ~ 75%，大部分区域砂岩含量低于 50%。付少英和陆敬安（2010）对南海采集到的沉积物样品进行了钻孔岩芯剖面特征和沉积物涂片分析，发现神狐水合物钻探区内的沉积物类型单一，主要由粉砂和黏土质粉砂组成，粉砂平均含量为 72.89% ~ 77.38%。天然气水合物呈分散浸染状分布在以粗粉砂、中粉砂、细粉砂和极细粉砂为主要组分的松散沉积物中，含天然气水合物地层的沉积物组分与上下不含天然气水合物的层位相比，沉积物类型差别不大。相对于天然气水合物脊和 Cascadia 海域而言，南海北部神狐海域天然气水合物主要赋存于相对偏细的沉积物（粒级为 0.008 ~ 0.063mm）中。

通过对国外资料的调研，发现我国海域水合物分解引起海底不稳定性的机理与挪威 Storegga 水合物分解引起海底滑坡的机理极为相似（Brown et al.，2006）。结合白云凹陷温压场状态及 BSR 特征，我们提出一个理想化的滑坡应力模型，即上陆坡为拉张构造，下陆坡为挤压构造，来描述白云大型海底滑坡（图 3-9）：①在发生海底滑坡之前，区域温压场环境达到天然气水合物赋存的条件，在充足气源的供应下水合物开始形成，由于具有充足的气源供应，因而在稳定带底界出现了明显的 BSR；②受构造、沉积及温压场综合作用，天然气水合物赋存条件发生改变，为重新达到平衡状态，天然气水合物通过分解或重新生成进行自我调节，从而改变所在沉积层物性，触发海底滑坡；③海底滑坡形成之后如果在相当长的历史时期没有发生较大的地质构造运动，将会再次形成一种相对稳定的地质环境，游离气会再次在重新排列压实的较高孔隙空间中赋存，天然气水合物也将再次形成新的平衡状态，此时表征天然气水合物稳定带底界的 BSR 将与滑坡后的海底大致平行。

综上所述，南海北部陆坡深水区具有潜在的天然气水合物分解触发海底滑坡的地质条件，且在研究区进一步发现了天然气水合物引起海底滑坡的证据。

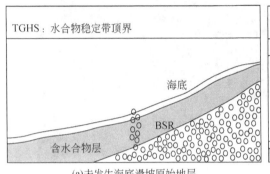

(a)未发生海底滑坡原始地层

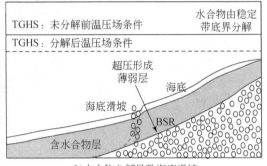

(b)水含物分解导致海底滑坡

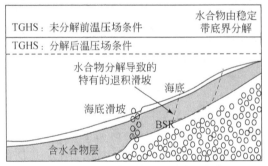

(c)水合物不断分解引起退积式海底滑坡

图 3-9　水合物分解引起海底滑坡概念模式

3.3.1　地质框架

将南海北部陆坡神狐海域作为数值模拟研究的重点，2007 年 5 月我国在南海北部神狐海域钻获了天然气水合物实物样品，由于整个神狐海域水合物赋存区面积较大，研究选取了一定的区块，以图 3-10 中绿色方框内区域表示。其中模型尺寸图：横坐标-长度，纵坐标-深度（以海平面为基准），单位为 m；BSR 代表水合物层（黄色线条），厚度为 40m。

1）通过高分辨率 2D 或 3D 地震资料，以滑坡陡崖上方陆坡的坡脚和滑坡前缘所超覆原始地层的坡脚为约束，侧边界以侧崖旁边未变形地层的坡度为约束，重建海底滑坡区古地貌，依赖于合理的古地表特征，选择合理的计算范围，建立合理的地质构造模型。

2）基于高精度层序地层学解释，建立初始的均匀地层构架。

3）规划计算网格数目和分布，模型的尺寸一旦确定，网格的数目也相应确定，为了减少因网格划分引起的误差，网格的长宽比应不大于 5，对于重点研究区域可以进行网格加密处理。

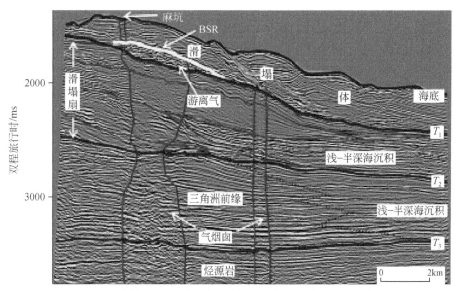

图 3-10　南海北部神狐海域天然气水合物样品钻获区地震剖面

4）给出沉积物的力学参数。根据海底不稳定性分析确定的结果选择本构关系，对模型赋以相应的力学参数，力学参数主要来源于采样数据测试和岩石物性参数反演。

5）确定边界条件。模型的边界条件包括位移边界和力边界两种，在计算前给定模型的边界状况。

海底滑坡在滑动之前表现出一定的稳定性，当沉积体强度逐渐降低或斜坡内部剪应力不断增加时，其稳定性受到破坏。在某一部分因抗剪强度小于剪应力而首先变形，产生微小的滑动，之后变形逐渐发展，直至斜坡面出现断续的拉张裂缝及拉张断块开始出现。随着裂缝的增大，其他因素所起的耦合作用越来越明显，致使变形加剧，最后造成沉积物体的整体破坏而形成海底滑坡。

海底滑坡体系的研究离不开三维地震属性特征分析，其包括地层倾角、方位角、相干体和振幅等，三维地震资料对确定海底滑坡的几何形态和变形特征具有重要的作用，通过时间构造图、垂向地震剖面和地震属性，我们可以识别和分析海底滑坡的变形特征，为判断块体搬运体系的重力流类型提供依据。倾角绝对值通过解释指定层位的时间构造图计算，对增强横向连续地质体（如可能被其他方法忽略的断层等）的成像极为有用。海底滑坡的范围是通过对比上下层位边界确定的，主要特征参考以前研究的成果。为了展现海底滑坡内部的变形特征，将海底滑坡的底界面进行层拉平处理，在此基础上提取海底滑坡内部的振幅和倾角绝对值属性。通过三维地震资料的解释，在研究区内发现了天然气水合物分解引起海底滑坡的证据。

三维地震资料显示滑坡根部具有极为复杂的内部构造，坡度为 3°～6°（图 3-11）。主要有以下四种地震相：①楔状弱振幅杂乱地震相，位于斜坡下部，外形成丘状，以杂乱反射结构为重要特征，反映了不稳定杂乱堆积的产物；②块状平行或波状弱振幅中的连续地震相与滑坡体内部滑脱断层发育有关，受滑脱断层的切割沿斜坡呈明显的阶梯状下滑，外形呈块状或丘状，内部以平行、波状或丘状反射结构为特征，反映了不稳定块体的快速滑动；③丘状/透镜体状前积地震相，大型前积反射结构特征、透镜状或丘状外形，多出现于早期的滑坡体，反映了滑坡体形成后的后期沉积；④谷状水平充填中振幅中连续地震相，剖面上以顶平底凸的谷状外形为特征，内部为水平充填反射结构，反映了滑坡体对海底沟谷的填充掩埋作用（图 3-10，图 3-11）。

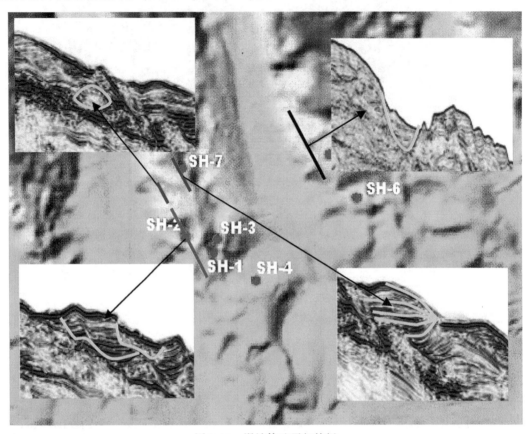

图 3-11　滑坡体地震相特征

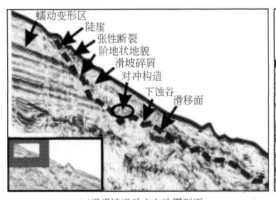

(a)沿滑坡运动方向地震剖面

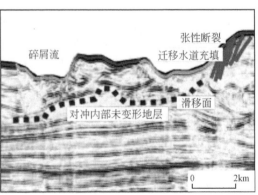

(b)垂直滑坡运动方向地震剖面

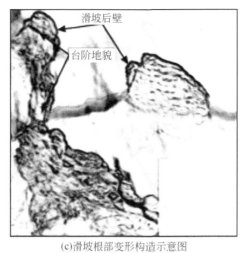

(c)滑坡根部变形构造示意图

图 3-12　滑坡根部变形构造示意图

空白带为数据缺失区域

　　滑坡体既存在强烈变形区，也存在沉积层序未扰动区。沉积物主要是通过剪切面向下运移，滑坡物在底部和侧壁具有明显的扭张、扭压变形构造（图 3-12），如滑移面、侧壁陡崖、对冲构造、下切构造和挤压褶皱（图 3-13）。

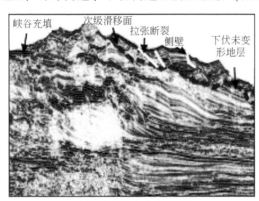

(a)沿滑坡运动方向地震剖面

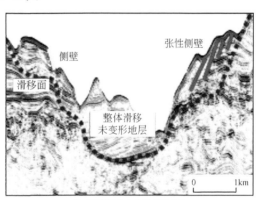

(b)垂直滑动方向地震剖面

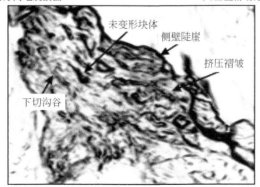

(c)滑坡体内部时间切片

图 3-13　滑坡体部三维地震构造特征

滑移面与下伏地层假整合接触，上覆地层发生严重变形或保持原有层位，变形程度与其压实程度有关。垂直于测线方向的块体迁移非常小，具有相似振幅特征的地震体沿测线收敛，滑移面为不整合面，因此可以推断大多数缺失的地层都沿 NE-SW 向运移，而且是沿着滑移面运移。

侧壁陡崖是断层走滑形成的，后壁的塌陷导致沉积物向下陆坡方向搬运，受侵蚀作用影响，这些脆性滑移面可能向上发育直至到达表层，在底流的侵蚀作用下，侧崖出露地表。在侧缘沿着亚平行于块体分离方向的演化过程中，受水平剪切应力影响，发育扭张型变形，形成初始的阶梯状拉张裂隙，在塑性更高的物质中，主要表现为阶梯状拉张断层，暗示着相对较低程度的块体分离，部分侧崖呈 "S" 形，这主要是裂隙中心部分旋转造成的，是走滑变形的证据。在平面上侧崖如同有一个平行于陆坡方向的崖状或线性特征，横跨侧崖的地震剖面展示出侧崖处具有明显的凹/凸崖，具有明显的高角度破裂，通过辨别地层间的超覆关系，可以发现此类侧崖主要是由碎屑流沉积漫溢至周围地层形成的，侧崖的几何形态和倾斜方向也可以确定滑体搬运方向及迁移路线。

对冲构造是由于滑移面下伏地层具有相对较高的机械强度，滑坡碎屑被迫向上覆地层转移形成的，受对冲构造上部应力施放强度和地层沉积物调节应变能力影响，可能呈断块或褶皱构造，但都表现出明显的搬运受阻特征，与下伏地层不整合接触。在滑移面底部，水平应力释放之后碎屑继续向前推进，并形成台阶状的平层，是滑移面上不同面较平坦的部分，二者共同构成了滑坡体内部孤立、总体平行于滑块搬运方向、对冲面垂直于滑块搬运方向的台阶状凸起地貌，代表了沉积物侵蚀前冲-受阻-漫溢-再侵蚀前冲的过程，受阻地层与下伏地层呈整合接触，保持了原来的连续性。地震剖面上，对冲构造通过与断层或后壁陡崖类似的方式识别出来，图 3-13 描述了对冲构造的平面几何特征。

下切构造是由于滑移面下伏地层具有相对较低的机械强度，碎屑流等滑坡物质直接下切至深部地层形成的，具有明显的侵蚀特征，与下伏地层呈不整合接触，在滑移面底部，主要表现为明显的侵蚀沟槽和流线脊。侵蚀沟谷处强烈侵蚀滑移面，并在其上形成一系列沿下坡方向平行于块体搬运方向的擦痕和小沟槽，在联络侧线上具有长条形的、线状或曲线状特征的 "V" 形构造，可以连续绵延数千米（图 3-13）。侵蚀沟谷的存在代表了滑坡碎屑下切侵蚀下伏地层的过程，其走向揭露了滑坡体的搬运方向。

挤压褶皱是具有塑性变形物质和高度连续性的滑坡碎屑向下搬运时受阻发生弯曲造成的，以紧密的或等斜的平卧褶皱为特征，上边界为上凸、不连续界面，下边界为连续、未变形的滑移面，在平面上是长条形的，褶皱枢纽与长轴对应，呈 N-S 走向。挤压褶皱的轴部平行或亚平行于陆坡走向，可指示陆坡方向和滑坡运移方向。

滑坡前缘坡度一般小于 0.01°，主要受挤压应力作用，发育压力脊、逆冲断层和褶皱构造。

逆冲断层上盘为一系列规则的、有间隔逆冲边界的块体，常成对出现，其相对倾斜高度可达 40°。地震剖面上可以通过多个连续反射、沿陡坡偏移、向陆倾斜特征加以识别，内部层序特征不明显（图 3-14）。

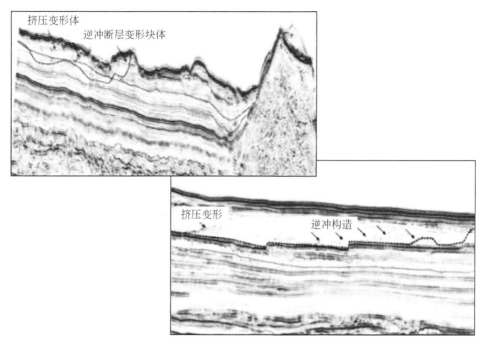

图 3-14　滑坡前缘压力脊和逆冲断层地震剖面

压力脊是对冲构造在海底的延续，主要是由逆冲构造产生，常发育于较开阔的环境中，主滑坡区最大主应力方向与压力脊方向平行，由于缺少约束力作用，因而在平面上便形成了隆起的、平行或亚平行的、连续的线形或弧形，沿斜坡向下凸起、平行于流体方向的脊，随着应力的释放，形成了舌状终止地貌，而在侧缘由于应力方向发生变化，压力脊方向更为复杂。压力脊的形成受下伏地层的内在摩擦力和未变形沉积物的阻碍力共同影响，连续脊的存在暗示着流动碎屑活动具有周期性（图 3-15）。

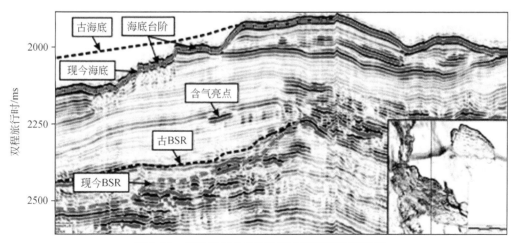

图 3-15　与天然气水合物分解相关海底滑坡特征

研究区内发现的海底滑坡与天然气水合物具有很好的对应关系。Sultan（2004a，2014b）对天然气水合物分解引起的海底滑坡进行了数值模拟，认为天然气水合物分解引起的海底滑坡具有明显的退积特征，而研究区内发育众多海底峡谷，Zhu（2010）对峡谷的迁移机制进行了研究，认为峡谷迁移是寒流和暖流交互作用的结果，其极大影响了海底的温度，而且峡谷的迁移也改造了海底地形，引起沉积物变化，导致天然气水合物稳定带变得极为不稳定，因而可以形成不断向陆坡方向退积而产生的系列后壁陡崖，这些由滑坡后壁陡崖产生的拉张断层、分离块体和滑动碎屑与后壁滑坡具有共同的取向，随后受后壁不规则性或多个后壁共同滑落影响，其移动方向变得更为复杂，常具有各种方向，但它们所形成的断块或拉张脊总的取向与后壁类似，都依存于原始下部陆坡的地形，表明这些海底滑坡很可能是由底部开始滑移，并不断向上陆坡方向回蚀，后壁陡崖本质上代表了一个拉张破裂面，是对滑坡触发机制的直接响应。通过对新生代断裂构造进行研究，发现区内极少存在明显断裂，多为微小裂隙，它们极可能是滑坡后形成的，且研究区也未发现任何新生代发生大范围构造活动的证据。

天然气水合物分解引起的海底滑坡，滑移面一般与稳定带底界有很好的对应关系，为此本书对研究区的古稳定带条件进行了研究。使用广州海洋地质调查局天然气水合物钻探资料获取的底水温度和三维地震资料识别出的 BSR 深度，计算了静岩压力条件下的平均地温梯度（48.4℃/km）和静水压力条件下的平均地温梯度（44.0℃/km）。利用静水压力和静岩压力分别计算了稳定带的位置。为了确定静岩压力随深度的变化，沉积物密度确定为 2.694g/cm^3，该值是通过天然气水合物测井的矿物成分分析获取的，盐度为 33.5g/L 的海水密度是 1.035g/cm^3。孔隙度随深度变化的数据由 Well-1 井（300m 以浅）和 Well-2 井（300m 以深）的测井资料获取。本书在海底以下以 0.1m 的间隔计算温压场条件，以确定天然气水合物不稳定的深度。

利用 Sloan（1998）的天然气水合物相平衡程序计算出了相应的天然气水合物稳定区温压场条件，并拟合出研究区的相边界曲线方程，方程如下：

$$P=254.38+21.957\times T-2.1687\times T^2-0.1103\times T^3+0.0091\times T^4 \tag{3-1}$$

式中，T 为温度（℃）；P 为压力（MPa）。

（1）压力计算

采用静水压力近似作为实际海底水压。Mile 在计算欧洲大陆边缘甲烷天然气水合物的潜在分布时使用了如下方程：

$$P=P_{atm}+\left[（1+C_1）\times H+C_2\times H^2\right]\times 10^{-2} \tag{3-2}$$

式中，P 为压力（MPa）；P_{atm} 为大气压；C_1 为纬度；C_2 取为 2.21×10^{-6}。

（2）温度计算

当水深大于 2.8km 时，海底温度 $T=2.2$；当水深小于 2.8km 时，运用公式计算海底温度，海底温度（T_0）和地温梯度（GT）所确定的温度-深度函数如下：

$$T_Z=T_0+\text{GT}\times Z \tag{3-3}$$

式中，T_Z 为沉积层的温度（℃）；GT 为地温梯度（℃/m）。

$$D=Z_0+Z \tag{3-4}$$

式中，Z_0 为水深（m）；Z 为海底以下深度（m）。

（3）综合计算

通过联立式（3-3）和式（3-4），并将海底温度、地温梯度和海水深度值代入，选取其中的正实数解作为 T_Z 值，并可以求出 Z 值，即天然气水合物稳定带的底界深度。预测的静水压力和静岩压力曲线差异仅为 5~10m，大体与底图绘制的边界线厚度相当。

为了计算古滑坡环境下 BSR 存在的位置，首先通过内插陆坡未变形沉积物，大致测量了古海底的深度，由内插结果测量的滑坡前段坡度近为 1°，然而，这是假定了几乎没有沉积物压实或层位变薄现象的。现今的陆缘海底坡度为 1.7°，比滑坡前的坡度要陡，因而，1°的坡度代表了滑坡前的海底上边界，而根据上边界海底计算的 BSR 即为古 BSR。计算方法同上。

通过研究发现，计算的现今 BSR 的位置大致与海底地形平行，与下伏地层具有明显的斜交，而预测的古 BSR 位置大致与 25 万年的滑移面大致吻合，且考虑到第四纪以来的海平面一直处于上升状态，古海平面要低于现今，故古 BSR 应比现今更浅，预测的 BSR 与该情况吻合，故本书推测研究区内的天然气水合物的分解可能导致了北部陡崖和滑移面的形成。

另外，研究区北部的天然气水合物钻探区 Well-3 井虽然发现了很强的 BSR 反射，但钻探并没有发现天然气水合物，钻井刚好钻到一套深水扇。本书推测，剖面上的强反射很可能是含气亮点，而含气亮点下方并没有明显断层等气体运输通道的事实暗示，该处的气体聚集很可能是天然气水合物完全分解造成的。

3.3.2　含水合物沉积物物性特征分析

3.3.2.1　沉积物样品描述

天然气水合物在海底多孔沉积物中的生成比较复杂，由于海底多孔沉积物的成分比较复杂，本身含有大量的矿物质及杂质，这些因素会影响甲烷水合物的生成与赋存过程。为了研究滑坡区的规模，本书对南海北部海域典型沉积物样品进行研究，主要测试工作在 2007 年 9 月开放航次所获取的 6 个柱状样品中进行，整个航次共设计 6 条科学断面，分别标记为 P1~P5 和 PN。本书对样品进行了测年、粒度分析和矿物学分析，分析了浅层沉积物的粒度及砂泥岩百分比；通过烷样品碳同位素分析，确定了气源是生物成因气还是热成因气，分析了流体渗漏过程及控制因素。另外，我们在历年开放航次积累了大量浅层柱状样品可以用于该项研究。本书选择 15 个柱状样，每个柱子约 4m，每 10cm 分析一个样品，共 600 个样，不足则选择表层样（图 3-9）。

南海珠江口盆地采取 7 个柱状样品，编号分别为 KNG-1~KNG-7。KNG-1 与主航线的 P4-7 重合，表 3-3 描述了各个柱状样位置及特征，图 3-16 所示为所取沉积柱状样。

表3-3 沉积物样品情况描述

编号	采集日期	水深/m	经度	纬度	样长/cm	岩性
KNG 1	2007 年 9 月 27 日	1394	114°46.6843′E	19°11.6740′N	20	含钙质软泥
KNG 2	2007 年 9 月 26 日	1386	115°21.8390′E	19°54.9928′N	80	含钙质软泥
KNG 4	2007 年 9 月 26 日	1195	115°10.2473′E	19°56.8329′N	25	含钙质软泥
KNG 5	2007 年 9 月 27 日	1085	115°08.5290′E	19°55.1748′N	43	含钙质软泥
KNG 6	2007 年 9 月 26 日	1273	115°09.9630′E	19°52.2696′N	40	含钙质软泥
KNG 7	2007 年 9 月 26 日	1396	115°11.2953E′	19°50.0189′N	68	含钙质软泥

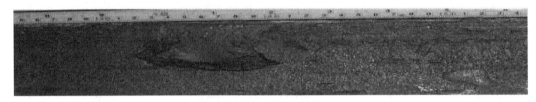

图 3-16 沉积物样品实物照片

（1）测年

沉积物样品测年余用稀释法，结果见表3-4。

表3-4 沉积物样品测年结果 （单位：a）

样品编号	测试方法	测试结果	备注
KNG-1A	稀释法	3870±135	
KNG-2A	稀释法	4100±150	
KNG-2B	稀释法	2320±730	
KNG-4A	稀释法	3690±135	
KNG-4B	稀释法	2900±150	
KNG-5A	稀释法	3340±730	以 1950 年作计时零年，
KNG-5B	稀释法	3650±130	半衰期取 5730 年
KNG-6A	稀释法	3900±150	
KNG-6B	稀释法	3340±730	
KNG-7A	稀释法	3850±135	
KNG-7B	稀释法	3760±150	

（2）粒度

KNG-4 和 KNG-5 的沉积物粒度分析结果如图 3-17 和图 3-18 所示，主要内容为平均粒径，分选系数、偏度和峰度。

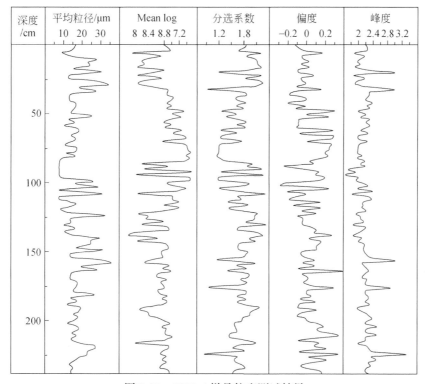

图 3-17　KNG-4 样品粒度测试结果

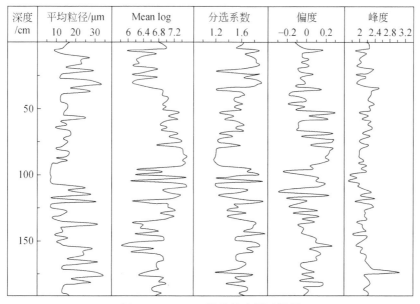

图 3-18　KNG-5 样品粒度测试结果

（3）矿物学

KNG-4 和 KNG-5 的矿物分析结果如图 3-19 和图 3-20 所示。

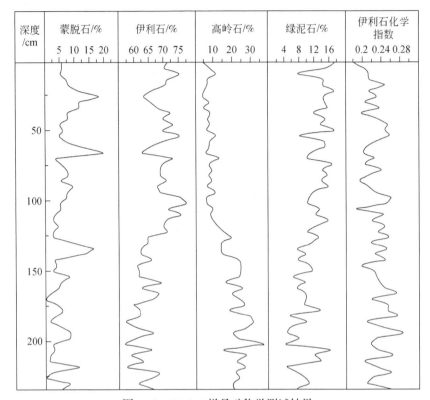

图 3-19　KNG-4 样品矿物学测试结果

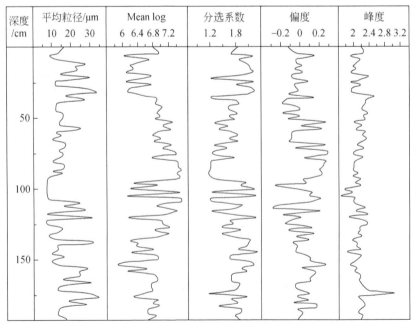

图 3-20　KNG-5 样品矿物学测试结果

3.3.2.2 沉积物中水合物的合成

实验中反应釜的进气方式为底部进气、上部排气，这样的进气方式使得甲烷气运移渗透过沉积物，保持了气-固界面的充分接触，有利于强化甲烷水合物的反应进程，使得反应过程进行得更加彻底。气体水合物在多孔沉积物中的生成反应是一个相对较长的过程，一般可分为准备生成、显著生成、生成停滞三个阶段。通常准备生成阶段［图 3-21（a）］会持续较长时间，主要是因为气体需要充分的时间在沉积物孔隙中运移和聚集后填充入沉积物孔隙空间，并且要与沉积物中的孔隙水充分接触融合。此外，孔隙水中氢键结合的水分子要从无晶格构架的液态转变为规则的笼型结构也需要较长的时间。在水合物显著生成阶段［图 3-21（b）］，微晶粒快速成核并聚集成长，因此水合物在此过程中快速生成，表现为明显的气体需求和消耗。在水合物生成停滞阶段［图 3-21（c）］由于经过了前期的生成反应，已经形成了较密实的水合物块体，反应的动力性能随之减弱，此外，由于形成的较密实水合物块体在很大程度上阻塞了气-水接触的运移通道，这是生成过程减弱并停滞的重要原因。

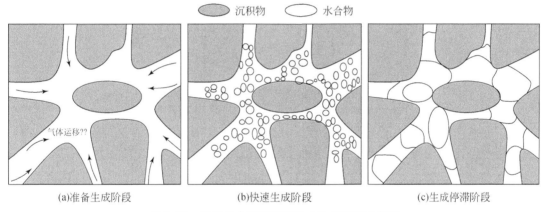

(a)准备生成阶段　　　　　　(b)快速生成阶段　　　　　　(c)生成停滞阶段

图 3-21　甲烷水合物在沉积物中生成过程示意图

3.3.2.3 水合物分解和沉积物强度变化关系测试

水合物分解和沉积物强度变化关系测试工作主要利用加拿大卡尔加里大学岩土工程实验室 Grozic 团队的相关岩土力学测试设备进行，该团队拥有两个先进实验室，分别是岩土技术与水合物实验室、土壤实验室。岩土技术与水合物实验室主要设备有沉积物力学性能三轴测试仪（图 3-22）并配有 20MPa、$-30 \sim 30℃$ 反应釜，静态与动态载荷加载设备，高精密 LVDT（线性差动变压器），可以测试人工与天然的沉积物样品强度。土壤实验室主要设备有：岩土力学性能三轴测试仪（图 3-23）并配有 2MPa 反应器，不仅可以测试超音速条件下沉积物中的 P 波与 S 波，也可测试沉积物柱状样品的轴向及径向变形。通过测试合成的纯水合物样品，获取电位数据，经过转化，最后得到水合物的一系列强度物性参数（表 3-5）。

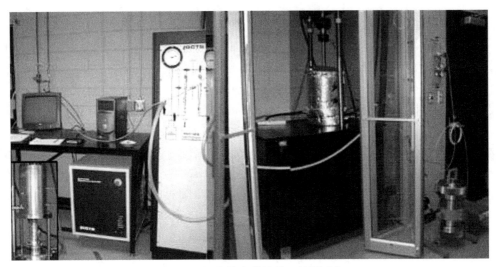

图 3-22 沉积物力学性能三轴测试仪

图 3-23 岩土力学性能三轴测试仪

含水合物的沉积物强度参数测试工作在细粒沉积物中进行，沉积物孔隙度为30%，沉积物中水合物饱和度为40%~50%，沉积物的具体组成为30%黏土+25%方解石+40%水合物+5%石英，实验过程中通过测试水合物分解后的沉积物变形得到沉积物的内聚力和内摩擦角的变化。从测试的结果中可以看出，纯水合物的结构强度要劣于含水合物的沉积物，主要表现在水合物存在于沉积物孔隙中，具有胶结与黏合的作用，有利于沉积物强度的提升（表3-6~表3-8）。

表 3-5　天然气水合物的强度物性参数

纯水合物性质	数值
密度 $\rho/$（kg/m^3）	920
泊松比 σ	0.32
体积模量 K/GPa	5.6
剪切模量 G/GPa	2.4
弹性模量 E/GPa	0.2
内聚力 C/kPa	14
内摩擦角 $\varphi/$（°）	24

表 3-6　含水合物的沉积物强度物性参数

沉积物性质	数值
密度 $\rho/$（kg/m^3）	2700
泊松比 σ	0.48
体积模量 K/GPa	26
剪切模量 G/GPa	2
弹性模量 E/GPa	1.4
压缩系数 β	0.38
内聚力 C/kPa	20
内摩擦角 $\varphi/$（°）	35

注：沉积物组成为30%黏土+25%方解石+40%水合物+5%石英。

表 3-7　水合物分解与土体 C，φ 的关系

水合物分解量/%	沉积物土体 C 值/kPa	沉积物土体值 $\varphi/$（°）
0	30	35
5	28	31
10	25	25
15	20	22
20	15	13
30	0	10

表 3-8　水合物分解与自身 C，φ 的关系

水合物分解量/%	水合物 C 值/kPa	水合物 φ 值/（°）
0	16	24
5	13	21
10	10	18
15	7	15

续表

水合物分解量/%	水合物 C 值/kPa	水合物 φ 值/（°）
20	4	12
30	0	10

　　图 3-24 说明了沉积物结构强度与水合物分解量之间的关系，沉积物的内聚力和内摩擦角随水合物的分解呈现明显的下降趋势。图 3-25 说明了水合物的初始饱和度与沉积物剪切强度之间的关系，随着沉积物中水合物含量的减少，沉积物的剪切应力呈增加趋势，说明了沉积物和水合物胶结在一起的结构强度要优于单一的沉积物或水合物的强度。

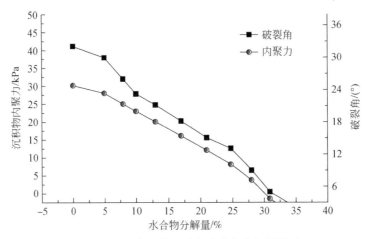

图 3-24　沉积物结构强度与水合物分解量关系

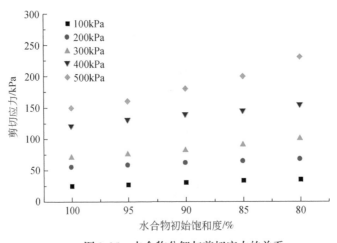

图 3-25　水合物分解与剪切应力的关系

　　图 3-26 说明了水合物分解量与孔隙压力的关系，水合物分解量越多，初始孔隙压力越大，则整个沉积物孔隙空间的孔隙压力越大。另外，沉积物声学特征测试表明，一般情

况下，V_p 测试值变化范围很大，含气的沉积物层 V_p 为 1000m/s；含饱和水沉积物层 V_p 为 2910~4000m/s；含不同量水合物的沉积物层 V_p 为 3880~4330m/s（水合物饱和度为 15%~35%），沉积物孔隙度越小，粒度越细，V_p 趋于更小。孔隙充满水合物与充满流体的情况相比，前者具有相对较高的弹性压缩波和剪切波波速，含水合物的沉积物层声速一般也较高。上述实验主要测定的是水合物分解量和结构强度之间的具体数值关系，并为数值模拟过程积累更多数据。

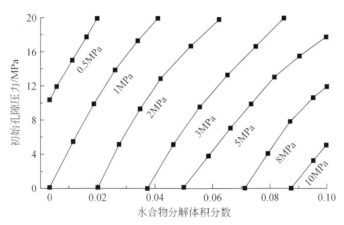

图 3-26　水合物分解与初始孔隙压力的关系

3.3.2.4　水合物饱和度求取

（1）纵波速度水合物饱和度估算

BSR 近似平行于海底，在很多地质构造中被认为是水合物稳定存在的底界，但是最新研究表明 BSR 与水合物稳定带底界并不重合，在不同甲烷通量和不同盐度的地层，水合物溶解度差异导致 BSR 与水合物稳定带底界不重合。但是在含有天然气水合物出现的地层中，具有高纵波速度、高弹性阻抗、高 P 波阻抗、高 S 波阻抗、高 $\lambda\rho$、略低泊松比值，但地层反射系数变化不大。与不含水合物地层相比，含天然气水合物的地层具有高电阻率、高纵波速度异常、低氯离子浓度异常，这些异常可以用来估算水合物饱和度。从声波测井曲线看，速度自浅至深逐渐增大，在 190~230m（阴影区）速度明显增加 [图 3-27（a）]。从电阻率曲线看，由浅至深电阻率呈缓慢上升趋势，在阴影区电阻率明显增高 [图 3-27（b）]。地层孔隙度（φ）可以利用电阻率，再结合 Archie 方程计算：

$$\varphi=\left(a\frac{R_w}{R_t}\right)^{\frac{1}{m}} \tag{3-5}$$

式中，R_t 为测井探测电阻率；R_w 为地层水电阻率；a 和 m 为环境参数，与岩芯资料有关。本书采用经验公式 $a=0.9$，$m=2.7$。R_w 地层饱和水电阻率与海水温度、盐度有关，由于该地区盐度变化不大，所以该值近似为一个常数，约为 $0.22\Omega\cdot m$。饱和水电阻率背景值用最小二乘线性拟合法：

$$R_0=1.4712+\left(4.9\times10^{-3}\right)Z \tag{3-6}$$

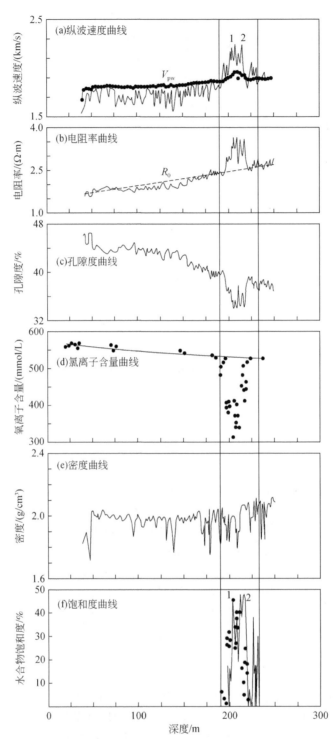

图 3-27　神狐海域 W2 井测井曲线（陆敬安等，2008）

氯离子异常黑色圆点表示，纵波速度实线表示。V_{pw} 为饱和水纵波速度虚线

（空原点）；R_0 为饱和水电阻率曲线（虚线）；正常孔隙水中氯离子含量背景曲线（实线）。1 和 2 为两个不同位置

式中，Z 为海底下深度（m）。位于该基准线上的高电阻率异常可能是由地层水合物造成的［图 3-27（c）］。

从氯离子曲线［图 3-27（d）］看，由浅至深逐渐增大，阴影区出现氯离子浓度异常低值。通过式（3-7）可以估算天然气水合物饱和度：

$$S_h = \frac{1}{\rho_h}\left(1 - \frac{Cl_{pw}}{SI_{sw}}\right) \tag{3-7}$$

式中，ρ_h 为纯水合物密度，取 0.9g/cm^3；Cl_{pw} 为实际测量的孔隙水样品中氯离子含量，离散点为氯离子异常估算出水合物含量。

测井资料只能反映井周围水合物特征，而地震资料可以反映水合物的空间变化。本书利用测井资料为约束，利用地震反演技术可以获得水合物的空间特征。约束稀疏脉冲反演（constrained sparse spike inversion，CSSI）以测井资料为约束，通过地震反演获得声波阻抗。CSSI 通过寻找最小目标函数（F_{obj}），求取声波阻抗：

$$F_{obj} = \sum (r_t)^p + \lambda^q \sum (d_t - S_t)^q \tag{3-8}$$

式中，r_t 为反射系数，是声波阻抗的函数；d_t 为地震数据；S_t 为合成地震记录；λ 为权系数；p 和 q 为标准因子。λ 的取值关系到求取的阻抗与地震数据的匹配程度，λ 取值要使信噪比最大、井相关最大、地震残差最小和反射系数残差最小。

东沙海域自晚渐新世开始构造运动活跃，因此断层十分发育，断层走向主要为北东向和北东东向，部分为北西向，均为正断层，发育有底辟构造、挤压脊、海底滑坡等有利于水合物形成的特殊地质体和活动断层带。在构造运动相对活跃地区，BSR 表现为强振幅反射，但在平面呈不连续分布特征。东沙海域没有进行天然气水合物钻探，为此，本书首先利用 ODP 184 航次 1148 井的资料和叠加速度作为约束，通过约束稀疏脉冲反演将地震资料转换成声波阻抗资料，然后再结合 1148 井的声波阻抗、电阻率和孔隙度等测井资料，依据临近 1148 井的声波阻抗剖面进行了水合物饱和度估算。

在对 0101 测线进行地震反演时，取 $\lambda = 20$，$p = 1$，$q = 2$。该测线经过 1148 井，有声波、孔隙度、电阻率、密度和波阻抗等测井资料。从地震剖面上看，0101 测线经过的水域水深，1148 井处的水深达 3294m［图 3-28（a）］，由于该地区构造运动不活跃，地震剖面上的 BSR 特征不明显。在进行 CSSI 时，利用测井资料补充地震资料中缺失的低频和高频信息。地震反演的声波阻抗提供了岩性信息，可以用以识别岩性和检测碳氢化合物。因此，建立水合物饱和度和声波阻抗之间的关系式，就可以从地震资料中估计水合物的饱和度。

假定 BSR 上的高电阻率异常是由水合物引起的，且孔隙中只含有水合物和水这两种物质，那么可以根据 Archie 方程计算水合物的饱和度：

$$S_h = 1 - S_w = 1 - \left(\frac{R_0}{R_t}\right)^{\frac{1}{n}} \tag{3-9}$$

式中，S_w 为含水饱和度；R_0 为饱和水地层电阻率；R_t 为地层电阻率；n 为经验值，对于含水合物地层，n 为 1.9386。假设整条测线具有相同的背景电阻率 R_0，根据 1148 井电阻率和孔隙度资料，利用最小二乘线性拟合方法得到 R_0 与深度的关系式：

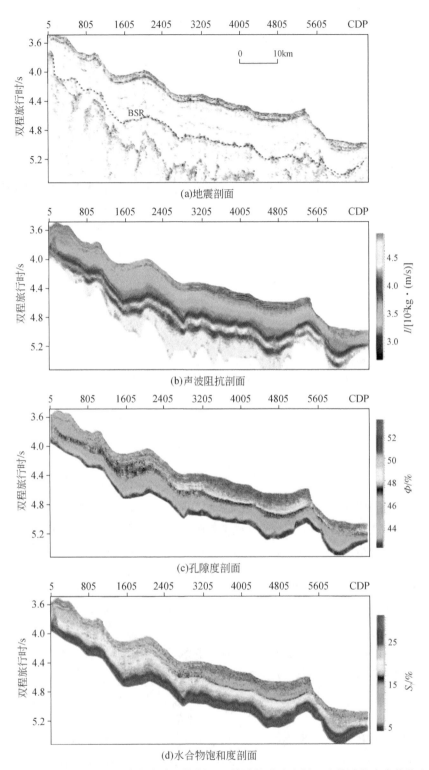

(a)地震剖面

(b)声波阻抗剖面

(c)孔隙度剖面

(d)水合物饱和度剖面

图 3-28　0101 线地震剖面、反演的声波阻抗剖面、估计的孔隙度剖面和估计的水合物饱和度剖面

$$R_0 = 0.9716 + 3.801 \times 10^{-4} z \tag{3-10}$$

式中，z 为海底以下深度（m）。

水合物饱和度与饱和水孔隙度（φ）、饱和水地层电阻率（R_0）和孔隙水电阻率（R_w）之间的关系为

$$S_h = 1 - \left(\frac{R_0 \varphi^m}{a R_w} \right)^{\frac{1}{n}} \tag{3-11}$$

式中，R_0、m、a、R_w 和 n 由特定环境的经验值确定。

假定不含水合物和游离气地层为正常压实的均匀沉积，这种情况下，饱和水孔隙度和声波阻抗交会拟合曲线（φ–I）是一条光滑曲线，在该曲线上随深度增加孔隙度降低、声波阻抗增加；如果在 BSR 之上的地层中含有水合物，则地层的孔隙度降低，阻抗增加。如果 BSR 之下的地层中含游离气，则阻抗和孔隙度均呈降低趋势。因此，在含有水合物的区域，可以据此分析水合物的饱和度，即含水合物地层的 φ–I 偏离饱和水的 φ–I 大小指示水合物的饱和度。

通过电阻率、声波阻抗和 P 波速度异常变化可以识别出地层含水合物的区域。本书利用 1148 井的测井资料，根据约束最小二乘拟合的方法拟合得到 1148 井地层饱和水孔隙度 φ 与声波阻抗 I 的关系式：

$$\varphi = 4.258 \times 10^{-11} I^3 + 4.287 \times 10^{-6} I^2 - 0.0418 I + 139.450 \tag{3-12}$$

式中，I 为声波阻抗 10^3 kg（m/s）。

（2）基于电阻率水合物饱和度估算

应用神狐地区钻井资料，利用密度反演地层孔隙度与地层因子进行交汇分析，首先分析了神狐地区 SH2 井利用 Archie 方程估算水合物饱和度的环境参数，然后计算了水合物呈均匀分布时的水合物的饱和度，并对计算的饱和度进行了精度及影响因素分析。

1. 孔隙分析

孔隙是估算水合物饱和度的一个关键参数，利用测井资料和回收的岩芯资料来确定地层孔隙度。图 3-29 为神狐地区 SH2 井的测井资料。从井径测井曲线看，井孔直径约为 25cm，而在 40 ~ 80m 层段，井径测井曲线变化比较大，表明该层段测井的低密度异常可能由井径变化造成；其他局部位置出现井径增加，在 190 ~ 220m 层段，井径变化不大，表明该层段测井曲线的异常与井径无关。深度电阻增加、孔隙度降低，该异常可能由地层含有水合物造成。本书利用 SH2 站位的密度、中子和电阻率三种测井曲线计算孔隙度。第一种为密度孔隙度。SH2 站位密度变化比较大，变化范围在 1.6 ~ 2.1g/cm³。在深度 50 ~

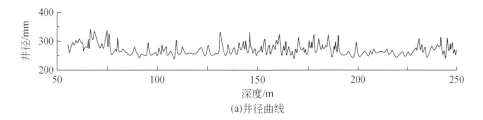

(a)井径曲线

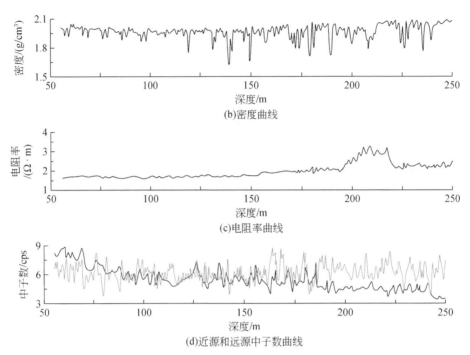

(b)密度曲线

(c)电阻率曲线

(d)近源和远源中子数曲线

图 3-29　SH2 井近源（黑线）和远源（蓝线）中子数、电阻率、密度及井径测井曲线

80m 处，局部密度高异常值是由井径变化引起，在 190～220m 处，密度略微降低，而井径无变化，地层电阻增加，该异常区域表明地层含有水合物。结合井径资料，可以去掉非水合物引起的部分异常值。

$$\phi = \frac{\rho_m - \rho_b}{\rho_m - \rho_f} \tag{3-13}$$

图 3-30 给出了 SH2 站位密度孔隙度曲线。第二种为中子孔隙度，近、远源距俘获计

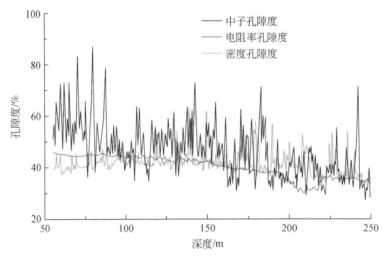

图 3-30　SH2 站位密度（蓝色）、中子（黑色）和电阻率（红色）孔隙度测井曲线

数比与地层孔隙度为非线性关系，在孔隙度为 10% ~40% 时具有良好线性关系。图 3-30 中给出了利用近、远源距俘获计数比计算的地层孔隙度。第三种是利用电阻率结合 Archie 方程计算地层孔隙度。该方法计算地层孔隙度是需要 Archie 常数和地层水的电阻率，而 Archie 常数与地层孔隙度有关。从图 3-30 可以看出，利用不同方法计算的地层孔隙度存在差异，在深度 190 ~220m 处，密度孔隙度和近、远源距俘获计数比孔隙度略微增加，而利用电阻率计算地层孔隙度降低。利用电阻率计算孔隙度，地层含有水合物时，孔隙度需要进行校正。因此，地层孔隙度一般通过密度测井曲线来计算。

2. 天然气水合物饱和度

与不含水合物地层相比，含天然气水合物的地层具有高电阻率异常，该电阻率异常与水合物饱和度呈正比，结合 Archie 方程就可以估算水合物饱和度。

地层饱和水电阻（R_0）表示为

$$R_0 = \frac{aR_w}{\varphi^m} \qquad (3\text{-}14)$$

式中，R_0 为饱和水地层电阻率；R_w 为地层共生水电阻率，a 和 m 为 Archie 常数，φ 为地层孔隙度。m 被称为胶结因子，Archie 常数 a 和 m 可以通过经验公式获得。共生水电阻率与地层盐度、地温梯度有关，利用 Arp's 方程可以计算出来：

$$R_w = R_1 \left(T_1 + 21.5 \right) / \left(T_2 + 21.5 \right) \qquad (3\text{-}15)$$

式中，R_1 为温度 T_1 时在一定盐度下的电阻率；T_2 为地层温度（℃）。SH2 井地温梯度为 45℃/km，盐度为 32‰，给出了地层共生水电阻率曲线。R_0/R_w 被称为地层因子（FF），假定地层孔隙空间充满水，可以利用电阻率测井代替饱和水电阻率。地层因子可表示为

$$FF = a\varphi^{-m} \qquad (3\text{-}16)$$

本书利用密度孔隙度与地层因子交汇图可以确定 Archie 常数 $a=1.1$ 和 $m=2.07$。根据式（3-14）可以确定地层饱和水电阻（图 3-31，蓝线），与电阻率测井相比，高电阻率异常指示地层含有水合物。利用均匀介质中电阻率异常估算水合物饱和度如下：

$$S_h = 1 - S_W = 1 - \left(\frac{R_0}{R_t} \right)^{\frac{1}{n}} \qquad (3\text{-}17)$$

式中，n 为电阻率异常因子。水合物呈均匀分布，利用式（3-17）计算水合物饱和度时，在未固结的砂岩地层 n 取值范围为 1.715 ~2.1661，一般趋近于 2。当 $a=1.1$、$m=2.07$、$n=2.0$ 时（图 3-32），利用电阻率异常估算水合物饱和度。在海底下 150 ~190m，水合物饱和度为 5% ~10%，该区域地层电阻率略微增加，说明可能该地层含有低饱和度水合物。在海底以下 190 ~220m，水合物平均饱和度为 24%，最高达 44%，该区域计算的水合物饱和度与氯离子异常计算的水合物饱和度吻合比较好，但是水合物饱和度在垂向上具有明显的不均匀性。海底以下 220 ~245m，地层电阻并发生明显降低，而计算饱和水电阻率低于测井获得电阻率，该位置没有取芯分析资料，假定该异常可能是由水合物异常引起，那么估算出的水合物饱和度平均为 10% 左右，局部比较高。

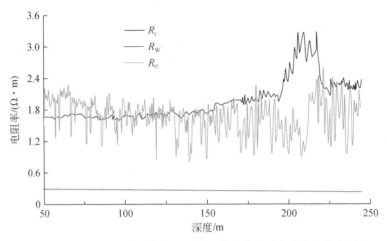

图 3-31　SH2 站位电缆测井的电阻率、共生水电阻率和饱和水电阻率

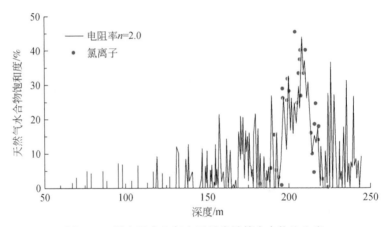

图 3-32　据电阻率和氯离子异常计算水合物饱和度

3.3.3　数学模型

通过海底斜坡地质环境影响效应以及天然气水合物分解影响效应分析可知：从海底斜坡的几何特征上看，斜坡几何形态、沉积物层与天然气水合物带厚度以及天然气水合物带几何形态等因素对海底斜坡具有一定的影响；从海底斜坡的材料特性上，沉积物层的类型以及天然气水合物带的物理力学性质对海底斜坡具有一定的影响；从海底斜坡的受力模式上看，在不考虑构造作用、地震、沉积物快速堆积作用等因素对海底斜坡影响的情况下，施加在海底斜坡滑动面上的作用力主要包括海水产生的静水压力、孔隙水压力、沉积物自重应力和天然气水合物分解产生的超孔隙压力。上述四种力的作用对海底斜坡的稳定性具有最直接的影响。

考虑到影响海底斜坡稳定性的因素较多，且部分因素无法定量化，为量化海底斜坡的地质力学模型，做了如下 5 点假设：①不考虑构造作用、海底工程以及地震等因素的影响；②假定天然气水合物分解产生的超孔隙压力作用于天然气水合物带的顶面；③假定天然气水合物分解后的水合物带（含水合物沉积物层）为一等效介质，即不考虑天然气水合物带的分化效应；④不考虑沉积物层内部的渗流作用；⑤假定沉积层与天然气水合物带服从于摩尔–库仑强度准则。根据上述海底斜坡的几何特征、材料特性、受力模式以及基本假定，可建立陆坡地质力学概念模型（图 3-33）。

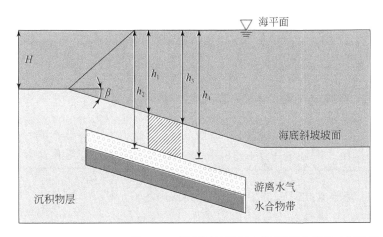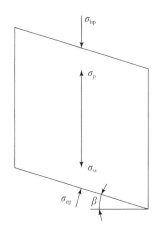

图 3-33　海底斜坡地质力学模型示意图（刘锋等，2010）

不稳定性数值模拟建立在拉格朗日算法基础上，可根据海底地貌特征用单元和区域构成相应的网格，适用于模拟滑坡等大变形和扭曲。在边界条件的约束下，每个单元按照给定的线性或非线性应力–应变关系产生力学响应，特别适合分析沉积物达到屈服极限后产生的塑性流动。数值模拟采用显式算法来获得模型全部运动方程的时间步长解，从而可以追踪海底滑坡由应变积累—发生蠕动—渐变破坏—滑动垮塌的整个过程。

数学模型的建立采用了包括空模型、弹性模型和塑性模型在内的十种基本的本构关系模型，每个模型都能通过相同的迭代数值计算格式得到解决：给定前一步的应力条件和当前步的整体应力增量，能够计算出相应的应力增量和新的应力条件。所有的模型都是在有效应力的基础上进行计算的，在本构关系调入程序之前，用孔隙压力把整体应力转化成有效应力。

Nixon 和 Grozic（2007）提出利用沉积物层中天然气水合物分解引起孔隙压力变化的模型计算异常压力，刘锋等（2010）基于该模型的理想化条件，建立了神狐海域水合物钻区的简化地质模型，并对水合物钻探区的压力状况进行初步预测。如果忽略其他机制的影响，沉积物层中有效应力的变化可近似等于孔隙压力的变化，天然气水合物分解引起的沉积物有效应力变化计算模型可用图 3-34 描述。

天然气水合物的体积为

$$V_H = \varphi\ (1-S) \tag{3-18}$$

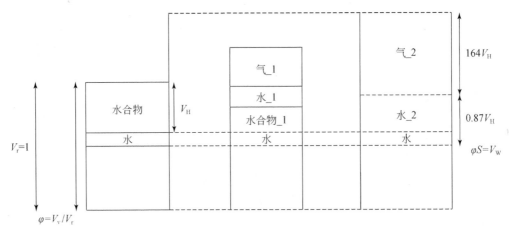

图3-34 天然气水合物分解引起的体积变化示意图（Nixon，2005）

式中，φ 由层速度资料计算，具体方法与浅水流相同，饱和度假定稳定带底界处相同，由于研究区处于天然气水合物钻探区，因而采用来自于实际测井资料拟合的饱和度拟合公式计算。

假设 $1m^3$ 的天然气水合物分解产生 $164m^3$ 的甲烷气及 $0.87m^3$ 的水，则

$$V_H = V_G + V_{WH} \tag{3-19}$$

式中，天然气水合物分解后的气体体积 $V_G = 164V_H$，天然气水合物分解后的水的体积 $V_{WH} = 0.87V_H$。

假设沉积物层中固相及液相不可压缩，沉积物层中游离气受压后的体积可根据波义耳定求得

$$\Delta V_{FG} = V_{FG2} - V_{GHI} \tag{3-20}$$

式中，ΔV_{FG} 为游离气的体积变化；V_{FG2} 为天然气水合物分解导致压力上升后的游离气体积；V_{GHI} 为前次的游离气体积。其中

$$V_{FG2} = \frac{P_1}{P_2} V_{GHI} \tag{3-21}$$

式（3-21）可进一步变化为式（3-22）：

$$\Delta V_{FG} = \left(\frac{P_1}{P_2} - 1\right) V_{GHI} \tag{3-22}$$

在天然气水合物的逐步分解过程中，由于有气体不断释放出来，游离气的总体积会膨胀。但与之伴随的是沉积物层中压力的上升，这对游离气形成压缩作用，使得其总体积变化并不显著。

联立各式，得到

$$\Delta V = \left[V_G + 0.87V_H - \left(\frac{P_1}{P_2} - 1\right) \cdot V_{GHI}\right] - V_H = V_G - 0.13\varphi \ (1-S) \ - V_{GHI}\left(\frac{P_1}{P_2} - 1\right) \tag{3-23}$$

海底天然气水合物分解过程如图3-35所示。

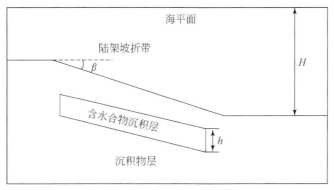

(a)天然气水合物分解前

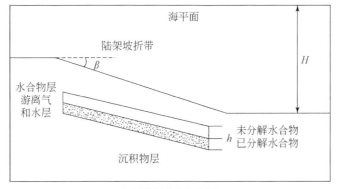

(b)天然气水合物分解

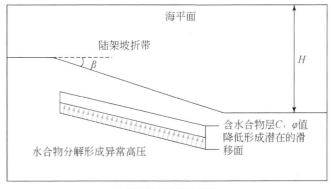

(c)天然气水合物分解后

图 3-35　天然气水合物分解过程示意图

　　考虑到海底以下地质情况与标准温压环境有很大的出入，故需要对理想状态下的气体进行校正，以达到稳定带下的温压场情况，假定物质的量不变，则式（3-23）可进一步变换为

$$\Delta V = \frac{T_2 \text{latm} 164.6 V_\text{H}}{298.15 K \cdot P_2} - 0.13\varphi\ (1-S)\ -V_\text{GHI}\left(\frac{P_1}{P_2} - 1\right) \tag{3-24}$$

式中，T_2 为天然气水合物稳定带底界温度（K）；P_2 为天然气水合物稳定带底界压强（Pa）；latm 为标准大气压（Pa）；T_2 可由底水温度和地温梯度求取；P_2 由拟合的水合物稳定带曲线求取；V_H 为水合物的体积，由孔隙度和饱和度数据求取。

气体的体积改变必然会导致沉积物被压实，导致岩石物性变化，主要表现为体积膨胀，岩石受挤压收缩，压缩程度使用体积压缩模量 m_v 描述：

$$m_v = \frac{\Delta\varepsilon}{\Delta\sigma'} \tag{3-25}$$

引入参数 M，则式（3-25）变为

$$M = \frac{1}{m_v} = \frac{\Delta\sigma'}{\Delta\varepsilon} = \frac{\Delta\sigma'}{\left(\dfrac{\Delta V}{V}\right)} \tag{3-26}$$

假定天然气水合物快速分解，则热力学传递过程和压力变化过程便足够快，孔隙压力的变化过程便可由式（3-27）计算：

$$-0.13 \cdot \varphi\,(1-S) + \frac{164 \cdot \varphi\,(1-S)\,\mathrm{latm}\,T_2}{298.15 P_2} - \left(\frac{P_1}{P_2}-1\right)V_{GHI} = -\frac{\Delta\sigma'}{M\,(\sigma')} \tag{3-27}$$

式中，$\varphi\,(1-S)$ 为天然气水合物的分解量；0.13 为天然气水合物体积与完全分解后产生的水体积的差值 $(1-0.87)$；$164 \cdot \dfrac{T_2}{298.15}\dfrac{\mathrm{latm}}{P_2}$ 为天然气水合物分解释放的气体在平衡温压条件下的体积值；$\left(\dfrac{P_1}{P_2}-1\right)V_{GHI}$ 为游离气的体积变化值。

为计算 M 的值，引入压缩系数 a_v

$$a_v = \frac{\Delta e}{\Delta\sigma'} \tag{3-28}$$

由膨胀系数 C_s 为膨胀因子的定义得到

$$C_s = \frac{\Delta e}{0.434 \cdot \ln\left(1+\dfrac{\Delta\sigma'}{\sigma'}\right)} \tag{3-29}$$

从而得到

$$a_v = \frac{\Delta e}{\Delta\sigma'} = \frac{0.434 \cdot C_s \ln\left(1+\dfrac{\Delta\sigma'}{\sigma'}\right)}{\Delta\sigma'} \tag{3-30}$$

由沉积物的压缩模量 M 的定义得到

$$M = \frac{1+e}{a_v}$$

$$C_s = \frac{\Delta e}{\Delta\ln\sigma'} = \frac{\Delta e}{\ln\,(\sigma'+\Delta\sigma')\,-\ln\sigma'} = \frac{\Delta e}{\ln\left(\dfrac{\sigma'+\Delta\sigma'}{\sigma'}\right)} = \frac{\Delta e}{0.434\left(1+\dfrac{\Delta\sigma'}{\sigma'}\right)} = \frac{\Delta e}{0.434\dfrac{\Delta\sigma'}{\sigma'}} \tag{3-31}$$

$$a_v = \frac{\Delta e}{\Delta\sigma'} = \frac{0.434 \cdot C_s}{\sigma'} = \frac{0.434 \cdot C_s \ln\left(1+\dfrac{\Delta\sigma'}{\sigma'}\right)}{\Delta\sigma'} \tag{3-32}$$

因而，可以推出

$$M = \frac{(1+e)\ \sigma'}{0.434 \cdot C_{\mathrm{s}}} = \frac{(1+e)\ \Delta\sigma'}{0.434 \cdot C_{\mathrm{s}}\ln\left(1+\dfrac{\Delta\sigma'}{\sigma'}\right)} \tag{3-33}$$

在求解沉积物层孔隙压力 σ' 的过程中，n、S、P_2 与 T_2 等参数值可预先获知。唯一的未知参数为 C_{s}，由于海底沉积物层沉积物的可接近程度与陆上山体完全不同，因此，C_{s} 值无法直接获取，为求取 C_{s}，引入另一参数 C_{c}。其中 C_{c} 可近似表达为式（3-34）：

$$C_{\mathrm{c}} \approx \frac{\mathrm{PI}G_{\mathrm{s}}}{200} \tag{3-34}$$

式中，C_{c} 为压缩因子；PI 为沉积物塑性系数；G_{s} 为沉积物比重。

根据 Wroth 等研究得到的结果：$C_{\mathrm{s}}/C_{\mathrm{c}} = 0.17$（PI $= 0.15$）；$C_{\mathrm{s}}/C_{\mathrm{c}} = 0.34$（PI $= 1.0$），从而得到

$$C_{\mathrm{s}} = (0.002\mathrm{PI} + 0.14)\ \frac{\mathrm{PI}G_{\mathrm{s}}}{200} \tag{3-35}$$

通过将 PI 和 G_{s} 代入式（3-35），最终可求取 C_{s}。整理得

$$\Delta\sigma' = -\Delta\mu = \frac{(1+e)\ \sigma'}{0.434 \cdot C_{\mathrm{s}}}\left[n\ (1-S)\ \left(0.13 - 164\frac{T_2\mathrm{latm}}{298.15P_2}\right)\ -\left(\frac{P_1}{P_2} - 1\right)V_{\mathrm{GHI}}\right] \tag{3-36}$$

$$\Delta\sigma' = -\Delta\mu = \frac{(1+e)\ \Delta\sigma'}{0.434 \cdot C_{\mathrm{s}}\ln\left(1+\dfrac{\Delta\sigma'}{\sigma'}\right)}\left[n\ (1-S)\ \left(0.13 - 164\frac{T_2\mathrm{latm}}{298.15P_2}\right) - \left(\frac{P_1}{P_2} - 1\right)V_{\mathrm{GHI}}\right]$$

$$\tag{3-37}$$

式中，σ' 为孔隙压力（MPa）；u 为有效应力（MPa）；e 为空率；C_{s} 为膨胀因子；n 为孔隙度；S 为饱和度；P_2 与 T_2 分别为水合物的平衡压力与平衡温度；P_1 为水合物初始压力（MPa），V_{GHI} 为水合物初始体积（m^3）。C_1、C_2 均为常数，其中 C_1 值可通过代入 e、φ、S、P_2、T_2、C_{s} 的数值计算得到，而 C_2 可通过代入相应的边界条件和初始条件值得到。最终可求出沉积物层孔隙压力 σ' 的值，同时也得到了沉积物层有效应力 u 的值。

3.3.4　效果分析

数值模拟过程主要分四步：建立海底斜坡网格、定义本构关系和海底斜坡沉积物性质、定义边界条件和初始条件、调试和计算。具体模拟步骤如下：①网格生成。模型开始建立时，首先应该给出模型在 X 方向上总的单元格数目 i 和模型在 Y 方向上总的单元格数目 j。②网格规划。模型总的网格数目给定后，对模型的整体区域进行圈定，指定了模型的尺寸。③分区规划网格。考虑到海底实际地质条件的影响，模拟过程中对整体模型进行了区块划分。④模型参数赋值。⑤模型边界条件赋值。⑥运行模拟程序，计算应力-应变模型（图 3-36）。

通过利用已有的地震资料及其他资料，采用层状介质模型，假定天然气水合物稳定带以上地层均为均匀介质。浅层沉积物岩性为粉砂质或泥质粉砂岩，应用极限平衡法探讨了南海

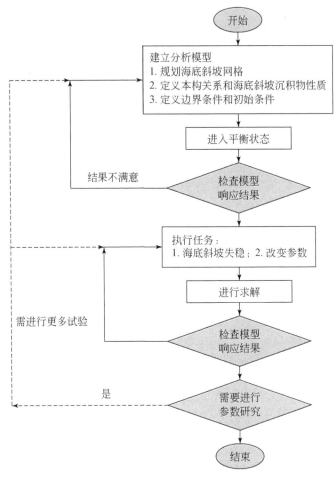

图 3-36　计算过程的流程

神狐海域海底无限斜坡的稳定性问题。我们研究了天然气水合物分解引起沉积物层孔隙压力的显著变化，模拟计算了该区域不同海底水深、沉积物层厚度、斜坡坡角条件下天然气水合物的分解量对海底斜坡失稳的影响作用。主要依据为层速度资料和测井资料。由于考虑了天然气水合物分解引起的地层孔隙压力变化及沉积物强度变化两方面的因素，实际计算过程中天然气水合物分解引起的孔隙压力变化主要通过天然气水合物分解与孔隙压力对应关系控制，天然气水合物分解引起的沉积物地层强度变化主要由 C、φ 两个参数控制。

模型计算的主要参数包括：孔隙度、孔隙率、饱和度、沉积物颗粒密度、海水密度、海底深度、稳定带底界埋深、稳定带厚度、海底温度、地温梯度、塑性系数、稳定带底界温度、稳定带底界压力、水合物初始分解量和水合物分解速率等。

1）孔隙度、沉积物颗粒密度及海水密度求取方法同浅水流。

2）孔隙率通过孔隙度求取。

3）饱和度可采用声波速度法计算，假定水合物稳定带底界饱和度相同，采用研究区内测井分析结果，假定水合物饱和度为 20%。

4）海底深度由拾取的速度资料求取。

5）稳定带底界埋深及厚度由根据 Sloan 拟合的水合物相平衡曲线公式求取，为简化问题，假定厚度与测井井段相同，为 30m。

6）海底温度和稳定带底界温度由广州海洋地质调查局拟合的温度与海底深度公式求取，地温梯度取 4℃/100m。

7）塑性系数采用刘锋等（2010）的南海数据，PI=25。

8）天然气水合物初始分解量和分解速率自行指定。

有效应力代表了岩石承受上覆压力的能力，当有效应力降低时，表明孔隙压力分担了部分上覆压力，因而可以有效地指示超压。

3.3.4.1 一维模拟

（1）水合物带厚度影响因素敏感性分析

由概化的白云海底斜坡地质力学模型可知，水合物带厚度 h 对海底斜坡稳定性的影响主要体现在影响斜坡岩土体结构和潜在滑移面位置两方面。为研究不同水合物带厚度条件下的海底斜坡稳定性变化特征，取水合物带厚度 h 在 50～500m（厚度向下拓展），海水水深 $H=100$m，斜坡坡角 $\beta=20°$，水合物分解量 η 为 10%、30%、100%，其他基本参数与表 3-9 中的取值相同。通过强度折减法，结合不同水合物厚度条件下的海底斜坡稳定性系数（图 3-37，图 3-38）得到。

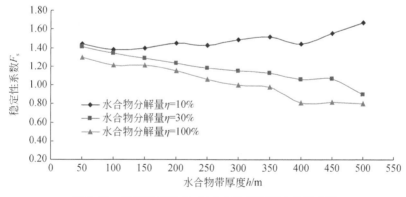

图 3-37 稳定性系数 F_s 与水合物带厚度 h 关系曲线

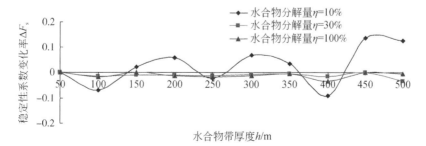

图 3-38 稳定性系数变化率 ΔF_s 与水合物带厚度 h 关系曲线

表 3-9 不同水合物带厚度下的海底斜坡稳定性系数计算成果

水合物带厚度 h/m	稳定性系数 F_s		
	水合物分解量 $\eta=10\%$	水合物分解量 $\eta=30\%$	水合物分解量 $\eta=100\%$
50	1.44	1.41	1.3
100	1.38	1.34	1.21
150	1.4	1.29	1.21
200	1.45	1.24	1.15
250	1.43	1.18	1.06
300	1.49	1.15	1
350	1.52	1.13	0.98
400	1.44	1.06	0.81
450	1.56	1.07	0.82
500	1.67	0.9	0.8

1）当水合物分解量小于 10% 时，海底斜坡稳定性随水合物带厚度的增加具有一定的波动性，但整体趋势表现为海底斜坡稳定性随着水合物带厚度的增加而增大，主要原因是水合物分解量较小时，水合物带的抗剪强度参数较大，此时斜坡稳定性取决于潜在滑移面的位置，而随着水合物带厚度的增加，潜在滑移面将向下移动，从而导致滑移面上覆岩土体的自重应力增加，进而导致斜坡的稳定性变大。由此可见，低分解量下的水合物带厚度增加对海底斜坡的稳定性是有利的。

2）当水合物分解量大于 30% 时，海底斜坡稳定性随着水合物带厚度的增加而变小，主要原因是水合物分解量较大时，水合物带的抗剪强度参数较小，此时斜坡稳定性取决于水合物带的强度参数，而随着水合物带厚度的增加，强度参数改变的区间将越来越大，进而导致斜坡的稳定性越来越小。由此可见，高分解量下的水合物带厚度增加对海底斜坡的稳定性是不利的。

（2）水合物分解量影响因素敏感性分析

由概化的白云海底斜坡地质力学模型可知，水合物分解量对海底斜坡稳定性的影响主要体现在分解产生的超孔隙压力和水合物带强度参数两方面，且两者均是海底斜坡稳定性的有利因子。为研究不同水合物分解量下的海底斜坡稳定性变化特征，取水合物分解量 η 为 $0\sim100\%$，海水水深 $H=100m$，水合物带厚度 $h=100m$，斜坡坡角 β 为 $20°$、$25°$、$35°$，其他基本参数与表 3-10 中的取值相同。计算得到不同水合物分解量下的海底斜坡稳定性系数见表 3-10 和图 3-39、图 3-40。

表 3-10　不同水合物分解量下的海底斜坡稳定性系数计算成果

水合物分解量 $\eta/\%$	稳定性系数 F_s		
	斜坡坡角 $\beta=20°$	斜坡坡角 $\beta=25°$	斜坡坡角 $\beta=35°$
0	1.39	1.24	1.19
10	1.37	1.22	1.17
20	1.34	1.18	1.14
30	1.31	1.15	1.1
40	1.27	1.1	1.06
50	1.22	1.05	1.01
60	1.22	1.03	1.01
70	1.21	1.02	0.99
80	1.2	1	0.98
90	1.2	1	0.97
100	1.19	0.99	0.95

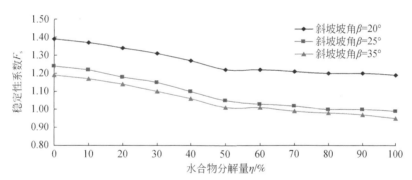

图 3-39　稳定性系数 F_s 与水合物分解量 η 关系曲线

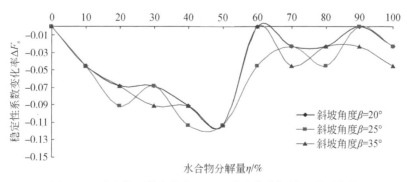

图 3-40　稳定性系数变化率 ΔF_s 与水合物分解量 η 关系曲线

通过表3-10和图3-39、图3-40可以得出以下几点结论。

1）当水合物分解量小于50%时，海底斜坡稳定性随水合物分解量的增加而显著减小，且变化的幅度较大，这主要是水合物分解量较小时，水合物带强度参数和分解产生的超孔隙压力呈现出快速衰减趋势（呈指数衰减），从而导致斜坡稳定性快速衰减。

2）当水合物分解量大于50%时，海底斜坡稳定性随水合物分解量的增加变化不明显，这主要是水合物分解量较大时，水合物带强度参数和分解产生的超孔隙压力逐渐趋于稳定，从而使得斜坡的稳定性变化不大。这说明水合物分解量的增大对海底斜坡稳定性是不利的，且分解量达到50%时，水合物分解产生的效应达到最大。

3.3.4.2　二维模拟

（1）初始天然气水合物分解量对海底稳定性影响

不同的触发机制对水合物分解具有不同的影响，强烈的触发机制如区域构造运动断裂等，可导致较大的初始水合物分解量，缓和的触发机制如海平面变化等，可造成较小的初始水合物分解量，初始水合物分解量的大小可作为触发机制的粗略反应。假设含水合物地层属于不排水地层，则地层内部无压力传递，压力被局限于有限空间内，以神狐钻井为参考，假定稳定带底界为220m，稳定带厚度为30m，坡角由地震剖面拾取离散点计算，天然气水合物逐步分解，分解速率为10%/次，饱和度取40%。本书分别计算了水合物在一次性完全分解、初始10%分解、初始20%分解和初始30%分解情况下的安全因子的变化情况。初始分解10%，安全因子为1.0694；初始分解20%，安全因子为1.0132；初始分解30%，安全因子为0.9688；初始分解100%，安全因子为0.6590。当安全因子小于1时，陆坡不稳定，因而当初始分解量未达到30%时，陆坡便可能开始滑坡。图3-41由左向右分别为不同初始水合物饱和度分解量导致的应力改变，由上而下分别为不同水合物分解量导致的应力改变，由图3-41可见，随着初始天然气水合物分解量的增加，最终完全分解后天然气水合物变得越来越不稳定，即初始分解量越大，海底越不稳定，这暗示了构造运动等强触发机制对天然气水合物分解的影响要明显大于海平面变化的影响（图3-42）。

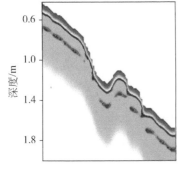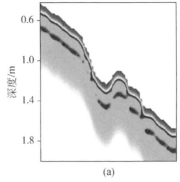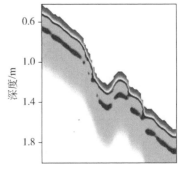

(a)

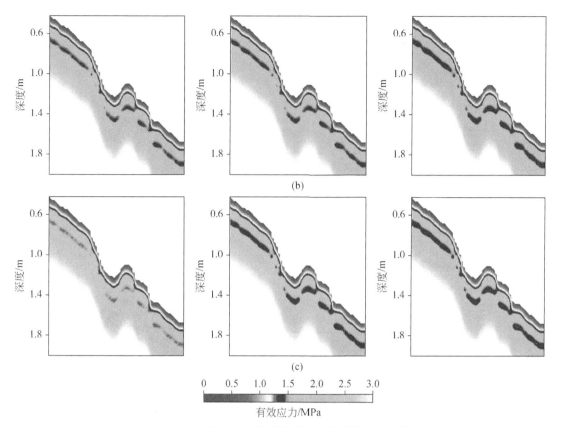

(b)

(c)

有效应力/MPa

图 3-41　天然气水合物分解引起海底滑坡应力状态

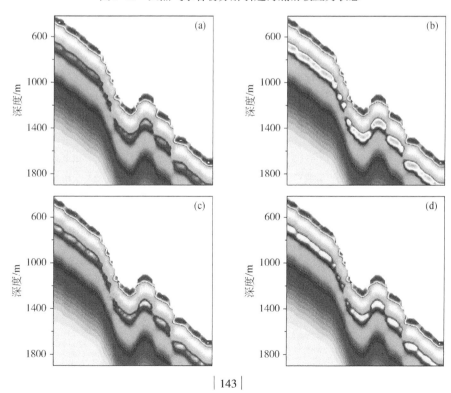

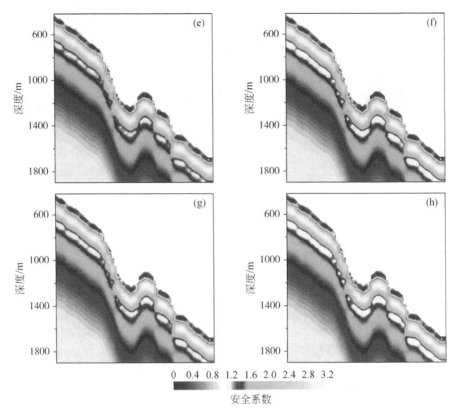

图 3-42 不同初始天然气水合物分解量完全分解后陆坡安全系数

由上到下依次为一次完全分解、10%分解、20%分解和30%分解初始状态及最终状态

（2）天然气水合物分解速率对海底稳定性影响

天然气水合物分解速率反映了含天然气水合物沉积层的温压场变化情况，当有热流体活动或卸压作用时，受温度升高或压力降低影响，天然气水合物分解速率明显增加，天然气水合物分解速率对海底稳定性具有重要影响。假设在特定的触发机制条件下，以最为广泛的海平面变化为例，初始天然气水合物分解量为10%，稳定带底界为220m，稳定带厚度为30m，天然气水合物逐步分解，分解速率为10%/次，饱和度为40%。本书分别计算了天然气水合物在10%1次分解、30%1次分解和45%1次分解情况下的安全因子的变化情况。10%/次分解，安全因子为1.0694；20%/次分解，安全因子为1.1411；30%/次分解，安全因子为1.1630。当安全因子均大于1时，陆坡处于稳定状态。结果表明，当初始天然气水合物分解量不变时，随着天然气水合物分解速率的加快，安全因子稳步增加，陆坡趋于稳定，原因可能是初始水合物分解后产生的大量游离气促使密闭系统内的压力增加，（压力的影响大于温度的影响），因而抑制了水合物分解对陆坡稳定性的影响，使陆坡更加稳定（图3-43）。

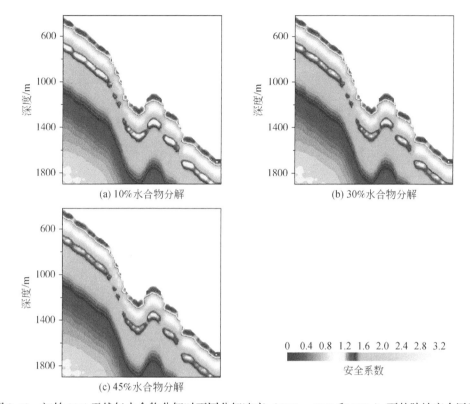

(a) 10%水合物分解

(b) 30%水合物分解

(c) 45%水合物分解

0 0.4 0.8 1.2 1.6 2.0 2.4 2.8 3.2
安全系数

图 3-43　初始 10% 天然气水合物分解时不同分解速率（10%、30% 和 45%）下的陆坡安全因子

（3）天然气水合物分解总量对海底斜坡稳定性影响

天然气水合物作为一种胶结物对沉积物具有支撑作用，当其完全分解后，天然气水合物作为固体的支撑作用，转变为水和气体的支撑作用，实验室研究表明水合物分解量的变化与斜坡稳定性非线性变化，随水合物分解量的增加，陆坡稳定性变化速率变缓，这主要与天然气水合物带的强度参数随分解量的增加呈负指数衰减有关。假设初始天然气水合物分解量为 20%，稳定带底界为 220m，稳定带厚度为 30m，天然气水合物逐步分解。本书分别计算了天然气水合物分解在 20%、40%、60%、80% 和 100% 的情况下的安全因子的变化情况。当天然气水合物分解 20% 时，安全因子为 1.1703；水合物分解 40% 时，安全因子为 1.1007；水合物分解 60% 时，安全因子为 1.0605；水合物分解 80% 时，安全因子为 1.0382；水合物分解 100% 时，安全因子为 1.0132。安全因子均大于 1，陆坡处于稳定状态（图 3-44）。

（4）水合物分解应力场变化

建立合理的地质模型可以对水合物分解引起的地层不稳定性机理进行研究（图 3-45）。通过分析发现初始天然气水合物分解量越大，初始孔隙压力越大，且在相同分解速率情况下（初始为 10% 分解/次），天然气水合物完全分解后的有效应力越小；反之，天然气水合物分解量越小，初始孔隙压力越小，完全分解后，有效应力越小；初始天然气水合物分解量相同，天然气水合物分解量越大，孔隙压力越大，有效应力越小，完全分解的含天然

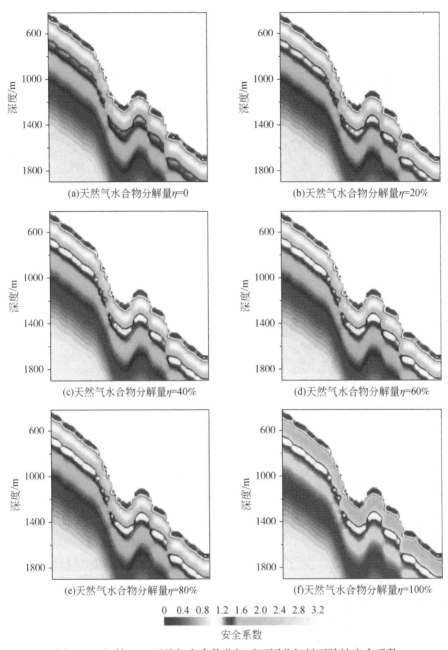

图 3-44　初始 20% 天然气水合物分解时不同分解量下陆坡安全系数

气水合物层有效应力越小，该结论与刘锋等（2010）实验室测试天然气水合物分解与初始孔隙压力关系一致。该现象可以解释为天然气水合物及其他固体孔隙填充物的存在增加了沉积物的剪切强度，而增加的强度与水合物在孔隙空间存在的量及水合物与沉积物颗粒的胶结性质有关。固结应力与海底地层深度及孔隙压力有关，游离气的存在趋向于减小沉积物的强度。天然气水合物分解会产生大量的游离气，使沉积物层孔隙压力增大，这降低了沉积物的胶结强度，从而使得含气沉积层的抗剪强度和承载能力相应降低。天然气水合物的分解量和有效应力之间的具体数值关系验证了实验室测试结果。

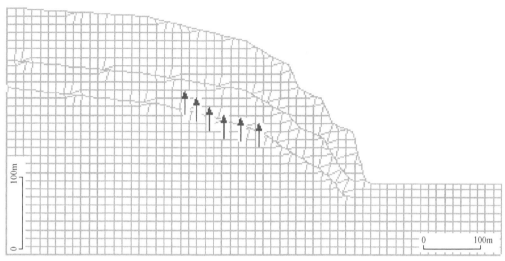

图 3-45　滑坡区初始地质模型

随着水合物分解量的增加，当达到 20% 时，地层应力急剧升高，斜坡根部出现不稳定带，导致地层不稳定带逐步扩展，开始出现滑移断面，X 向的最大滑坡位移可以达到 700m。这说明在神狐海域水合物赋存区，水合物的分解与海底滑坡的产生有着密切的联系，在 20% 的水合物分解的情况下，会带来地层孔隙压力增加 100%，同时地层沉积物的强度降低也比较显著。因此，这会使得斜坡不稳定的趋势进一步加强（图 3-46 ~ 图 3-48）。

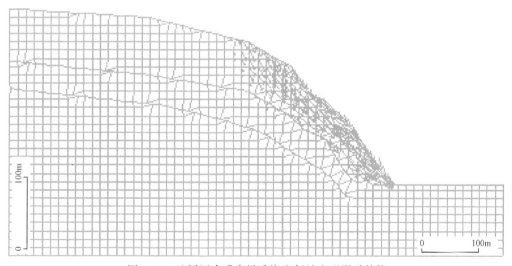

图 3-46　地层压力升高导致海底斜坡出现滑动趋势

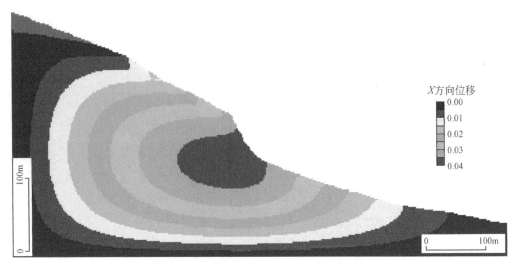

图 3-47　海底斜坡位移剖面（处于稳定状态）

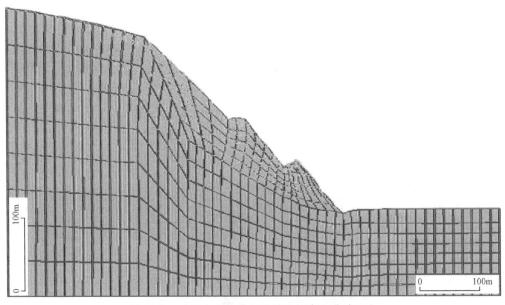

图 3-48　由于水合物分解孔隙空间产生孔隙压力

图 3-49 表明，处于底端水合物较顶端的水合物更易导致滑坡。在泥质沉积物中，斜坡坡角 5°左右情况下，水合物分解 20% 是比较危险的临界点。如果位于褶皱带，坡角大，那么少量的水合物分解（甚至少于 5%）就可能引发海底滑坡产生。

（5）水合物分解对白云海底滑坡影响分析

白云海底滑坡位于南海北部陆坡区，跨越陆架边缘、陆坡和深海平原三种地貌单元，水深 700～1300m，滑移方向为北西–南东向，外形呈马蹄形，内部地形变化剧烈，消亡于

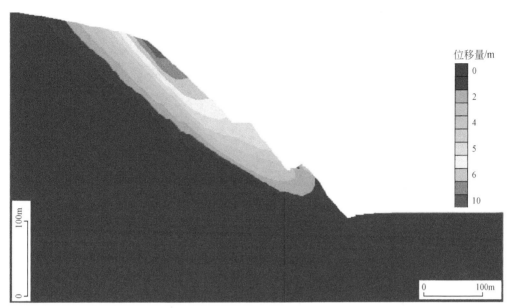

位移量/m

0

2

4

5

6

10

100m

0 100m

图 3-49 坡度变化引起海底滑坡模拟

深海平原。滑坡根部位于白云海域西北部的陆坡过渡带，沿多条海底沟谷向东南方向延伸，总体坡度为 6°~14.5°；滑坡中部位于白云凹陷内部，受两侧陡峭地形影响，沿东南方向发育，总体坡度为 3°~6°；滑坡前缘位于滑坡体的堆积–消亡处，在此处由上游堆积的滑塌体向深海平原聚集，坡度小于 3°，在底流作用下，最终消散。

白云大型海底滑坡是由于上新统和第四系浅海陆架边缘沉积物因重力失稳垮塌堆积而形成的，是突发事件形成的快速堆积体。白云大型海底滑坡不是一次形成的，是水合物多期分解所产生的滑塌共同叠置而成的。海底滑坡发育大量的层间滑脱断层，比较重要的包括上新统和更新统地层中的层间断层，它们使得变形沉积物的更为复杂。由于部分资料的成果尚未出来，因而对该区精细层序地层格架的建立尚未完成，因而对这些复杂构造的更精细研究还仍需进行。在海底滑坡区域，往往伴随着水合物的分布。在滑坡后壁的犁式正断层的滑脱面接近 BSR 分布的深度，在滑坡体的底面也大致与 BSR 的分布相当（图 3-50），这意味着天然气水合物稳定带底界与沉积物的薄弱带或海底滑坡滑动面相对应，研究表明，如果滑移面正好发育于断层位置，则滑坡很可能是由构造运动引起，而研究区内并没有在滑坡附近发现较大的断层，相反却在斜切地层的水合物稳定带位置发现了滑坡特征，天然气水合物稳定带的底界与地温梯度、底水温度、压力（水深）、气体组分、孔隙水盐度和宿主岩石的物理化学性质有关，天然气水合物稳定带的时间演化主要受控于底水温度的变化，而滑坡并不受这些因素的制约，因而本书推断该区海底滑坡的形成很可能与水合物分解相关。基于以上研究，假定白云海底斜坡主要由两种介质组成，即沉积物层和水合物带（为等效介质），对海底斜坡的稳定性进行了敏感性分析。运用海底斜坡稳定性数值模拟系统建立的数值计算模型如图 3-51 所示。

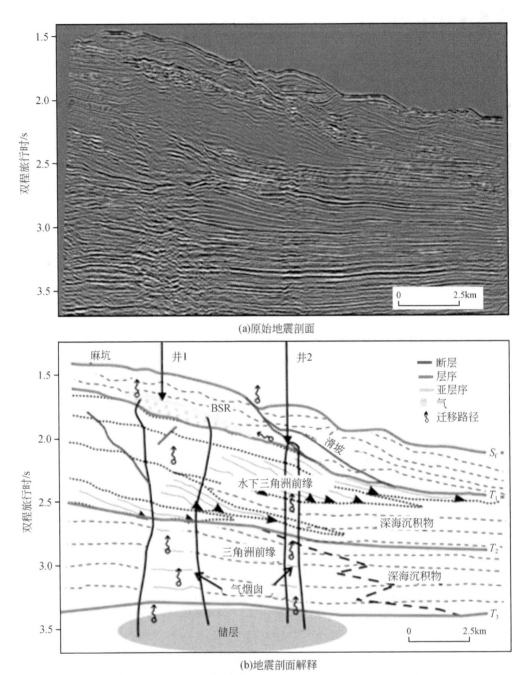

(a)原始地震剖面

(b)地震剖面解释

图 3-50　白云大型海底滑坡与天然气水合物关系

敏感性分析数值模拟计算中所采用的计算参数见表 3-11。

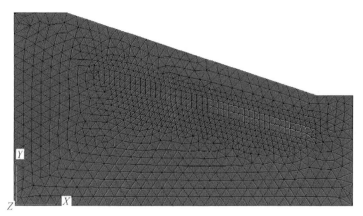

图 3-51　白云海底斜坡敏感性分析三维数值计算网格模型

表 3-11　海底斜坡稳定性影响因子敏感性分析计算参数

参量	取值范围	参量	取值范围
水深 H/m	100 ~ 1000	水合物带厚度 h/m	50 ~ 500
海底斜坡坡角 β/(°)	5 ~ 40	水合物分解量 η/%	0 ~ 100
沉积物层比重 G_s	2.7	水合物带比重 G_s	1.9
沉积物层塑性系数 PI	25	水合物带孔隙比 e	0.5
沉积物层孔隙度 n/%	35	水合物带容重 γ/（kN/m³）	19.0
沉积物容重 γ/（kN/m³）	27.0	水合物带内聚力 c/kPa	0 ~ 43
沉积物层内聚力 c/kPa	20	水合物带内摩擦角 φ/(°)	0 ~ 38
沉积物层内摩擦角 φ/(°)	10	水合物带弹性模量 E/Pa	1.8×10^8
沉积物层弹性模量 E/Pa	1.4×10^8	水合物带泊松比 v	0.4
沉积物层泊松比 v	0.48	—	—

　　根据上述建立的数值计算模型和参数，运用 Flac3D 求得了白云凹陷海底 MTDs 研究区在不同水合物分解量下的位移云图（图 3-52）与稳定性系数（图 3-53）。

　　从图 3-53 上看，当水合物分解量小于 20% 时，斜坡坡顶和坡脚处的位移较大，这主要是因为该部位坡角较大，但此时斜坡稳定性系数大于 1.0，即斜坡整体处于稳定状态。原因是当水合物分解量较小时，超孔隙压力和水合物带强度的降低不是控制斜坡稳定性的主要因素，控制斜坡稳定的主要因素是斜坡自身的地形地貌。当水合物分解量达到 40% 之后，水合物带左右侧端部的位移较大，该状态下斜坡稳定性系数小于 1.0，即斜坡整体处于失稳状态，这主要是因为水合物分解量较大时，超孔隙压力和水合物带强度成为控制斜坡稳定性的主要因素。

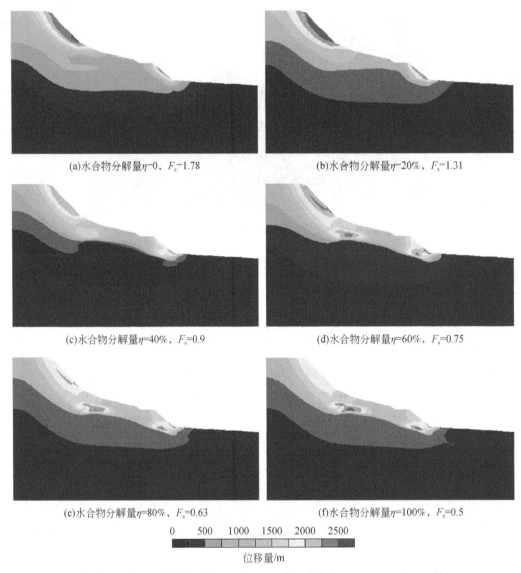

(a)水合物分解量η=0，F_s=1.78　　　　(b)水合物分解量η=20%，F_s=1.31

(c)水合物分解量η=40%，F_s=0.9　　　　(d)水合物分解量η=60%，F_s=0.75

(e)水合物分解量η=80%，F_s=0.63　　　　(f)水合物分解量η=100%，F_s=0.5

0　　500　　1000　　1500　　2000　　2500

位移量/m

图 3-52　不同水合物分解量下的 MTDs 位移变化与海底斜坡稳定性系数

从斜坡稳定性系数的变化特征来看，海底斜坡的稳定性随着水合物分解量的增加呈先快后慢的下降趋势，这主要是因为水合物带强度参数与水合物分解量之间呈现出负指数衰减。当水合物分解量达到 35% 时，海底斜坡即产生整体失稳，从而引起 MTDs 的逐步形成。

综上所述，初始水合物分解量对陆坡稳定性具有重要的影响，天然气水合物分解量次之，天然气水合物分解速率影响较小。当初始天然气水合物分解量较小时，产生的超孔隙压力和天然气水合物带强度的降低不足以破坏陆坡的稳定性，但随着天然气水合物分解量的增加，稳定性逐渐降低，初始天然气水合物分解仍可以导致失稳；而当初始天然气水合物分解量很大时，天然气水合物支撑体系迅速瓦解，游离气导致孔隙压力迅速增加，形成显著的应力积累，迅速达到上覆岩石的破裂强度，陆坡失稳。

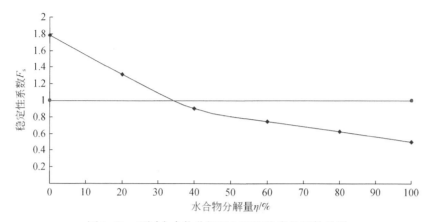

图 3-53　不同水合物分解量与海底稳定性系数关系

| 第 4 章 | 浅层气灾害

4.1 浅层气的概念及其类型

浅层气通常是指在海底以下 1000m 以内的沉积物中所聚集的气体。浅层气各组分结构简单，主要包括甲烷、二氧化碳、硫化氢、乙烷等，其中甲烷含量最高，分布最广。浅层气具有分子小、密度小、浮力大、黏度低、吸附能力小、扩散作用强、易溶解、易挥发等特点。

根据气体分布情况的不同，浅层气可分为两类：①圈闭于有效储层内的浅层气。此类浅层气为储存在浅部砂质地层中并间断性逸出的天然气，或由深部弥散可沿断层运移到浅部地层的天然气。它虽然是潜在的储备能源，可作为油气勘探的重点目标（张为民和姜亮，2000；张为民，2001），但若产能未达到工业开采要求，便成为浅层地质灾害的主要规避目标。此类浅层气要么呈层状展布，多发育于海底埋藏的古湖泊、古河道、古三角洲沉积中，沉积环境较为稳定，沉积物中的有机质丰富，分解生成的气体与沉积物相伴生；要么以块状存在，多分布于海底构造复杂的区域，受海底沉积物中有机质含量和孔隙度差异所影响，气体在地层中分散聚集、不均匀分布。浅层气可能出现在局部区段，如接近或沿着断层、构造高处的顶部，也可能分散在整个沉积物中，也可能仅局限在特定的沉积层中（如砂层），埋藏在区域面积几十平方千米甚至几百平方千米的沉积层中。②未有效封堵的浅层气。此类浅层气形成后，在浮力、地层静压力和动压力的作用下，通过特定的通道，如断层、裂隙、底辟等，时刻处于运移和聚集的动态平衡状态。在黏土、粉砂质黏土等低渗透地层中，浅层气一般沿垂向运移；在砂质沉积物等高渗透地层中，浅层气多沿裂隙或地层由深部向上倾方向运移，最终通过压力驱动发生逸散，直至压力得以平衡。运移中的浅层气多以柱状流、羽状流、气烟囱、气底辟及充气管状构造等形态存在，局部聚集的浅层气以高压气囊存在。气底辟多发育于高压气囊顶部，是在气体产生的强压力驱动下向上部覆盖层薄弱处冲挤的产物，大多为多期次发育。直达海底的浅层气会形成海底麻坑等特殊构造。

4.2 浅层气的危害机理

深水盆地中，含浅层气的海底沉积物存在着固-液-气三相，这是一种特殊的非饱和沉积物，既与不含气的一般海底饱水沉积物不同，又与含气的陆地非饱和水沉积物有所区别。浅层气的存在严重影响着海底土体的工程特性（图 4-1），而这种影响是由含浅层气沉积物的固-液-气三相所处的状态，以及三相之间相互发生改变时所产生的独特应力路径决定的。

(a)海面出现异常

(b)隔水管周围喷出浅层气

(c)防喷时的情景

(d)固定螺杆变形

图4-1　浅层气对我国近海工程造成的危害

　　针对含有并封闭大气泡的黏性沉积物，国外一些学者曾经进行过较为系统地试验和理论研究，并提出了气体赋存状态的概化模型。已有的研究表明，黏土中封闭的大气泡对沉积物的变形强度特性会产生明显的影响：一方面，气泡的存在大大增加了沉积物的压缩性；另一方面，气泡破坏了沉积物的骨架结构。当沉积物受到外荷加载时，在气泡周围的沉积物骨架会产生应力集中，使沉积物的剪切强度与弹性模量降低，引起近海海底基础极限承载力减小和瞬间沉降增大，封闭的气体突然大量释放可引起海底地层塌陷等不稳定性事故，封闭的气泡越多，沉积物的剪切强度下降得越大（Wheeler et al.，1991；Sills et al.，2001）。实际勘探资料显示，海底含气黏土层中的气泡直径为 0.5 ~ 1mm，大者可达5mm，气泡的体积要远大于黏土颗粒的体积。因此，浅层气会对黏性土木工程产生不利影响（唐益群等，2001）。

　　实际调查资料表明，黏土与淤泥质黏土一般是海底浅层气的主要生气层与覆盖层，本身含气量不大，主要储气层为含砂沉积层。含气砂质沉积层具有气体连续、体积大、压力高等特征，对工程特性影响较大（钟方杰和朱建群，2007）。含气砂质沉积物在不同应力状态下的土水特征曲线实验结果表明：含气砂质沉积物在不同静围压下的持水特征曲线形态各异，同一机制吸力下，砂样含水量随着静围压的增大而减小；进气值、残余值等特征指标随着静围压的增大而增大，砂样持水能力则减弱。通过使用特定的数学模型来拟合试验结果，可从理论上推导并建立持水特征曲线与非饱和表观凝聚力的联系。结合实验结果可对含气砂质沉积物的非饱和强度进行预测，预测结果将表现出非饱和强度随基质吸力的增加而增加的趋势，但预测精度随着基质吸力的增大而降低（钟方杰和朱建群，2007）。

钻井过程中，当所用的材料无法承受浅层气溢流所产生的磨蚀和压力冲击时，材料就会存在失效情况。并且，管线的尺寸和流体的流动阻力也会造成系统压力的升高。图4-2给出了典型压力–时间关系曲线，浅层气井在井涌卸载时出现峰值压力，实验表明高峰时该压力可达6.2～6.9Mpa。

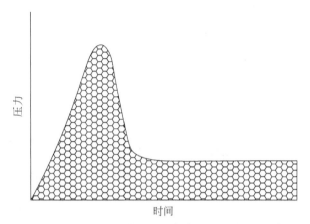

图4-2 已钻遇浅层气井在井涌卸载时的压力–时间曲线

4.3 浅层气的识别

目前，浅层气的识别主要通过地球物理特征属性进行，识别标志有：①地震波声速衰减，地震剖面呈现空白反射现象，即上部较强的反射界面完全屏蔽了下部地层地震信号所形成的整片屏蔽区域；②地震波声波发生散射、绕射，地震剖面内部呈现杂乱反射现象，主要是浅层气引起信号扰动所造成；③地震剖面上可以识别出的气苗；④地震剖面上呈现的海底突然移位或出现面罩；⑤旁侧声呐图像上出现的麻坑群、海底上方水体中呈现出气泡状外形。

4.3.1 地震响应特征

海底浅层气在地震剖面上常表现为杂乱反射、强振幅、空白反射、亮点反射、速度下拉和相位反转、气烟囱及频率和能量衰减等特征。

杂乱反射常由地震波能量杯气泡散射引起。研究表明，1%的游离气即可引起杂乱反射。毯状反射反映层状分布的浅层气，帘状反射反映团块状分布的浅层气（图4-3）。

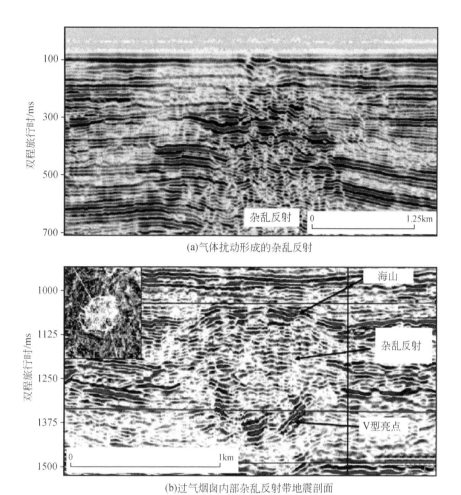

(a)气体扰动形成的杂乱反射

(b)过气烟囱内部杂乱反射带地震剖面

图4-3　高分辨率多道地震显示（Gareth et al.，2009）

强振幅表现为地震剖面上局部振幅增强，它由浅层气或含气沉积物与上覆无气沉积层之间明显的声波阻抗差异导致，在局部气体浓度增加处效果明显。强反射从杂乱反射带侧向延伸而出，一般认为当浅层气聚集在孔隙度较大的沉积物中时（如富砂、粉砂沉积物），浅层气顶面以增强反射为特征；而当浅层气散布在渗透性较差的沉积物中时（如富含黏土沉积物），浅层气层常以杂乱反射为特征。强反射多出现于高压气囊顶面及浅层气喷逸处附近（图4-4）。

空白反射是地震剖面上难以或无法识别出内部反射结构的区域，其内部信号要么被屏蔽或吸收，要么为大套无明显反射界面的沉积，多出现于强振幅附近（图4-5）。

亮点反射是地震剖面上的强振幅、反相位局部增强反射，代表了气顶面，是由浅层气与上覆沉积层显著的波阻抗差异造成（图4-6）。

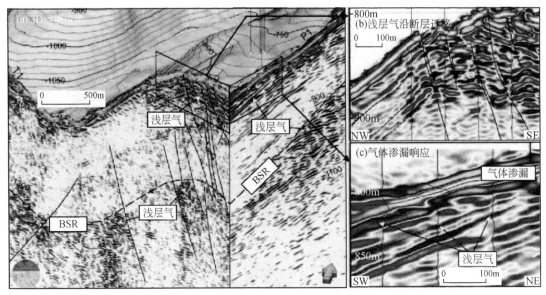

图 4-4　高分辨率多道地震显示与水合物相关浅层气地球物理特征（Gareth et al. ，2009）

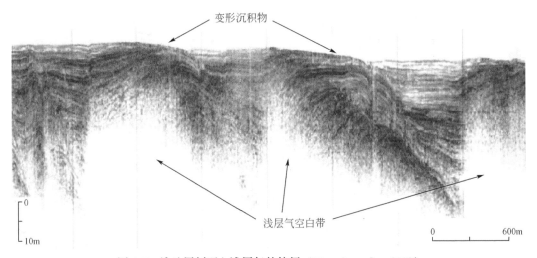

图 4-5　浅地层剖面上浅层气的特征（Mustafa et al. ，2002）

　　速度下拉和相位反转表现为水平反射层向下倾斜或弯曲，且相位反转。它通常在气体聚集区的边缘地带出现，是由声波速度在气体聚集带或气烟囱边缘下降所致。

　　柱状声波扰动或气烟囱是剖面上的垂向特征，它是气体向上运移导致正常层序地震反射被扰乱而形成的（图 4-7）。由于含气沉积层的波阻抗小于其上覆地层的波阻抗，这使反射界面的反射系数为负值，因而促使含气沉积层顶面的反射波极性与其两侧来自不含气沉积层顶面的反射波极性相反，造成地震反射波相位倒转，同时海底反射杂乱，声波出现散射绕射。烃类气体赋存于地层中，部分地震波能量被烃类气体所吸收，地震剖面上局部

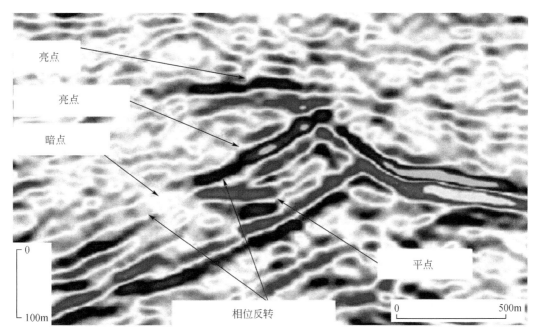

图 4-6　高分辨率多道地震显示含气相关的振幅特征（亮点、平点、暗点）（Gareth et al.，2009）

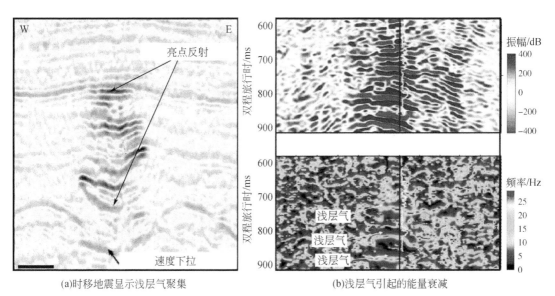

(a)时移地震显示浅层气聚集　　　　　　(b)浅层气引起的能量衰减

图 4-7　浅层气地震反射特征

出现空白反射带，反射波振幅异常（沿垂向或横向振幅的相对变化），在含气层顶面出现"亮点"反射。海底地震剖面上的记录突然位移和出现面罩。

　　通过高分辨率有限网格化处理后的三维地震资料，可以发现强反射与浅层气存在密切联系。三维数据结合绘图技术的使用，使绘制地质灾害和地质特征更加有效、准确。埋藏的刻痕、火山口和裂缝可以指示潜在的气体圈闭和气体运移路径。浅层气预测对钻井施工的规划有很大影响，可使钻井更加安全并降低成本。然而，高分辨率网格虽确保了潜在气体聚集的识别，但是却降低了三维地震数据的垂直分辨率（图4-8）。

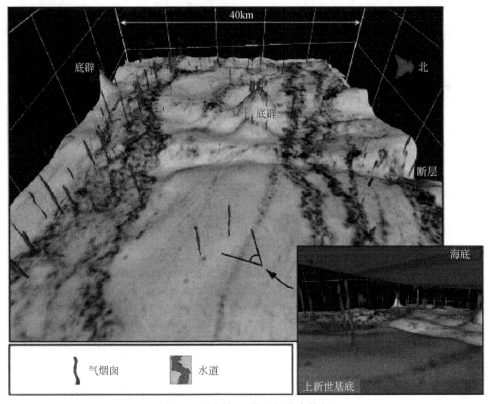

图4-8　浅层气三维空间分布特征

4.3.2　特殊地质标志

（1）特殊地貌

海底表层如果含气，容易引起海底塌落等沉陷性滑动（坡度小、软黏土含有机质多，甲烷气15%）。当气体逸出海底后，海底逐渐下沉，周围海底向中部坍塌滑移。此外，还可能出现隆起状海底，或在海底形成蜂窝状麻坑（图4-9，图4-10）。

利用侧扫声呐、测深、浅地层剖面等声学方法探测海底地形地貌所获取的图像中也可识别海底浅层气，主要包括负向海底地形的麻坑和正向海底地层的凸起、底辟、泥火山及强反射海底等。麻坑是指海底沉积物中流体喷逸出海底造成的洼坑，King 等（1970）首次提出这一术语。麻坑的大小取决于海底沉积物的性质和浅层气的超压强度，水平尺寸一般为数米到数百米，垂直深度为1~20m（Judd et al.，1992）。例如，在南海北部一些区域发现有海底浅层气喷逸形成的麻坑，形态众多，有圆形、椭圆形、蝶形、盆形等，部分成群分布，部分单个存在，一般宽为数十米，深2~3m（图4-11）。

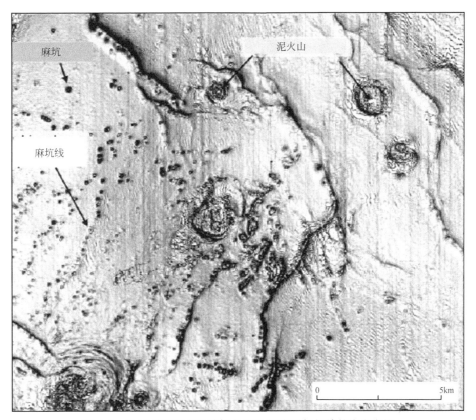

图 4-9　尼日利亚深水区陡倾角指示的浅层气相关的海底麻坑

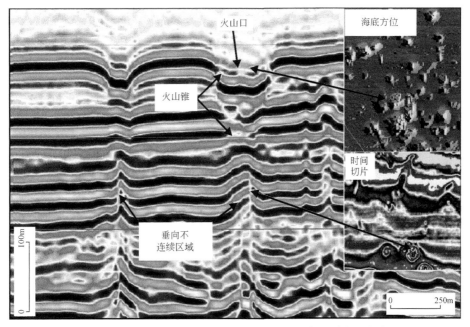

图 4-10　尼日利亚深水区地震剖面指示的浅层气相关的海底麻坑

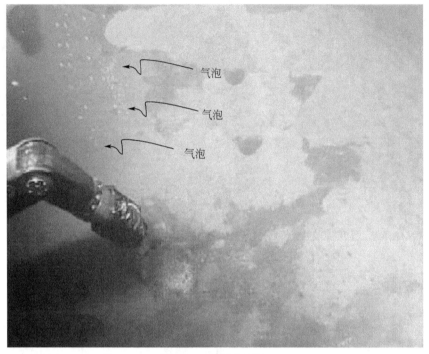

气泡

气泡

气泡

图 4-11　浅层气摄像

浅层气造成的海底凸起一般高度较小（1～2m），但水平尺度上直径可达 100m，被认为是麻坑的初始阶段。Judd 等（1992）认为它是浅层气替代了海底浅层沉积物孔隙中的水，使孔隙体积增加而造成的海底呈现圜丘状凸起。

浅层气在沉积物中不断聚集，超压强度增大，可形成底辟。条件合适时进一步向上运移，喷逸出海底，可在海底形成泥火山。

（2）水体声波异常

海底沉积物中的浅层气喷逸出海底会形成气泡，这些气泡可通过回声测深、侧扫声呐和高分辨率地震中的水体声波异常识别，主要表现为声学羽状流、云状混沌和点划线状反射等（Judd et al.，1992；陈林，2009；顾兆峰等，2006）（图 4-12，图 4-13）。声学羽状流（acoustic plume）在回声探测图像中呈现羽状声学混沌反射，通常对应海底下的声混沌、声学空白反射带等浅层气区域，这些含气区为潜在气源；云状混沌（cloudy turbidity）是海水中没有固定几何形态特征的斑点状反射区，通常对应海底极浅埋藏的浅层气区，当云状混沌较强时，下方海底地层中的声混沌十分明显，地层层理识别困难；点划线状反射（dash reflection）是由于海底地层中浅层气沿孔隙、裂隙向上运移而进入海水中，由垂向上较为连续的游离气气泡形成的声反射现象（顾兆峰等，2006）。

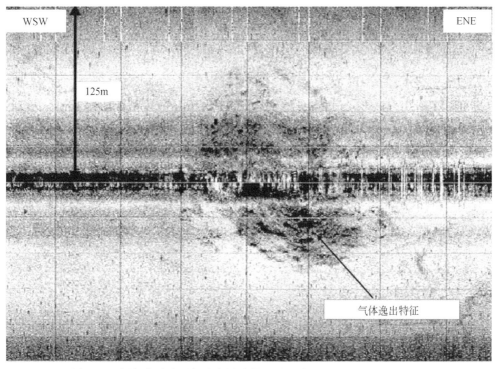

图 4-12　侧扫声呐浅层气逸出导致的地层塌陷（Mustafa et al.，2002）

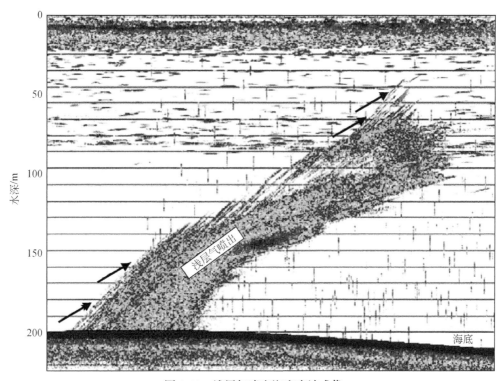

图 4-13　浅层气喷出海底声波成像

4.4 南海北部盆地浅层气的形成与分布规律

4.4.1 南海北部盆地浅层气形成的地质背景

4.4.1.1 地质构造背景

南海扩张普遍接受的观点是它始于30Ma左右，经历了裂谷期与裂后沉降期。白云凹陷自中新世以来主要经历了白云运动和东沙运动，还经历了多次海平面升降变化（孙龙涛等2007；邵磊等，2009，2013）。其中，23.8Ma左右的白云运动是形成现在白云凹陷格局的主要构造活动，该活动使白云凹陷的主要沉积沉降中心由原来的南部转化为北部（朱伟林等，2005；彭大均等，2005；柳保军等，2006，2011；庞雄等2008；周蒂等，2005，2006）。东沙运动发生于10.5~5.5Ma，这一构造运动早期导致白云凹陷北部隆起，增加了陆坡坡度，加剧了深水水道发育，构造运动末期激活的一系列反倾向断层阻碍了陆坡沉积物的输送，干扰了白云凹陷东北部的峡谷发育，导致深水水道整体向西南收缩（Ma et al.，2015）。白云凹陷自23.8Ma以来，沉积了大量高速沉积体，其中以17.5~16.5Ma最大，并在12.5Ma左右也出现了较高速率沉积体，沉积速率高达近1mm/a，10.5Ma以来沉积速率较低（汪品先等，2003；邵磊等，2007，2008，2014）。这些高速沉积体具有高孔隙度与高渗透率等特征，如果被上覆快速沉积的泥/页岩或低渗透率的黏土所覆盖，这可能会导致流体无法及时排出而出现局部异常压力。中中新世以来白云凹陷发育的水道重力流和底流活动交互作用，导致深水水道侵蚀、充填和埋藏反复循环，沉积条件复杂，同时这一区域发育的水合物分解、底部流体活动等是形成浅层气的重要原因。

基于层序地层学分析，可将白云凹陷划分为3个主要沉积阶段：第一阶段是在49~17.5Ma，平均沉积速率在23.8Ma前小于200m/Ma、在23.8~17.5Ma达到约300m/Ma，其中最大沉积速率是平均沉积速率的2~4倍，主要沉积中心是凹陷主体；第二阶段是在17.5~10.5Ma，其中17.5~16.5Ma有最大沉积速率，平均约为450m/Ma，之后沉积速率减小，在13.5~12.5Ma又出现小幅度增大，这一阶段最大沉积速率约是平均速率的5倍，主要沉积中心是凹陷的西侧；第三阶段为10.5Ma至少在，这一阶段沉积速率很低，平均速率在10m/Ma，同时这一时期发生了最大期次的深水水道发育，同时发育多次沉积侵蚀及充填（Gong et al.，2013；庞雄等，2007）。

4.4.1.2 气源条件

基于油气勘探思路，南海北部浅层气的成因前人已经进行了大量研究，普遍认为浅层气藏气的成因主要为生物成因气、亚生物成因气和热解成因气3类（何家雄等，2005，2008；刘文汇和徐永昌，1992；石昕等，2005）。生物成因气及亚生物成因气在白云凹陷北坡浅层分布比较普遍。生物成因气–亚生物成因气在南海北部第四系及新近系上新统和中新统上部海相砂岩中均钻遇，其中，生物成因气分布深度为 480~2300m，亚生物成因气分布深度更深。生物成因气及亚生物成因气气体组成中，甲烷占绝对优势，其含量为91.5%~99.2%；乙烷含量较少，一般小于5.6%，多为0.01%~2.8%；基本不含有 C_2+ 重烃；非烃气含量甚微或不含非烃气。该类气体中，甲烷的碳同位素值分布在 −68.2‰~ −51.8‰，乙烷的碳同位素值为 −29‰~ −28‰（表4-1）。南海北部盆地浅层气藏普遍具有混合成因的特征，并主要以生物成因气−热解成因气（生物降解气）混合气为主。

表4-1 南海北部盆地浅层不同成因天然气的组成

盆地	成因类型	构造	层位	烃类气含量/%			非烃类气含量/%		干燥系数
莺歌海	生物成因气	LD2-1，LD28-1	Q	87.1~96.0	0~0.3	0.3~0.4	0~0.7	3.6~11.5	0.99~1.00
	亚生物成因气	LT1-1，DF1-1，LD22-1	Q–Ny	73.5~91.0	0.8~4.2	0.1~0.6	0.1~1.6	2.9~11.5	0.96~0.99
	煤型气	DF1-1，DF29-1，LD8-1，	Q–Ny	61.5~82.0	0.2~2.9	0.2~0.6	0.1~19.5	14.7~36	0.95~1.00
		LD15-1，LD20-1，LD22-1		6.5~59.0	0~2.0	0.1~0.7	21.5~89	2.3~17.5	0.9~1.0
琼东南	生物成因气	YC13-1，YC21-1，BD19-2	Q–Nm	14.3~96.0	0.14~0.34	0.1~0.4	0.01~4.8	3.6~80.0	0.99~1.0
	亚生物成因气	YC13-1，YC21-1，BD19-2	Q–Nm	15.4~98.5	0.8~8.6	0.3~0.9	0.1~3.1	2.5~74.6	0.89~0.99
	煤型气	YC13-1，YC21-1，BD19-2 LS4-2	Ns–Ey	65.7~89.8	0.5~9.0	0.1~0.4	0.17~9.8	0.17~8.7	0.91~0.98
珠江口	生物成因气	PY34-1A，PY30-1A，PY29-1	Nh–Nzj	91.5~99.5	0~0.2	0.01~0.2	—	—	0.94~0.99
	亚生物成因气	LH19-3A，LH19-5A	Nh–Nzj	91.2~94.8	3.06~6.43	0.1~0.5	0.57~1.0	0.51~1.06	0.93~0.96
	煤型气	PY30-1A，PY34-1A，LW3-1A	Nzj–Ezh	63.8~89.1	0.27~9.28	0.2~0.72	1.5~82.7	0.46~91.3	0.85~0.94

混合成因气主要是指下部热成因气运移到浅层与生物成因气混合而形成的混合气，即生物降解热解成因气与生物成因气的混合气藏，一般埋藏深度为 800~2800m。气体组成中甲烷占绝对优势，其含量在90%以上，乙烷含量为 2%~6%，其干燥系数绝大部分大于0.94，属于干气。该类气体中，甲烷碳同位素值分布在 −44‰~ −39‰，乙烷碳同位素值分布在 −30‰~ −26‰。

热成因成熟−高成熟煤型气分布深度较深，一般多生成于 2800~3600m 的下中新统珠江组或 3600m 以下的下中新统珠江组海相砂岩储层。成熟−高成熟煤型气最重要的特点是：甲烷的碳同位素偏重，天然气碳同位素分布在 −44.2‰~ −34.6‰，乙烷的碳同位素分布在 −29.6‰~ −26.9‰，甲烷同系物碳同位素基本上呈 $\delta^{13}C_1 < \delta^{13}C_2 < \delta^{13}C_3$ 的正序列分布，仅有少数样品的 $\delta^{13}C_3$ 和 $\delta^{13}C_4$ 出现倒转现象，这是烃源岩高成熟阶段的产物。

图4-14反映了白云凹陷两口钻井中天然气碳同位素指示的气体运移混合方式。

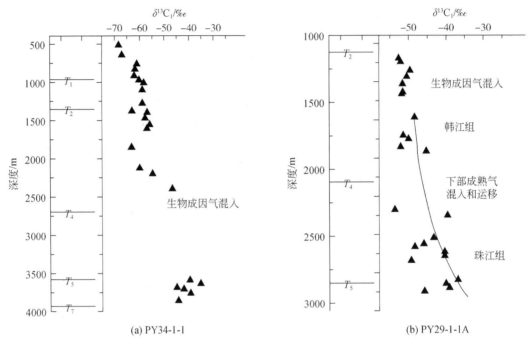

图 4-14　天然气碳同位素指标的浅层混合气的形成方式

图 4-14 揭示了浅层混合气形成的过程。深部热成因气（碳同位素较重）通过断层以及渗漏或逸散等方式向浅层运移，在运移过程中不断和浅层的生物成因气（碳同位素较轻）混合，形成两个气源带区：生物成因气区（$\delta^{13}C_1$ 值在 $-60‰ \sim -50‰$）和生物成因气-热解成因混合气区（$\delta^{13}C_1$ 值在 $-50‰ \sim -40‰$）。这两个气区可能是水合物重要的气源区。这种由生物成因气与热解成因气混合而成的气藏在琼东南盆地的 ST29-2 气田、ST24-1 气田、BD19-2 气田、BD13-3 气田，白云凹陷的 PY 气区、LW3-1 气区，莺歌海盆地的东方 1-1 气田中的 8 井区和 9 井区，以及乐东 22-1 气田的 1 井区和乐东 8-1 气田、乐东 14-1 气田等含气构造中普遍存在。

4.4.1.3　运移通道

南海北部深水区发育有大量的油源断层、不整合面和底辟构造，它们构成了良好的流体输导体系，有利于气体沿断层运移到浅层并在近海底地层中聚集成藏，形成水合物稳定带。南海北部盆地内，沟通断陷烃源岩和陆坡浅层沉积体系的油气源断裂非常发育，而且这些断裂大多数向下延伸至古近系地层，为深部产生的流体向构造上部及构造转换带等地层压力薄弱带运移提供通道。在断裂褶皱带，以断裂为主的运移通道体系和与不整合面有关的运移通道体系起主导作用，气体沿断层和不整合面由深部气源高压区向浅部低压区侧向运移或垂向与侧向联合运移而形成上升流。而这种上升流进入浅层沉积层时，虽然流体压力、温度下降，但浅部分布着广泛、数量众多的小断层，这些小断层又为流体继续向上运移提供了主要通道。这些通道使深部热成因气能够源源不断地向浅部运移，并在浅层形成一定规模的气藏。

白云凹陷内发育有大量断裂与底辟群。底辟构造是地球深部物质上拱或刺穿到浅部地层而产生。形成底辟需要异常高温、高压作用，底辟构造构成了烃源岩垂向幕式排烃和油气幕式成藏的一种特殊类型。勘探资料显示，白云凹陷中心区的高分辨率地震剖面上发现有大量地震反射模糊区，具体表现为同相轴错断，其上部几乎全部存在反射同相轴增粗、增强现象，这也是底辟的重要识别标志。底辟群的存在说明白云凹陷曾经发生过强烈泄压作用，而泄压作用必然伴随着流体运移（傅宁等，2011），这也表明白云凹陷发育有大量浅层气。

4.4.2 南海北部盆地浅层气的识别与分布

我国深水盆地浅层气常以气烟囱的形式存在。20 世纪 90 年代，在我国莺歌海盆地发现了一系列规模巨大的气烟囱构造。在这些规模巨大的气烟囱构造中相继发现了 DF1-1、LD22-1 等几个大气田（李思田等，1998），其烃源岩为中新统的梅山组和三亚组，储层为上新世大陆边缘推进体系内的砂岩，其形成主要为盆地深部生成的烃类随着热流体的上涌，运移至浅部进入圈闭，形成气藏。气烟囱是由地下不同深度的活动热流体在异常高温、异常高压突降情况下产生沸腾作用后，于上地壳沉积层中形成的一种特殊的被热流体充填的裂缝群构造，是流体作用引发的一种特殊的伴生构造。气烟囱在地震剖面通常表现为弱振幅、弱连续性特征，但是局部也可能表现出强振幅、连续的特征，其形状多为柱状，有的则是椭圆状或锥形体，可以用来识别气体渗漏的位置和展布情况。

气烟囱既不同于断层，也不同于底辟。与客观构造地质实体相比较，气烟囱既是一种构造，也是一种效应。从静态的角度看，气烟囱的形态与裂缝群类似；而从动态的角度分析，它常伴随热流体的沸腾作用，物质发生具有幕式张合的特征。沸腾作用引起，大量气泡向上浮涌，使体系内部物质发生对流，沸腾作用不仅促使气体向上运聚，还带动油等液相物质向上运聚。气烟囱核部的裂缝群，因充满低密度流体，在地震剖面上表现为杂乱反射或弱反射，故也称地震烟囱。气烟囱有的可能延伸到海底，有的只能延伸到地下某个层位；在热流体沸腾时通道张开；而在突破前或突破后的时间内通道被封堵。

气烟囱的形成需要满足三条件：①有效的压力封堵盖层。地壳中大规模流体运移既搬运物质又携带能量，这不仅对流体流经的地壳岩石具有强烈的改造作用，而且还导致了地层流体的迁移、聚集与圈闭。热流体活动与地层中异常高压系统密切相关。沉积盆地的所有异常高压系统均为相对不渗透的封闭层边界所限。从弹性力学分析，压力封堵层内相当于各向同性点或各向同性区域，如果同性点受力不均衡，即可形成气烟囱。②有利的岩性组合特征。地壳深部的高温高压塑性层，如泥质层、岩浆及热液塑性流层，与以砂泥岩互层为主的沉积盖层的合理配置是气烟囱形成的物质基础。在超压地层内，流体几乎支撑了主要的上覆地层静压力，使砂岩、泥岩均欠压实，沉积物有效应力下降。一旦流体压力超过边界层的破裂点，则压力就会通过裂隙、裂缝释放，形成气烟囱。③活动的流体幕式泄压。气烟囱初始构造以地层张裂为特征，一旦压力降低，张裂会重新闭合，断裂造成的错位对接或底辟顶部封盖层中发育的裂隙也会再度封闭。随着地温地压的持续积累作用，超压地层中的温度、压力会不断增加，直至再度突破封隔层的破裂临界点，使裂隙、断裂等重新张开，气烟囱再次发育。这种增压破裂—泄压闭合—增压破裂的旋回性出现，就是地质研究中通常称的"幕式"释放，它是气烟囱继续发育的重要保证。

根据气烟囱气源成因和活动热流体运移方向的不同，可将气烟囱分为三类六型（图4-15）：①有机成因类（A-泥底辟型，B-层间侧向疏导型），有机成因类气烟囱是指形成气烟囱的热流体主要来源于浅层烃源岩的泥岩压实脱水、有机烃类及碳酸盐热分解气体等，气烟囱分布距烃源岩较近。②混合成因类（C-热流体底辟型，D-断裂渗透型），所谓混合成因是指形成气烟囱的热流体既包括深部岩浆热液幔源CO_2，又包括浅部的泥岩压实水、烃等流体，气烟囱多分布在凹陷内的较高构造部位，且受断层控制，高温高压高孔渗是形成热液体底辟型气烟囱的必要条件，剪张破裂或构造薄弱带是气烟囱形成的主要突破区。③无机成因类（E-火山岩底辟型，F-侧向层间型），地下幔源的CO_2、H_2等热液流体随着火山喷发与岩浆侵入作用的发生，沿断裂及地壳薄弱带上涌，形成与火山底辟及穿层展布的岩浆侵入体、火山碎屑岩伴生的气烟囱，称为无机成因类气烟囱。此类气烟囱受构造热事件严格控制，常常是一次性喷发或侵入释放能量。

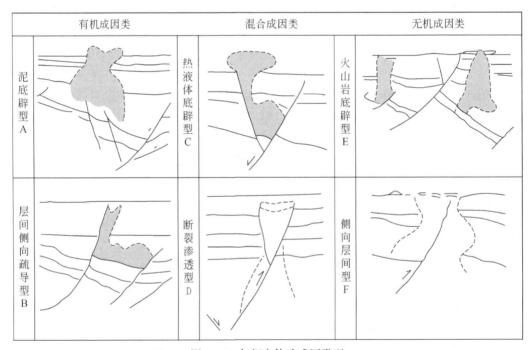

图4-15　气烟囱构造成因类型

在南海北部白云凹陷通过运用地震相解释、层速度异常计算法、测井等地球物理方法，可以查明气烟囱构造的形态、埋深、分布，并结合地球化学、岩石矿物等非地球物理方法，可以查明其成因类型及其内部结构特点等情况，可有效识别浅层气的分布情况，同时预测油气藏的分布，从而降低钻井风险。

4.4.3　南海北部盆地浅层气的分布

通过对南海北部盆地高精度 3D 地震数据进行解释识别，发现其中丰富的声学异常直接证明了研究区浅层气的存在。其中，强反射现象广泛分布，通常位于流体运移通道周围或上方，如断层、气烟窗、泥底劈、泥火山等，通常直接出现在其他声学异常之上（如空白反射和杂乱反射）。强反射的侧面延伸可以达到 40km，深度受下部流体运移通道变化影响，大部分出现在海底以下浅于 500ms（双程旅行时）深度内。空白反射现象出现在强反射下面并可在垂直方向上延伸几千米，叠加构造和低频率衰减特征表明大多数空白反射现象与浅层气的存在有关联。杂乱反射出现在强反射下方或者在断层发育区域，是浅层沉积物中证明气体存在的最普遍证据，某些情况下，它们为圆锥状或叠合构造。

4.4.3.1　断层指示的浅层气

由于断层的识别在许多油气勘探中有着重要作用，所以它作为流体运移通道已经经过了大量研究。南海北部盆地的断层根据规模和环境可以细分为三个单元：深部大断层、浅层小断层和多边形断层。

深部大断层垂直延伸几千米，其中大多数有陡峭的断盘位移面，通常根源于基部或烃源岩层间，气体聚集于强反射现象之下，其中仅有少部分向外延伸到海底表面后消失。亮点反射通常沿着这些深部断层分布，杂乱反射现象也沿着这些断层普遍存在。浅层小断层通常出现在浅层强反射区域和气烟囱与泥底劈的顶部，这些断层的垂直延伸通常小于300m，随机滑动并具有陡峭的断面。地震剖面显示这些小断层控制了指示浅层气强反射的分布，强反射层通常被这类小断层切断并沿着这些断层周边分布。多边形断层分布在范围大于 2500km² 的区域，受上下地层限制于中新世地层中，单个断层长度为 100～1400m，断层间隔通常为 200～800m。我国规模巨大的荔湾气田就直接位于多边形断层下，气体储层完好，储层上部有局部强反射现象。

4.4.3.2　泥火山和泥底辟指示的浅层气

通过地震资料解释，南海北部盆地已识别出 45 个泥底辟和 4 个泥火山。泥火山不成群或成片分布，孤立出现，呈圆锥或透镜状，大多数埋藏于海底以下深度 10～200m。其中一个泥火山暴露在现代海床之上 45m 左右，周围发育深度为 8m 的洼地。泥火山侧翼沉积物厚度为 225m，表明火山主要喷发时间在 1Ma 内（沉积速率为 300m/Ma）。埋藏的泥火山高度为 180～360m，宽度为 1.5～2.13km。多波束数据中无法识别出暴露泥火山的破火山口，但地震资料中可识别出火山口通道并发现其向下变宽，通道周边的连续地层是弯曲或叠合的。该泥火山发育于早始新世—渐新世源岩，穿透了主要储层并向上延伸超过1000m，在远离通道处广泛呈现砂岩储层的强反射现象。

南海北部盆地广泛分布具有垂直特征的泥底辟构造，在地震剖面上表现为透明或杂乱反射的内部特征，打乱或刺穿了正常的层序地层。柔软沉积物上的泥底辟是圆锥状或畸形的，内部构造复杂，一些显示为折叠构造，可能是由泥侵造成。几乎所有的泥底辟都根源于基底高位点或其两侧，向上侵入主要储层，终止于浅层沉积物中。泥底辟侵入的砂岩储层上部可以观察到气体存在指示，在泥底辟上部形成大量次要断层，这些断层控制了浅层气的分布。

4.4.3.3 管状通道指示的浅层气

南海北部盆地管状通道现象可细分为两组：第一组管状通道发育于深部地层，基底高位点之上，向上延伸超过 1500m；另一组发育于在地震剖面上呈现杂乱反射和空白反射的地层，垂向上延伸较短。其中一些管状通道下部为大断层，管状通道的高度与直径比通常都超过 1，有些高达 10。管状通道中的地震剖面特征以杂乱反射或叠加反射为主，通道上方通常呈现强反射现象。

4.4.3.4 气烟囱指示的浅层气

气烟囱是南海北部盆地流体运移构造中分布最广泛的类型，研究认为它在流体运移和浅层气分布方面起着重要控制作用。气烟囱周围或上部沉积层通常表现为大量强反射，气烟囱内主要表现为杂乱反射和空白反射。气烟囱内部详细构造由于这些地震特征也被掩盖了，然而，大多数气烟囱都表现出上面所述的反射特征，并且由于气体存在于地层中致使声速较低。气烟囱中基本不存在真正的沉积物褶皱变形，气烟囱上覆沉积物也不会发生变形。典型气烟囱的高度一帮大于 1000m，通常形状多变。一些呈圆形的气烟囱平面直径范围 2~10km，高度与直径的比值通常小于 0.5。气烟囱同其他流体运移构造一样，位于基地高位以上，侵入并穿透砂岩储层。

4.4.3.5 麻坑指示的浅层气

南海北部盆地大多数流体运移构造位于浅层气储层中或之下，然而，所有麻坑都是直接处于浅层气储层之上。麻坑在平面上呈现圆形，直径数百米，深度可上升到几十米，通常出现在下伏次要断层之上。南海北部盆地的麻坑数量不明，因为由于块体搬运沉积和等深流沉积活动的再造作用使海底地形复杂，不好确定。

4.4.3.6 活动峡谷和古峡谷指示的浅层气

活动峡谷是中生代以来大陆斜坡经过周期性的切割–充填活动，到现今出现侵蚀峡谷的结果，位于水深 450~1580m。经过地质事件演化，峡谷中心从南西向沿侧向向北东向迁移，迁移距离达 10km。峡谷的上倾界限是南部陆架坡折带，向下终止于白云凹陷内。现今峡谷的长度为 30~60km，宽度为 1~6km。

几乎所有的古峡谷都埋藏在浅层沉积物中（海底以下 1000m 内）。峡谷基底的沉积物通常呈现强反射特征，并与下部流体运移构造有关。峡谷两侧通常呈现大量强反射现象，这表明了侧向侵蚀面可作为流体倾斜向上迁移的通道。几乎所有的流体运移构造都会在峡谷处终止，所以气体在流体运移构造中运移后通过峡谷继续运移或终止于峡谷内。

4.4.3.7 块体搬运沉积和等深流沉积指示的浅层气

南海北部盆地广泛发育块体搬运沉积（MTDs）和等深流沉积，在高分辨率3D地震资料中，最少可以分辨出三个独立的大规模块体搬运沉积。等深流沉积主要以大型波浪形地层为特征，出现在大陆坡盆地沉积物上。受块体搬运沉积和等深流沉积所影响的地层厚度累计超过500m。块体搬运沉积内部在地震资料上表现为杂乱反射的高度干扰到仅有的微弱干扰现象。块体搬运沉积和等深流沉积的基底都是一个不规则侵蚀面，在少数情况下，流体运移侵入该侵蚀面，并会终止于块体搬运沉积或等深流沉积内。

4.4.4 识别方法

4.4.4.1 层速度方法

利用层速度异常可以半定量地判别气烟囱构造。气烟囱构造体分别是由异常高压的细粒泥源岩（有机成因）、热流体（混合成因）充填的高孔高渗砂泥岩层组成的。因此，气烟囱构造体内物质在密度与围岩上存在差异，表现在地震剖面上是与围岩速度的差异。速度不仅能反映岩石的孔隙度和密度，表示孔隙中流体成分和地层岩相的变化，而且随岩石的物理环境——压力、温度的改变而变化。地层孔隙中含有少量气体，地层的纵波速度明显降低，所以，地层中含有气体时很容易从地震剖面上形成的亮点、平点或空白反射现象中识别出来。同样，气烟囱构造作为气体或流体运移的通道，很容易从地震反射剖面的下拉现象识别出来。

利用白云凹陷地震资料的时深关系及由统计方法得到的泥砂岩拟合公式，可以计算泥岩和砂岩层速度，从而获得砂岩百分比含量：

$$P_s = \frac{v_n(t) - v_{n1}(t)}{v_{n2}(t) - v_{n1}(t)} \times 100\% \tag{4-1}$$

式中，P_s 为砂岩百分比含量；$v_n(t)$、$v_{n1}(t)$ 和 $v_{n2}(t)$ 分别为任意点层速度、泥岩速度、砂岩速度。$(1-P_s) \times 100\%$ 为泥岩百分比含量。其中，当 $P_s \leq 25\%$ 为泥岩相；$25\% < P_s < 50\%$ 为偏泥岩相；$50\% < P_s < 75\%$ 为偏砂岩相或含灰岩相；$P_s \geq 75\%$ 为砂岩或灰岩相。

4.4.4.2 流体势分析

流体势分析可以判断热流体运移的方向，地下流体总是由势能高的部位流向势能低的部位。当地层水平沉积且不存在特殊地质体时，流体势多表现为垂向运动。

选择位于白云凹陷内平行于大陆边缘且位于 LW3-1 井附近的 HSI411 测线进行流体势

分析（图4-16）。

HSL411测线呈北东-南西向，沉积物比较厚。通过地震资料识别，发现在测线西南部存在一个气烟囱构造，并且该区域滑塌构造比较发育，主要位于测线东北部。区域内断裂发育，多为早期断裂，晚期活动相对较弱。中中新世以后，断层活动较弱。通过流体势剖面观察，流体势等值线与地层平行，表明浅部主要受重力流控制，气体运移主要以垂向为主。中中新世以下地层，流体势等值线起伏明显，出现高低变化和半闭合的高势区，表明受重力流和压力流共同作用为主，气体在垂向上由下向上运移，在横向上由高势区向低势区运移。在气烟囱构造区，流体势与相邻地层相差不大，表明气烟囱构造与断层相同，是流体运移的直接通道。

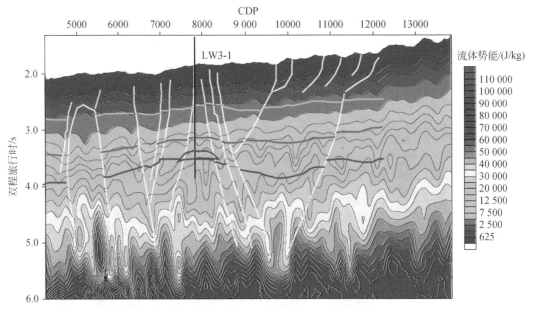

图4-16　HSL411测线流体势分析及构造解释

4.4.4.3　三维地震成像

在白云凹陷东北部斜坡区的三维地震资料上识别出了大量声学模糊带，利用相干体切片并结合地震剖面，将模糊带区域大致分为4个区域（图4-17）。其中1个模糊区较大，面积约为400km^2，其他3个模糊区的面积较小。较大声学模糊区位于三维工区的西南侧，靠近白云凹陷主洼，该主洼是重要的烃源岩发育区，较大声学模糊区的东侧即为大型气田LW3-1。通过对较大声学模糊带的地震反射特征进行分析，本书认为该模糊带为含气构造——气烟囱。所有气烟囱在地震剖面上都不同程度地表现出具有声学空白或声学模糊的现象，这造成内部地层反射缺失或者不连续（图4-18，图4-19）。声学空白带常呈柱状形态，但在较大型的气烟囱顶部面积扩大，整体表现为囊状或蘑菇状。

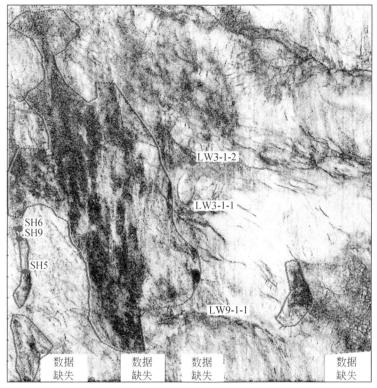

图 4-17　在相干体切片上（3208ms）识别的气烟囱的分布

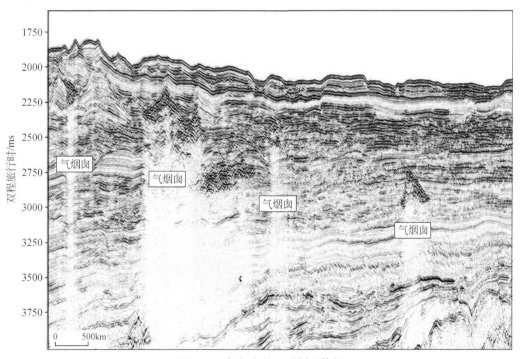

图 4-18　气烟囱的地震剖面特征

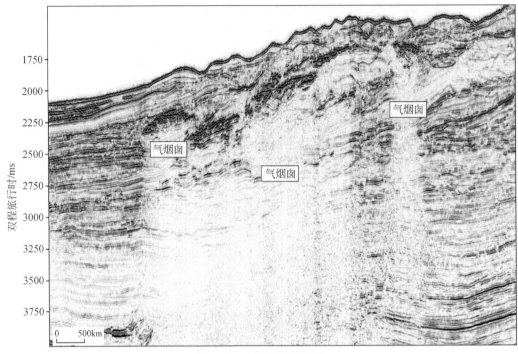

图 4-19　气烟囱顶部放大

地震剖面显示，气体自新近系地层沿气烟囱垂直往上运移，气烟囱底界多位于海底以下 4s 左右的地层中，埋深为 5000~6000mbsf（图 4-18）。新近系地层为巨厚的烃源岩层，它可以提供充足的气源。气体沿烟囱构造向上运移至浅部后受泥岩或水合物层封堵会发生侧向运移，从而在穹窿状的气烟囱顶部大量聚集，引起局部地层与围岩产生较大的波阻抗差，在地震反射剖面上表现为较强的振幅显示（图 4-19，图 4-20）。气体沿气烟囱垂直向上运移的过程中若遇到合适的条件，如地层因为岩性的各向异性而在局部出现较好的小范围储盖组合时，则会在气烟囱异常反射的内部出现补丁状的强振幅反射（图 4-20）。浅部强振幅的三维结构是不规则的，地震剖面所显示的气烟囱顶部形态因位置不同可以显示为穹窿状（图 4-20）、锥状（图 4-19）和平板状（图 4-21）。

气烟囱构造内部地层含气后，层速度会明显降低，这使得地层的双程旅行时相对于正常的围岩变长，从而在地震剖面上表现为同相轴的下拉，在白云凹陷东北部识别的气烟囱也大多有这种特征（图 4-20，图 4-22）。但是，气体在垂向压力梯度驱动下上升，同时会造成地层不同程度的向上隆升，因此气体低速特征会造成同相轴下拉和气体压力造成地层上拱，所以，气烟囱内的同相轴在局部地区的下拉并不明显，甚至会出现上拉（图 4-20）。气烟囱内部的地震反射特征同时识别出速度上拉和速度下拉现象，如果气烟囱一直冲出海底，由于气体泄漏可造成海底地层发生垮塌，从而形成麻坑构造，该构造通常在平面上呈现圆形或椭圆形特征（Gay et al.，2006）。

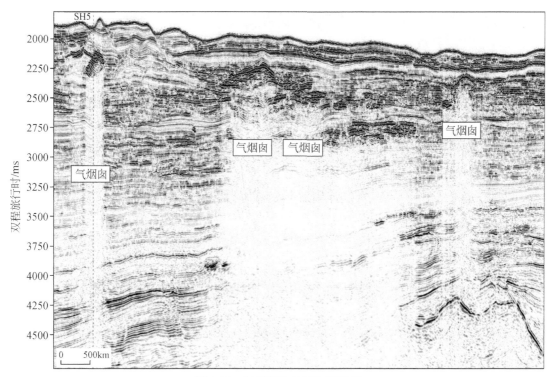

图 4-20　气烟囱的地震反射特征

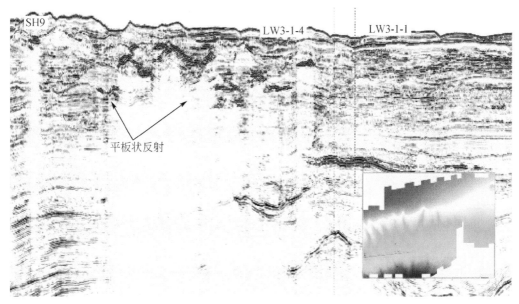

图 4-21　气烟囱的平板状顶部反射

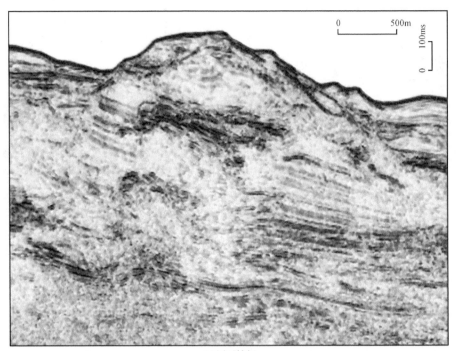

(a)剖面特征

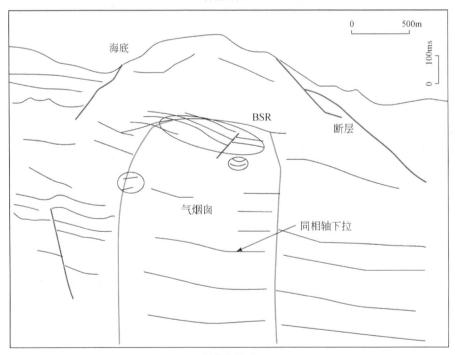

(b)共生关系

图 4-22　BSR 与气烟囱的共生关系及剖面特征（白云凹陷）

4.4.4.4 神经网络技术

神经网络技术是对经过垂向增强处理的新三维地质体进行解释，从而识别气烟囱的一种方法（Tingdahl，1999；Meldahl et al.，1999，2001；Aminzadeh et al.，2002；Connolly et al.，2002）。气烟囱具有明显的垂向特征，传统的基于水平层位的倾角检测技术是通过测量规则化的欧几里得空间距离对道间的相似性进行判断，其计算时间长、效果不明显。而通过倾角控制，采用平脊的三维傅里叶分析算法，可优化计算结果（Tingdahl，1999）。基准道首先搜索临近道的倾角/方位角信息，先于临近道计算，临近道再计算其相邻其他道的倾角/方位角信息，如此处理后，每道的倾角/方位角信息都得到更新，这样便得到完全利用倾角和方位角信息的三维地震体。新得到的数据体极大地提高了层位追踪的精度、属性提取的可靠性及解释的准确性。

对白云凹陷采用的神经网络技术为反向传播（back propagation，BP）算法。由于 BP 算法对多层感知器的权值学习和网络学习比较有效，因而在许多文献中，BP 与多层感知器是紧密相连的。本书的 BP 神经网络指的是用 BP 算法进行权值修改的多层感知器。

BP 神经网络中，节点的作用函数通常取具有非线性特性的 Sigmond 型函数：

$$f\ (x)\ =\frac{1}{1+\mathrm{e}^{-x}} \tag{4-2}$$

从系统的观点看，BP 神经网络是一高度非线性的映射，它的信息处理能力来自简单的非线性函数的多次复合。可以证明，一个三层 BP 网络可以逼近任意连续函数。

BP 神经网络的应用分为学习和识别两个部分。学习的过程就是进行权值迭代，以得到能正确反映输入和输出映射关系的权值。为了增加学习的稳定性，减小权值振荡，可在普通 BP 算法权值修改量上加一个动量项：

$$w_{\mathrm{ijk}}\ (t+1)\ =w_{\mathrm{ijk}}\ (t)\ +\eta\delta_{\mathrm{kj}}O_{\mathrm{ki}}+a\ [\ w_{\mathrm{ijk}}\ (t)\ -w_{\mathrm{ijk}}\ (t-1)\ ] \tag{4-3}$$

式中，$\eta>0$，为学习因子；$0<a<1$，为动量因子；t 为迭代次数。

气烟囱的识别流程如图 4-23 所示。

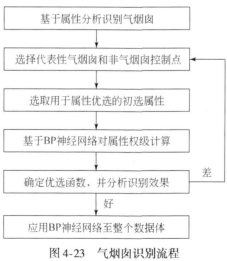

图 4-23 气烟囱识别流程

（1）属性分析

气烟囱由于含气，故其具有低纵波速度、低密度、低波阻抗、低频及地震反射强度减弱等特征。气体在向上运移过程中还与周围沉积物发生一系列的物理化学作用，造成与周围岩石岩性、构造形态和几何特征上的差异（图4-24）。

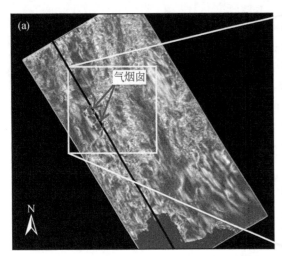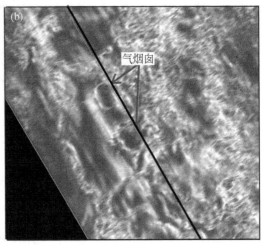

图4-24　气烟囱的平面几何形态

研究在选定计算属性时综合考虑了振幅（均方根振幅、瞬时振幅、绝对振幅总量、振幅极值、最大峰值振幅、最小峰值振幅、总能量、零交叉点振幅）、频率（瞬时频率、主频率、平均瞬时频率、中值频率、瞬时频率斜率、有效带宽）、相位、能量（平均能量、总能量）、相似性（相干、最大相似性、最小相似性）、空间特征（高斯曲率、最大曲率、最小曲率、平均曲率、走向曲率、倾向曲率、正曲率、负曲率、倾角、方位角）及吸收特征（吸收因子）（图4-25）。属性分析即对这些对气体具有明显响应的属性进行初始归类，以用于进一步的属性优化（图4-26）。

（2）选择代表性的控制点

基于地震属性分别提取气烟囱和非气烟囱两类控制点。提取前，首先在研究区内做时间和层位切片，确定气烟囱大致位置，在大尺度上判定气烟囱的分布；然后基于属性分析对单个气烟囱体进行细致的解释，通过不同的属性对比，在小尺度上突出气烟囱体；最后拾取两类训练点：气烟囱组和非气烟囱组。如果数据中有多个气烟囱，还应尽可能将有效范围内的所有气烟囱均间隔拾取，保证两类拾取样品点大致相当（图4-27）。

（3）计算地震属性并使用BP神经网络，并进行训练

神经网络在分析过程中通过训练组样点（红线）和测试组样点（蓝线）的正常均方根误差曲线（Normalsed RMS）和错误分类（misclassification）百分比曲线来监控训练过程（图4-28）。

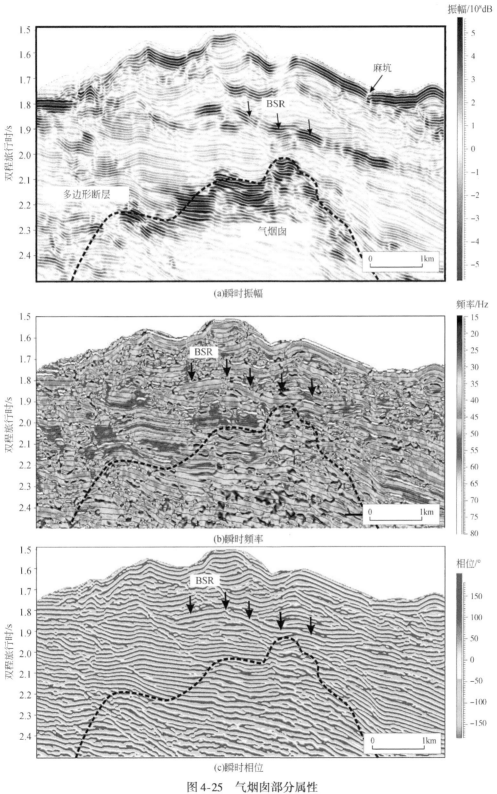

图 4-25 气烟囱部分属性

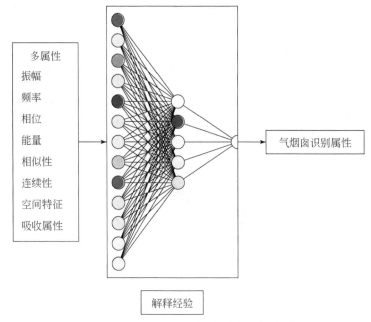

图 4-26　用于初步识别气烟囱的属性类别

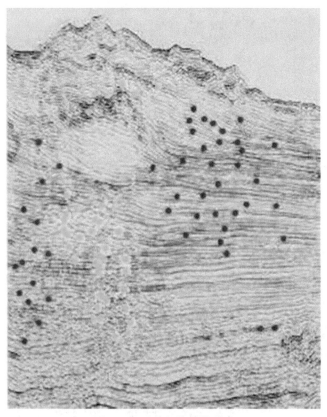

图 4-27　选取气烟囱控制点

绿点为气烟囱点；红点为非气烟囱点

$$\text{Normalsed RMS} = \frac{\text{RMS}}{\sqrt{\frac{1}{n} \sum_{i=1}^{n} (t_i - \text{mean})^2}} = \frac{\sqrt{\frac{1}{n} \sum_{i=1}^{n} (t_i - a_i)^2}}{\sqrt{\frac{1}{n} \sum_{i=1}^{n} \left(t_i - \frac{1}{n} \sum_{i=1}^{n} a_i\right)^2}} \tag{4-4}$$

式中，Normal RMS 为神经网络预测结果与实际的偏离程度，受权重控制，主要采用梯度下降法对误差进行评价，故测试曲线在训练过程中应逐渐走低并趋于平衡，其值在<0.6范围内即可接受，如果用于训练的误差结果低于 0.4，则表明效果较好；misclassification为错误分类的样品数，错误分类比例更易于质量控制参数的设置，它简单显示了训练和测试中多大比例被分到了错误一组里，其值也应逐渐走低，最后趋于平衡，优选出来的属性在右侧以高亮红颜色符号标注。实际计算过程中，对错误分类需要斟酌处理，不建议盲目清除拾取组中错误分类的拾取组，除非该错误的确是与所寻找的烟囱体完全不叠合，是确切性错误，否则尽量不要完全去除。图 4-28 为基于 BP 神经网络训练结果，右侧红色值代表权级大的属性，白色代表几乎对识别气烟囱无影响的属性。

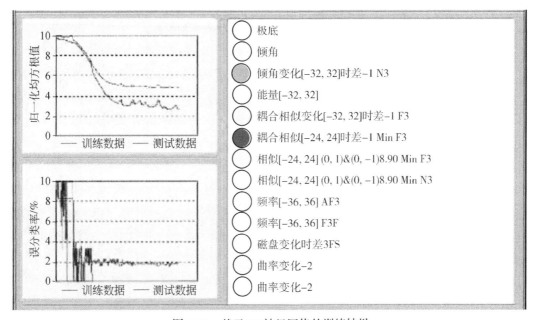

图 4-28　基于 BP 神经网络的训练结果

（4）应用 BP 神经网络至整个数据体

最后使用 BP 神经网络训练优选的属性对研究区的气烟囱进行预测，训练样本来自于深部的气藏，而并未对浅部气体进行约束。分析结果表明，在研究区浅层分布着大量的浅层气（图 4-29）。

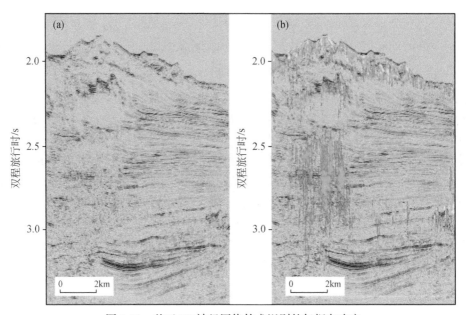

图 4-29　基于 BP 神经网络技术识别的气烟囱响应

第5章 浅水流灾害

5.1 浅水流灾害的概念及分类

浅水流灾害是指在深水油气开发过程中，埋藏于海底浅层的粗粒沉积物（主要为砂体）在超压驱动下向上流动所引起的钻井灾害。由于浅水流灾害通常发生在深水区海底以下较浅的部位，因此称为"浅水流"，浅水流灾害是深水区最为常见、危害最大的地质灾害，在钻井时高速喷出，可对深水钻井产生严重的灾害。引起浅水流灾害的粗粒沉积物通常位于水深450～2000m，埋深250～1000m，具有沉积速率高（>1mm/a）、孔隙度大和渗透率高的特点。

根据ROV的资料，BP公司根据浅水流的危害级别将其分为五类，该方案最终得到了MMS的认可（图5-1）：①轻微或无浅水流。泥浆和钻屑由导向基座下部落下并未由上部溢出。②低速浅水流。泥浆和钻屑由导向基座顶部溢出并由侧孔滑落。③中速浅水流。从基座顶部向上、向外流出。④高速浅水流。由基座顶部剧烈上涌，并由侧孔流出。⑤超速浅水流。在基座上部发生强烈的喷涌。

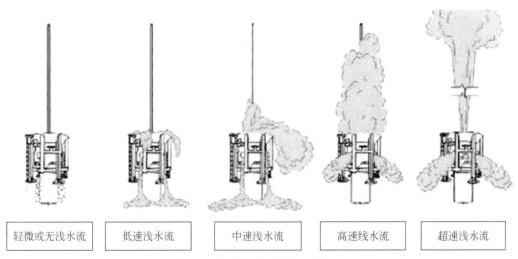

| 轻微或无浅水流 | 低速浅水流 | 中速浅水流 | 高速线水流 | 超速浅水流 |

图5-1 浅水流灾害等级（据MMS）

5.2 浅水流灾害的触发机制

随着油气勘探开发进程不断向深水领域前进，如何降低深水钻井的成本、保证深水设备安全性成为工业领域极为关注的问题。通过分析浅水流的形成机理，对浅水流进行钻前预测不但可以有效服务钻井定位、井设计等，而且有利于节约成本，创造更多经济效益。

浅水流灾害的触发机制与其所处的地质环境变化密切相关。浅水流发生必须满足三个主要条件：①具有疏松未固结、较大孔隙度和渗透率的粗粒沉积物，这些粗粒沉积物在浅水流发生时不断侵蚀套管，具有极大的侵蚀作用，可以对海底设施造成持续的伤害；②具有低渗透率且可形成有效封闭层的细粒沉积物，细粒沉积物的存在可以将压力聚集存储，使压力不会随压实作用散失；③具有蓄积压力的沉积环境，超压是导致浅水流的本质因素，粗粒沉积物发生液化流动的动力主要来自地层超压，这些超压可能是原位沉积物压实不均衡造成的，也可能是深部地层的压力释放到浅层，并在浅层聚集形成的（Rao and Mani，1993；Cartwright，1994a，1994b；Ruth et al.，2004；Shi et al.，2006；Tanikawa et al.，2010；Javanshir et al.，2015）。在盆地浅部，当砂体被低渗透率地层封闭时，孔隙压力、破裂压力和上覆压力三者非常接近，当应力状态被人为破坏时，便发生浅水流灾害。

5.2.1 砂质沉积物

浅水流灾害主要体现在对钻井设备的破坏，其中流体对设备破坏的影响几乎可忽略不计，而流体携带的物质因不断冲击、侵蚀设备内外结构，极易导致设备损坏。这取决于携带沉积物颗粒的类型，类型不同破坏程度也有所不同。在深水环境中，容易引起浅水流灾害的沉积物一般为疏松未固结，具有较大的孔隙度和渗透率的砂体，如水道砂体、侵入砂体、滑塌沉积物等（图5-2）。

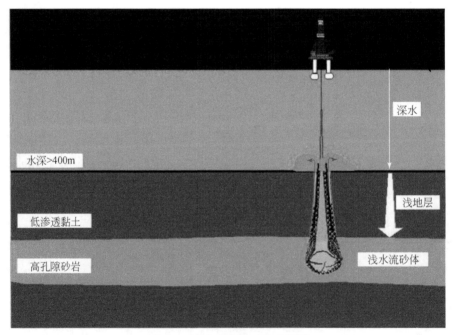

图 5-2　浅水流砂体环境示意图

（1）水道砂体

早期阶段，低位体系域形成，陆坡区深水盆地中水道发育［图 5-3（a）］，随着区域构造沉降和海平面变化的影响，浊积水道开始充填浊积砂体［图 5-3（b）］，这些巨厚的砂体后来被低渗透率泥岩或页岩地层所覆盖，随着埋深的增加，地层载荷也不断增加，层间孔隙流体不能有效排出，同时下伏地层中排出的流体不断积累，从而形成局部异常超压环境［图 5-3（c）］。后期阶段，是超压异常的破坏。当该区域发生强烈的构造运动或人为破坏作用时，下部的砂体在热流体作用和超压作用下便可能沿断裂构造或套管向上移动，从而形成浅水流［图 5-3（d）］。

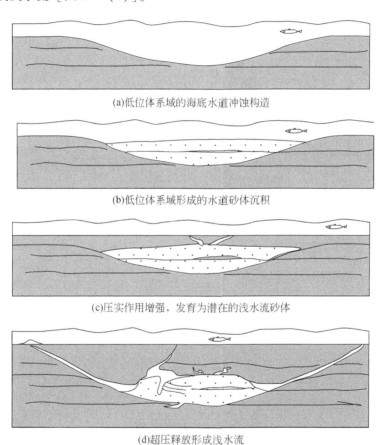

(a)低位体系域的海底水道冲蚀构造

(b)低位体系域形成的水道砂体沉积

(c)压实作用增强，发育为潜在的浅水流砂体

(d)超压释放形成浅水流

图 5-3　深水盆地中侵入砂体的成因模式

（2）侵入砂体

侵入砂体是指在超压流体作用下侵入上覆泥质沉积物中的深水沉积体，受多边形断层控制，多呈"V"字形分布的松散沉积物变形构造，是渗透性地层异常压力释放的产物。根据国外诸多学者对侵入砂体几何形态、地震识别特征、地层模型及其成因机制资料的总结，认为侵入砂体是渗透性地层异常超压释放的重要表现形式，在地震剖面上具有异常强振幅、"V"字形反射、极性反转、层位上拉、倾角达 25°等特点；它是在早期埋藏阶段，

由未固结砂体再迁移、侵位至上覆低渗透率泥岩,形成具有向下尖灭的圆锥形构造,与多边形断层系相伴生,多边形断层与锥顶交界处为侵入砂体侵位的初始位置,上覆泥岩地层受侵入作用影响形成底辟褶皱构造;侵入砂体接受下部深水扇或周围砂体的物源供给,多边形断层的存在为砂岩侵入提供了良好的物源通道,在异常超压条件和深部流体的作用下,砂体逐层向上侵位,形成侵入砂体,破坏了原有的构造环境,增加了地层连通性。另外,侵入砂体也可能连通浅部砂体,与浅层砂体达到压力平衡状态,形成深海环境地层中广泛分布的异常超压体;大型的侵入砂体及其伴生的断裂系统很可能为流体运移提供了高渗透率通道,从而影响盖层下的油气成藏(图5-4)(吴时国等,2008;秦志亮等,2009)。

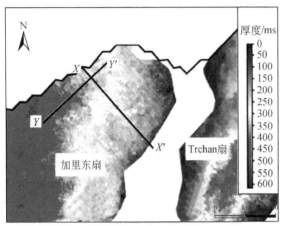

(a)研究区位置

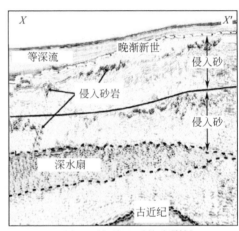

(b)沿X-X'剖面侵入砂体地震特征

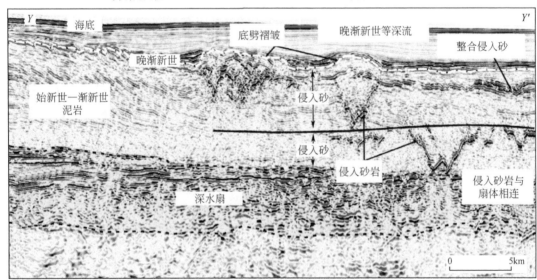

(c)沿Y-Y'剖面侵入砂体地震特征

图5-4 北海大规模侵入砂体与大型深水扇

（3）滑塌沉积物

滑塌沉积物是由海底滑坡形成的沉积物混杂堆积体。海底滑坡是将沉积物从陆架坡折带向深海盆地运移的最重要的重力作用过程之一。深水盆地的陆架边缘和陆坡区一般具有较大的坡度，当经历强烈的地质构造作用时，便容易形成海底滑坡。地震、沉积物快速沉积及天然气水合物分解是三种触发海底滑坡的主要因素。滑塌浊积物因其本身分选性差、孔隙度高，如果被泥岩或页岩封堵，可形成异常超压，在压力释放时可发生浅水流（图5-5）。

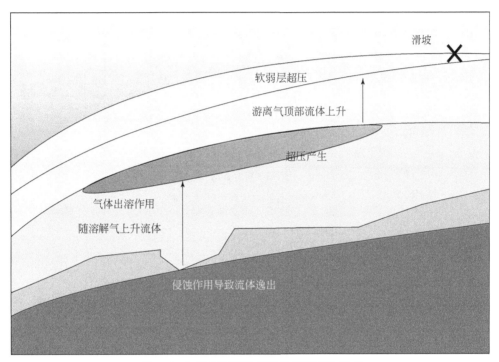

图5-5　与滑塌沉积物相关的超压产生模式

5.2.2　有效封堵层

低渗透率沉积层可以有效封堵超压，增加潜在的浅水流灾害风险。封堵层渗透率不同，造成的潜在威胁也有所不同。深海环境的未固结黏土质沉积物渗透率值多小于100nD，泥质含量高，其在相对较小的上覆压力时即可在浅地层（<500m）形成较好的封堵层（图5-6）（Katsube et al.，1996），深海环境的沉积条件完全可以满足泥质封堵层的条件，但沉积速度需达到150m/Ma。

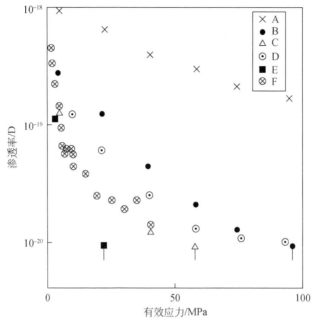

图 5-6　有效应力与渗透率关系

5.2.3　异常压力

异常压力是浅水流灾害的主要驱动力，超压越大，流体运动速度越快，对设备侵蚀程度也越大。在对海底地层进行应力分析时，通常涉及四个概念：破裂压力（F, facture pressure）、上覆压力（S, overburden pressure）、孔隙压力（P, pore pressure）和有效应力（σ, effective pressure）。破裂压力是指地层开始出现张性裂隙时的压力。上覆压力是指覆盖在地层上部的岩石骨架和孔隙流体总体作用于地层上的压力。孔隙压力是指作用在地层孔隙流体上的压力。有效应力是指作用在固体岩石骨架上的压力，它等于上覆压力减去孔隙压力：$\sigma = S - P$。有效应力控制着沉积岩石的压实过程。在任何深度，导致有效应力降低的环境也会降低压实速率并导致地层异常高压的出现。如图 5-7 所示为深水盆地中一种典型的压力深度曲线，在深水区，静水压力很大，而在深水区的浅层，沉积物处于未固结状态，具有非常高的孔隙度和非常低的有效应力，这种应力状态很容易形成局部异常超压（Huffman and Castagna, 2001），主要的超压产生机制有以下五种。

（1）机械压实作用不平衡

如果地层中页岩和泥岩上部物质的沉积速率非常快，会造成页岩和泥岩载荷的快速增加。分散包裹在页岩和泥岩内部的砂体在不断加大的载荷作用下需要往外排出水分，但是因其周围被低渗透率的页岩或泥岩包围，排水受阻难以正常压实，从而造成孔隙压的增大，颗粒之间的有效压力降低，使沉积颗粒接近悬浮状态（图 5-8）。

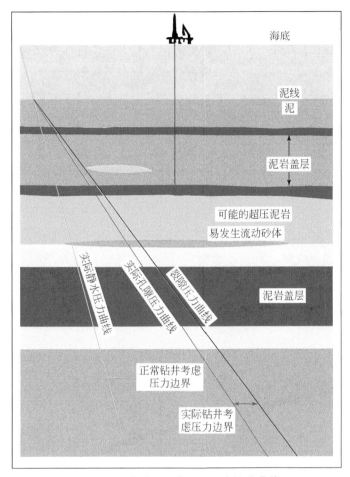

图 5-7　深水盆地中典型的压力深度曲线

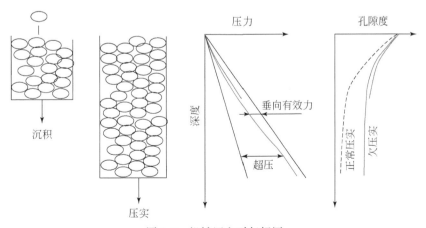

图 5-8　机械压实引起超压

（2）成岩作用引起的黏土脱水作用和蚀变

蒙脱石是黏土的重要组分，颗粒之间包含了相当数量的水分。温度为 65～120℃ 时，蒙脱石在钾长石的催化作用下开始脱水转变成伊利石。这个过程将蒙脱石中的层间水释放到孔隙中成为自由水，造成孔隙压力的增加和有效应力的减小。

（3）浮力作用

如果砂体中的水全部或部分被油气取代，由于油气的密度比水小，在浮力作用下孔隙膨胀，从而使储层内的孔隙压力增加。这种机制的主要影响因素是油气的密度、油气柱的高度和孔隙水的密度。

（4）构造超压

一方面，如果原始地层封闭性较好，在遭受突然快速抬升和侵蚀时，地层内部孔隙流体压力难以迅速达到平衡状态，容易造成该深度处的异常孔隙压力；另一方面，水深或地势引起的差异，导致周围沉积物之间均产生一压力梯度，这使得规模较大的砂体侧翼比周围泥页岩具有较高的孔隙度，对于浅水流发生所需要的条件，并不需要存在很大的压力，因而构造超压的存在也可导致浅水流的发生。在南美的奥里诺科河三角洲、委内瑞拉、特立尼达岛、苏门答腊岛和加利福尼亚都出现了这种现象（图 5-9）。

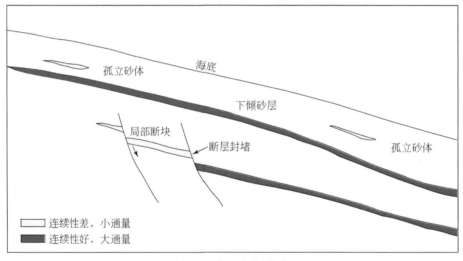

图 5-9　构造超压模式

（5）水热压力

水热增压现象是由于孔隙流体的热膨胀系数比周围岩石骨架的高，因此当地层被掩埋且封闭较好的情况下，随着温度的增高孔隙流体膨胀形成异常高压。但是封闭层究竟需要满足什么条件才能产生这种现象，尚存在很大争议。

分析浅水流的触发机制必须结合浅水流的形成条件，通过分析砂体类型、封堵层有效性及异常压力情况，来判断浅水流灾害可能造成的破坏程度。一般来说，对已识别存在浅层砂体的沉积区，与机械压实作用不平衡相关的异常压力驱动形成的浅水流灾害最为普遍，且危害最大。目前，用于分析浅水流灾害的地质模型主要也是基于该假设，将浅水流区域简化为二元结构进行描述，下部为高孔隙沉积物，海洋沉积环境多为深水扇系统，它为浅水流的形成提供了主要物质基础，上部为低渗透沉积物，主要为上新世以来的海相细粒沉积物，其为浅水流的形成提供了必要的封堵盖层，其演化过程可通过水道的埋藏及欠压实过程描述（图5-10）。而成岩作用引起的黏土脱水作用和蚀变及浮力作用危害程度相对较小，这是因为这两种机制都与沉积物的压实性质有关，而沉积物的压实相对比较有规律，可以较容易地利用已知的岩石物理和地震原理进行描述和模拟，这些机制相对其他机制更容易与观测值对应，但是它们仍存在一定的不确定性，同时其他机制的影响也不能完全排除。

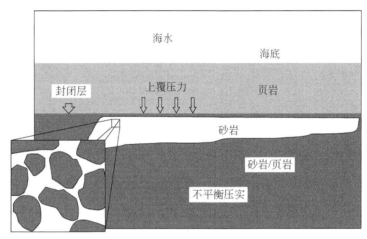

图 5-10　浅水流砂体的形成机制及沉积环境

另外，浅水流灾害危害程度还与砂体分布范围和原始地质形态相关。砂体规模大可以形成持续的砂水流侵蚀；倾斜地形利于砂体快速沉积，可快速形成大量的浅水流砂体，在浅水流灾害发生时可使这些砂体快速、持续释放，危害巨大。

5.3　浅水流砂体的地球物理特征识别

5.3.1　岩石物性特征

岩石物性分析是地质解释和地球物理分析沟通的桥梁。通过对深水区浅地层沉积物的纵波速度、横波速度、衰减和密度以及在动态荷载下砂岩骨架强度等物性进行分析，可以为地球物理资料解释提供可靠依据。研究表明，潜在浅水流砂体并不是以岩石形态存在，而是介于泥浆和承重粒状物质之间的过渡带。由于获取浅水流沉积物原位弹性参数及岩性参数极为困难，实验室样品研究多依赖于规则砂体和泥岩的弹性趋势进行。Huffman 和 Castagna（2001）及 Zimmer 等（2002）基于实验室观测对浅水流沉积物的岩石物性进行了综合分析，发现未固结的砂岩具有体密度低、纵横波速度极低的特征。随着压力的增加，沉积物黏聚力降低，导致 V_S 降低速度明显低于 V_P，即 V_P/V_S 值增加，泊松比增加。

V_P/V_S 值一般大于 10，泊松比高，如当围岩的泊松比为 0.38～0.42 时，SWF 层位泊松比为 0.45～0.49（图 5-11）。高 V_P/V_S 值和高泊松比是这些超压砂体的直接指示。

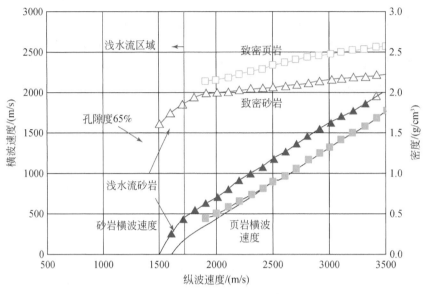

图 5-11　砂岩和页岩的弹性参数
浅水流砂岩具有低纵波速度、横波速度和密度特点

通过建立各弹性属性与有效应力关系，优选浅水流砂体敏感物性参数（图 5-12），是进行浅水流灾害预测的有效方法。基于沉积物的第一胶结论和速度-有效应力之间的关系，通过给定沉积物临界应力存在的范围，结合岩石物理方程如 Biot 理论进行模拟发现：当有效应力较大时，岩石骨架比较硬，沉积物像固体物质，而当有效应力降低至一定值时，由于横波衰减更快，故纵横波速度比迅速增加（与泊松比有关）。另外，低有效应力区的泊松比、刚度模量和横波品质因子等参数也与围岩存在较大异常（图 5-13）。

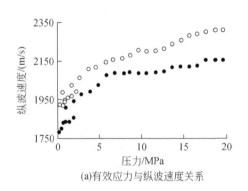

(a)有效应力与纵波速度关系

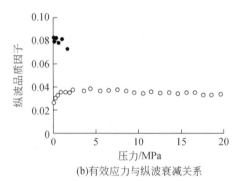

(b)有效应力与纵波衰减关系

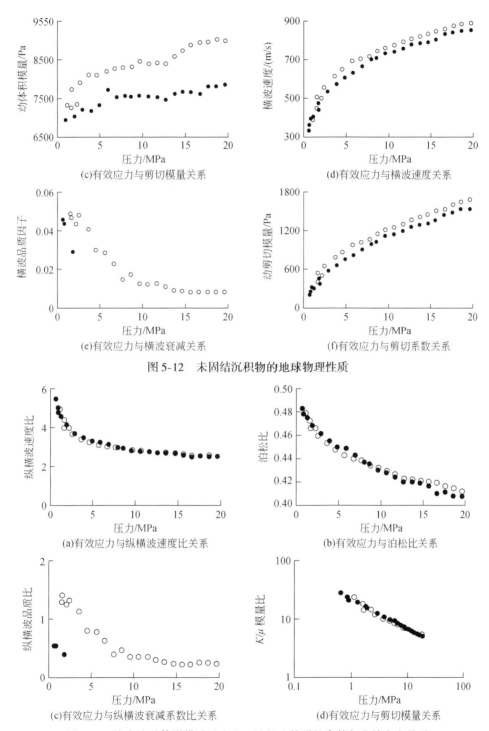

图 5-12　未固结沉积物的地球物理性质

图 5-13　浅水流砂体纵横波速度比、泊松比等弹性参数与有效应力关系

通过建立速度与各弹性参数之间的关系，可计算出沉积物的孔隙度及泊松比，从而进

一步对浅水流砂体进行解释。基于 Wood 方程对处于未固结状态的粗粒和细粒沉积物速度随孔隙度的变化特征进行研究（Smith，1974）［图 5-14（a）］发现，当沉积物处于临界孔隙度附近时，由于物质的剪切强度迅速变为零，孔隙压力的细微变化便可引起声波速度发生很大变化，纵横波速度比变化迅速。尽管该方程在预测孔隙度–速度曲线时，骨架刚度的差异可能会与实际测量值存在误差，但总体来说仍然能够反映实际海洋情况，因此孔隙度剖面可作为潜在浅水流砂体检测的重要依据。

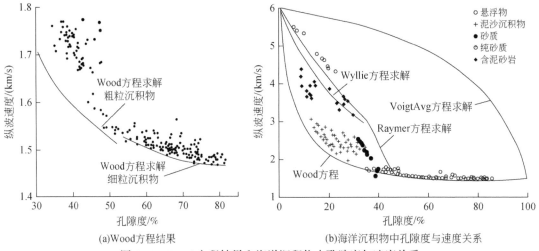

图 5-14　Wood 方程结果和海洋沉积物中孔隙度与速度关系

　　深水区浅表层沉积物由于大多处于悬浮状态，泊松比相对较高，随着地层深度的增加，纵横波速度迅速增加，尤其是横波速度增加迅速，因而，纵横波速度比相对较低。当存在潜在浅水流砂体时，相应层位会出现明显的泊松比降低，这与地层的低有效应力状态相对应［图 5-15（a）］，纵横波速度迅速降低［图 5-15（b）］，因横波速度降低更快，纵横波速度比相对较高［图 5-15（c）］。故可将纵横波速度比作为预测浅水流砂体的重要识别标志。另外，深水区地质条件复杂，浅地层常伴有大量的游离气，含游离气地层的泊松比参数随有效应力的变化与含饱和水地层的情况相反［图 5-16（a）］，因此，饱和度的影响必须考虑。研究表明，当地层平均孔隙度为 33% 时，随含水饱和度的增加，地层泊松比缓慢增加，当达到一定数值时，泊松比迅速增加［图 5-16（b）］。相应的纵波速度随含水饱和度增加先降低，当降低到一定数值时，纵波速度迅速增加，而横波速度随含水饱和度的增加，持续降低［图 5-16（c）］。

5.3.2　地震反射特征

　　深水区地质灾害的识别主要是针对潜在威胁地质体的识别。在实际生产过程中，要对浅水流灾害进行预测主要有两套方案：第一套方案即从浅水流发生的条件出发，在深水水道及滑坡体发育区识别异常超压；第二套方案需要对浅水流的地球物理特征进行识别，寻找最适宜的弹性参数。

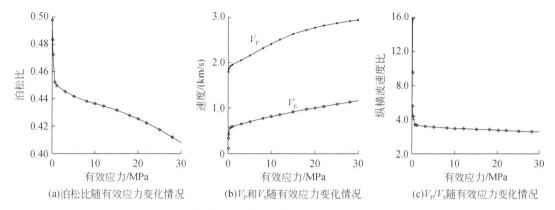

图 5-15　泊松比、速度及纵横波速度比与有效应力关系

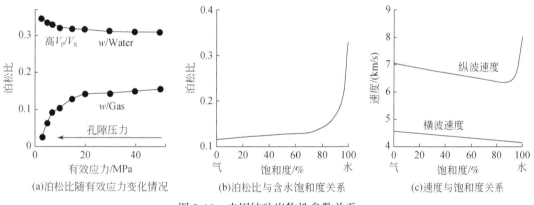

图 5-16　未固结砂岩物性参数关系

5.3.2.1　反演特征

用于压力分析的速度必须是岩石速度，它与从叠加速度中获得的层速度有很大不同。岩石速度依赖于许多参数，如孔隙度、流体饱和度、孔隙结构、温度、岩性、胶结度和声波频率等。传统的叠加速度分析是在没有进行特殊处理（如三维叠前深度偏移，包括DMO、大偏移距反射数据的各向异性处理）的基础上通过 Dix 反演推算出层速度，这种层速度通常不是岩石速度，在早期估计地层压力时通常采用这种速度。近年来，随着高性能计算机的出现和计算成本的大幅降低出现了一些新的反演方法，这些新方法提取的速度精度更高且更加接近岩石速度。目前在预测浅水流等高压层的技术中最常采用的新反演方法主要有以下三种。

（1）基于遗传算法的 AVO 反演

基于遗传算法的 AVO 反演方法是一种统计最优化算法，不但可以提供高分辨率的纵波速度而且还能估计横波速度，同时给出低频速度趋势（Mallick and Dutta，2002）。反演时首先对道集进行自动动校正，生成一个初始均方根速度。然后通过均方根速度推算出层速度，在层速度场中推出以深度为函数的背景密度。除了动校正的信息，遗传反演还应用动校正后的叠前道集的 AVO 信息确定初始密度和泊松比值。一旦选好了初始模型，遗传算法就在参数空间内按照给定的搜索间隔生成随机的弹性地质模型母体。由于每一个随机模型都采用完全波动方程模拟程序计算其合成地震记录，因此考虑了实际地质条件下所有的初至波、多次波和转换波反射。然后对每一个模型的合成数据和实际观测数据进行对比，计算出误差值。模型的繁殖、交叉、变异和发展等遗传过程都依据这种误差应用标准遗传搜索算法进行，最终使误差收敛。Mallick 等（1995，1999）应用叠前全波形反演方法并结合岩石模型从传统的三维地震资料中预测了浅水流。该方法共分五步：第一步需要对高质量的三维地震数据进行特殊处理，以满足高分辨率分析的需要；第二步需要对处理后的数据及叠加数据进行层位解释，确定潜在的浅水流砂体范围；第三步地震数据属性分析、叠前数据 AVO 分析以可视化浅水流的潜在地区；第四步岩石属性反演、全波形叠前反演，这是最关键的一步，在这一步采用了上述的遗传算法；第五步是运用 GA 反演所获取的速度、密度信息进行孔隙压力预测，求取纵横波速度比。

结合岩石物理参数，利用反射模型算法（Mallick and Frazer，1987，1990），获取合成地震记录 [图 5-17（a）]，得到叠前遗传算法反演结果，其中黑线为真实模型，红线为反演结果 [图 5-17（b）]。由合成记录可以看出浅水流砂体的反射特征在零相位处为负反射系数，反射振幅随偏移距增加，在某一偏移距处极性反转，最终在大偏移距处转变为强的正反射系数，浅水流砂体的 AVO 响应特征明显与一类含气砂岩 AVO 响应相反（Rutherford and Williams，1989）。同样由图 5-17（b）可以看出由输入模型得到的叠前反演结果精度较高。为了验证反演结果的精度，采用已钻遇浅水流的墨西哥湾实际钻井数据进行计算（图 5-18），数据体过 Ursa 809、810、853 和 854 区块的开发井，在 MC 854-2 井附近，数据进行了 2ms 重采样，以满足高分辨率道反演要求，由叠加数据剖面可以看出浅水流砂体的反射强度较弱，相对于其他砂体可识别度低 [图 5-18（a）]，这是因为过浅水流砂体反射数据具有 30° 的极性反转。通过实际数据与使用弹性地质模型反演得到的合成数据进行对比 [图 5-18（b）]，发现当二者入射角大于 40° 时吻合程度较高，且均在浅水流砂体处发现三处异常纵横波速度比，与 MC 854-2 井识别出的三处 SWF 层位 [图 5-18（c）] 对应。

研究结果表明浅水流砂体与高纵横波速度比对应较好，能否成功识别浅水流在很大程度上取决于浅水流周围沉积物的弹性性质。泊松比小于或等于 0.42 时可以通过叠前波形反演识别浅水流；如果沉积物固结较差，泊松比大于 0.42 时则很难从叠前地震资料中识别出浅水流。

（2）基于数据重构的 AVA 反演

叠前全波形反演需要的时间较长，难以满足钻前快速预测的需要。Lv 等（2005）提出对原始数据进行重构，由传统三维地震数据生成 CAA（common angle aperture）数据，通过提取 V_p/V_s 属性来识别浅水流位置。结合墨西哥湾 Garden Banks 区块地震资料，认为高 V_p/V_s 值（>9）可用于预测浅水流，且该属性比仅依靠振幅特征进行预测的效果要好。墨西哥湾陆坡中部更新世地层较厚，既有膨胀层（expanded sections）又有致密层（condensed sections），

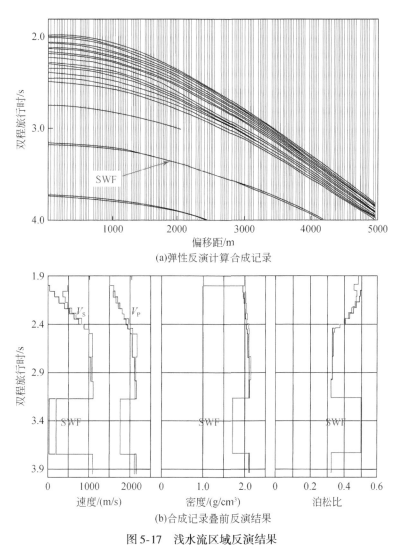

(a)弹性反演计算合成记录

(b)合成记录叠前反演结果

图 5-17　浅水流区域反演结果

(a) 中，SWF 反射层红色标注；(b) 中，真实值为黑色曲线，反演结果以红色曲线显示

这主要是由海平面频繁变化及沉积物、盐丘构造交互作用引起的。膨胀层是海平面下降时遗留的厚层沉积物，多为浊流、水道和河流泛滥冲积扇。当沉积速率超过沉积物的排水能力时，超压便开始产生，快速沉积的浊流沉积被认为是主要的超压成因。河道及河流泛滥冲积扇可以为浅水流的形成提供物源。海平面上升时多形成横向扩展的致密层，发育细粒沉积物（Roberts and Coleman，1988；Ostermeier et al.，2002）。通过对三个 CAA 时间偏移数据集（0～15°数据集、15°～30°数据集、30°～45°数据集）进行分析（图 5-19），提取 CAA 数据集由时间偏移共中心点道集，使用三维速度模型定义入射角。由于在浅地层没有纵横波速度及密度测井资料，低频背景资料所需的纵波速度由泥岩方程计算（Castagna et al.，1985），横波速度和密度由 Gardner 等（1974）的方程获取，并通过 Checkshots 和深井资料校正。子波由每个 CAA 偏移数据提取并评价。通过 AVA 反演得到纵横波阻抗剖面（图 5-20）。

由纵横波阻抗剖面进一步可得到 V_P/V_S 剖面（图5-21）。

将得到的 V_P/V_S 剖面与原始地震剖面叠加可以清晰地看到潜在的浅水流潜在区，其与测井钻遇浅水流位置吻合（图5-22）。

将同样的方法应用于GB877#1得到了类似的结果（图5-23）。

将过GB877#1测线的 V_P/V_S 剖面与原始地震剖面叠加得到浅水流潜在区域，其与测井曲线显示钻遇浅水流位置吻合（图5-24）。

（3）基于采集优化的岩石物性反演

浅水流砂体多位于深水区浅层，常规的海上三维地震勘探采集方法因具有震源激发不同步、地震记录噪声大、电缆横向间距难以控制、海水鸣震、资料频带窄等缺陷，难以获取海底浅层高信噪比、高分辨率的地质信息。Western Geco公司提出了Q-Marine技术，该项技术是在传统采用压力检波器的电缆中增加了速度检波器。对两种检波器接收的信号处理后，能较好地压制虚反射和海水鸣振，可压制陷波、提高频带宽度，从而提高地震资料的品质。墨西哥湾 Mississippi Canyon 区块 Europa 油田测线显示，经过保幅处理、Kirchhoff叠前时间偏移后的数据体信号频带更宽，信噪比明显提高，反射信息更丰富（图5-25）。经过标定的海上震源通过减少炮间震源特征的变化限制振幅与相位误差，改善可重复性，经过标定的水听器通过获得单个检波器记录促进了先进的降噪算法的使用，利用全综合定位网络，结合每条拖缆分布的全声学网络，改善了定位精度，电缆控制系统使得在相同位置进行重复测量变为可能（图5-26）。

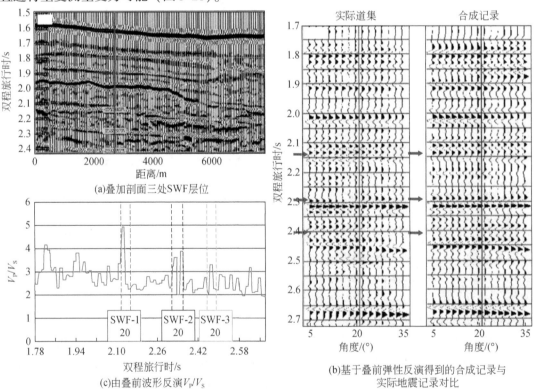

(a)叠加剖面三处SWF层位

(c)由叠前波形反演 V_P/V_S

(b)基于叠前弹性反演得到的合成记录与实际地震记录对比

图5-18　Ursa站位MC854-2井实例（Mallick and Dutta，2002）

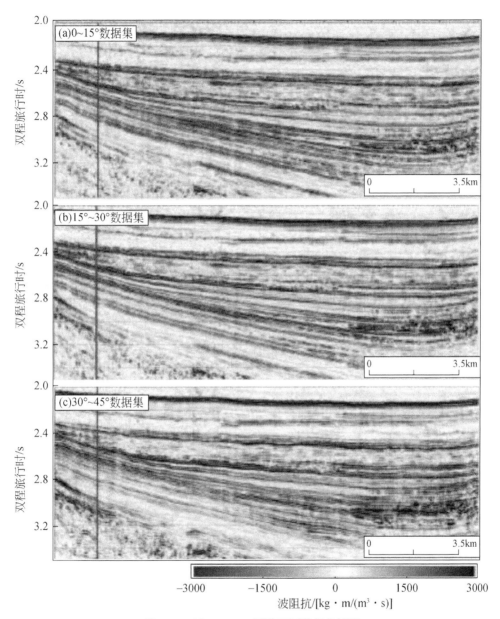

图 5-19 过 GB920#1 测线不同数据集情况

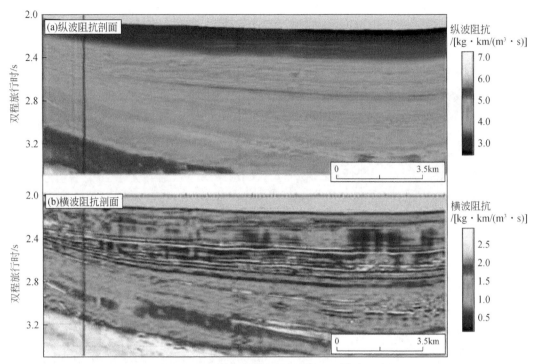

图 5-20　过 GB920#1 测线纵波阻抗剖面和横波阻抗剖面

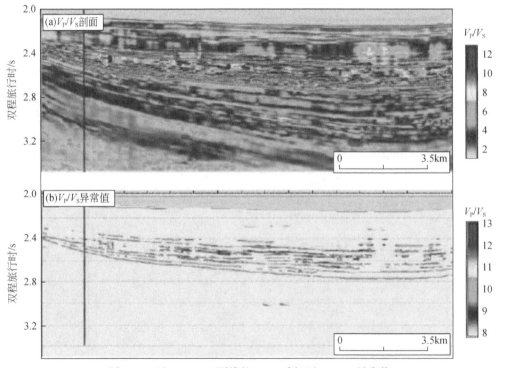

图 5-21　过 GB920#1 测线的 V_P/V_S 剖面和 V_P/V_S 异常值

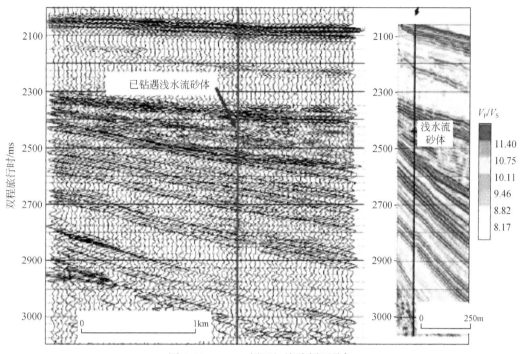

图 5-22　V_P/V_S 剖面与偏移剖面叠加

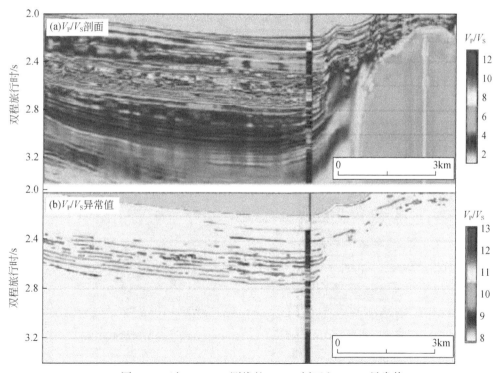

图 5-23　过 GB877#1 测线的 V_P/V_S 剖面和 V_P/V_S 异常值

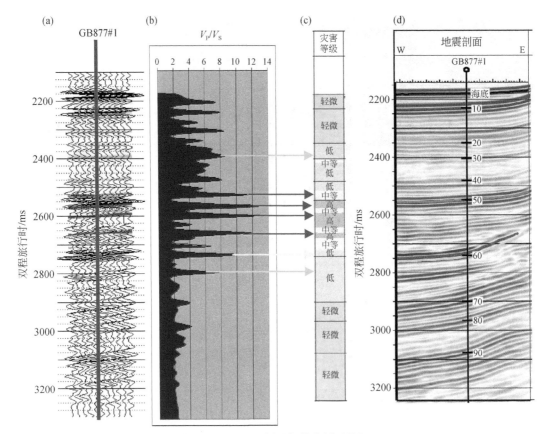

图 5-24　V_P/V_S 剖面与偏移剖面叠加

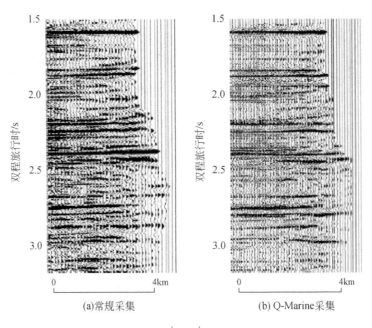

(a)常规采集　　　　　(b) Q-Marine采集

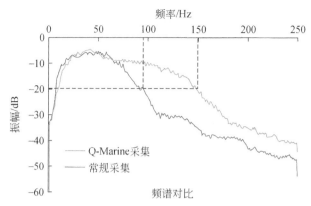

图 5-25 常规采集和 Q-Marine 采集振幅谱及频谱对比

Q-Marine 技术使得高频信息得以保留，剖面信噪比提高

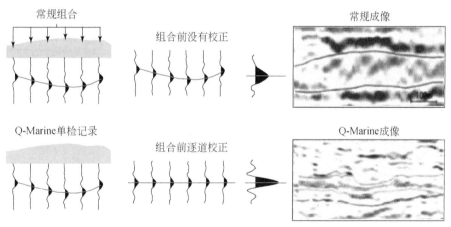

图 5-26 常规采集和 Q-Marine 采集检波器接收效果对比

为了识别浅水流砂体，进行了五步法勘探：①特殊处理尽可能地保留宽带宽频率信息；②进行层序地层学分析，识别潜在的浅层灾害；③基于地震属性分析圈定潜在浅水流灾害区；④进行岩石物性反演，识别浅水流灾害范围；⑤进行地层强度和孔隙压力的定量分析。结果表明，O-Marine 资料岩石物性反演得到的 V_p/V_S 能够更好地反映出浅水流砂体位置（图 5-27）。

5.3.2.2 属性特征

目前浅水流的属性预测技术主要是基于振幅特征，即在地层框架内，对高分辨率的 2D 和传统 3D 地震数据进行振幅解释，该地层框架很大程度上依赖于地震反射特征评价和沉积相识别（McConnell，2000）。与浅水流砂体相关的地震相主要是河道及河流泛滥冲积扇，也可以是滑坡和浊流沉积。地震资料显示，区域性的砂岩盖层通常为连续、中-高振幅、披盖反射，它指示出重要的地震层序边界。超压与高沉积速率有关，其可通过古生物资料或滑坡、浊流等高速沉积体而识别，因此有利于识别砂体的属性均可直接应用于浅水流砂体的

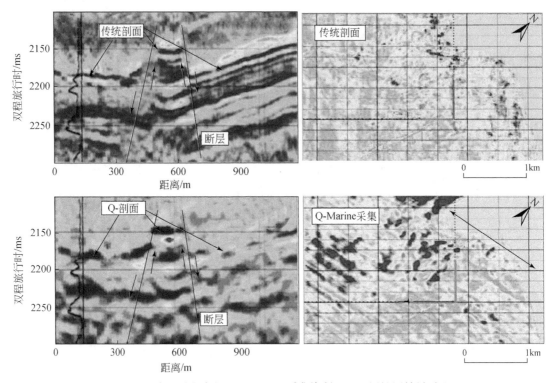

图 5-27　常规采集资料和 Q-Marine 采集资料 V_p/V_S 属性图效果对比

识别。但实际应用过程中发现，传统的常规地震属性识别技术在识别深水区浅地层地质体时效果不佳，这与选取的勘探目标有关。Trabant（1986）提出一种对数据进行特殊处理——进行三维转换进行属性提取的方法（图 5-28）。通过对叠前速度数据采用特殊算

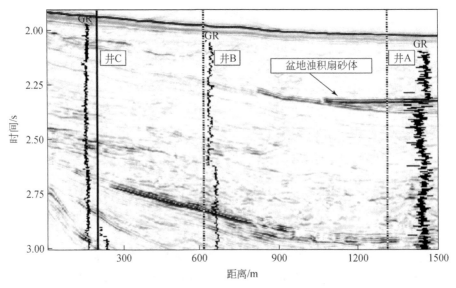

图 5-28　过墨西哥湾已知浅水流区地震剖面

法，得到岩性、孔隙度及储层质量等反映物性特征的属性剖面。得到的岩性体可以实现纯页岩（绿色）–混合砂岩（棕色）–纯砂岩（黄–白色）的区分（图5-29），孔隙度体可以实现不同孔隙度的区分（图5-30）。而储层质量评价属性是由岩性属性和孔隙度属性相乘得到（图5-31）。由墨西哥湾已经钻遇浅水流区域的地震资料可以看出，浅水流砂体具有强振幅、高孔隙度和含砂量高的特点，预测井 A 处具有高浅水流风险，得到实际钻遇资料验证，而井 C 虽然浅层存在强振幅，但经其综合分析发生浅水流的风险程度为中–低，实际并未在此处发现浅水流灾害。

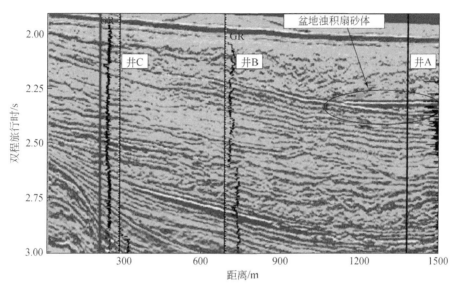

图5-29　反演孔隙度剖面

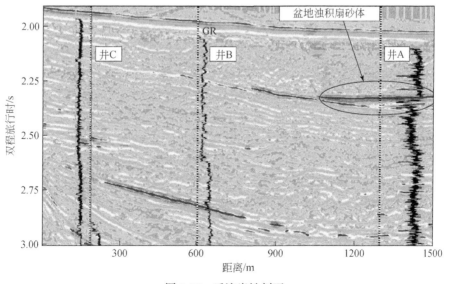

图5-30　反演岩性剖面

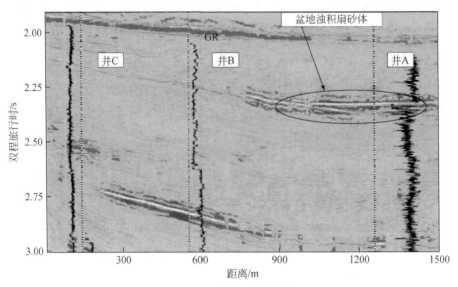

图 5-31　反演储层质量剖面

5.3.2.3　相干立方体特征

相干立方体处理技术是一种地下断层和地层三维成像方法，可以直观检测深水区浅层危害。在深水区由于常规资料处理方法的局限性如成本较高或不适宜等，将这种方法应用到传统 3D 地震测量中，具有重要的意义。浅层钻井危害以浅层气囊、气烟囱、麻坑、近表面断层以及浅水流砂等形式存在。Campbell（1999）曾分析过这个问题，并得出结论：使地质灾害风险降到最低限度的技术方法是利用 3D 地震勘探数据作初始地质灾害评价。应用特殊处理技术增强常规地震数据是使地质灾害风险降至最低程度的合理方法。相干立方体处理可以通过分析 3D 地震数据局部波形特征描述沉积物内部的横向和垂向变化。相比于传统的振幅解释，能够提供更为精细的波形信息进而对数据内包含的构造和地层细节进行刻画。

相干立方体分析的原理是缓慢沉积、裂隙发育或超覆层序在相干剖面上表现为高稳定波形，而快速沉积或未压实地层表现为波形间断、连续性较差（图 5-32）。浅水流砂体主要为水道砂体和滑塌沉积，二者在剖面上表现为弱振幅低连续性波形，故要形成浅水流需要有泥质盖层的封堵，由于盖层孔隙度低，使其在剖面上表现为强振幅连续性波形，通过合理的解释，便可以对浅水流砂体进行初步预测。Sameden 石油公司已成功地将相干立方体处理技术应用于包括浅水流在内的深水灾害检测中并获得了 MMS 认可。该技术还可以：①提供河道［图 5-33（a），（b）］、滑坡体［图 5-33（b）］和断层［图 5-33（c）］的高分辨率数据；②可与振幅值结合，显示相干区域范围内的亮点，它可能是浅层气体的显示；③有利于仔细调整最后的钻探位置。钻井资料表明，相干体分析技术具有较大的实用价值。

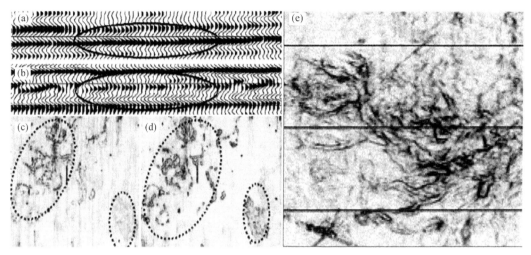

图 5-32　浅水流砂体时间切片

（a）超覆或低速沉积砂体，强振幅，波形稳定，连续性好；（b）快速沉积砂体，强振幅，波形变换明显，连续性较好；
（c）60ms 水道时间切片；（d）108ms 水道时间切片；（e）快速沉积、分支水道砂体相干图

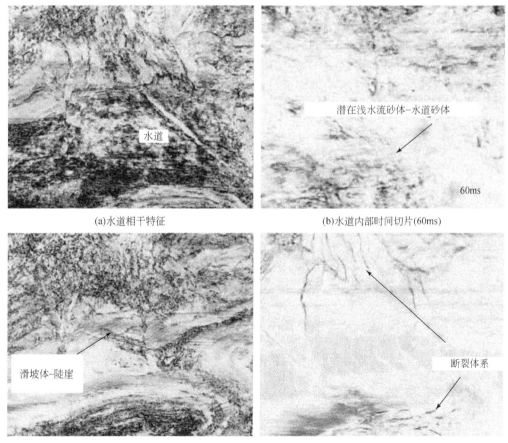

(a)水道相干特征　　　　　　　　　　　　　　(b)水道内部时间切片(60ms)

(c)滑坡沉积相干特征　　　　　　　　　　　　(d)断裂相干特征

图 5-33　相干体技术应用于水道、滑坡及断裂的识别

5.3.3 应力特征

考虑到浅水流灾害绝大部分发生于碎屑岩盆地，形成 SWF 的砂岩具有孔隙度大、渗透率高的特点，因此可以结合沉积物物性分析，预测浅水流潜在威胁区域的应力特征。根据所获取的钻井、录井和测井等成果，对区域地层压力的产生和分布综合分析，再结合本区块的地质条件，以地震资料为基础，定量估算地下流体压力。

目前碎屑岩沉积盆地的异常压力预测多来自于邻近异常高泥质岩层的压力传递（Magara，1978），因而对地下异常流体压力机制的研究主要集中在低渗透性地层中（Smith，1971；Bethke，1986；陈荷立和罗晓容，1988；Luo and Vasseur，1992）。对实际地下流体压力分布及其演化的研究，也主要是间接通过分析泥质岩层的压实作用过程而实现的（Hornbach et al.，2004；Bruce et al.，2012；Zhang，2013；Chen et al.，2014；Bhakta and Landrø，2014；Singha et al.，2014，Singha and Chàtterjee，2014b；Golsanami et al.，2015）。例如，在钻前压力预测和钻井中压力监测中得到广泛应用的平衡深度法（图 5-34）。但像钻井工程中的浅水流等地质灾害多来自于渗透性地层中的异常压力，而建立在平衡深度法基础上的预测方法又存在其本身难以克服的局限性（罗晓容等，2000），故我们既要承认现有方法在目前研究阶段的不可或缺性，还要在实际工作中认识到现有方法的缺陷，这就要求认真分析和总结实际盆地内高异常压力的产生机制和分布特征，完善对地下流体压力的成因、分布状态及变化规律等方面的认识，并采用数值盆地模拟和数学模型进行不同层次的模拟。通过对压实过程及构造活动的研究，分析和预测异常流体压力分布，推测超压演化过程（图 5-35 ~ 图 5-37）。

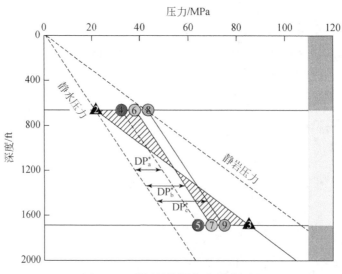

图 5-34　利用平衡深度法预测超压

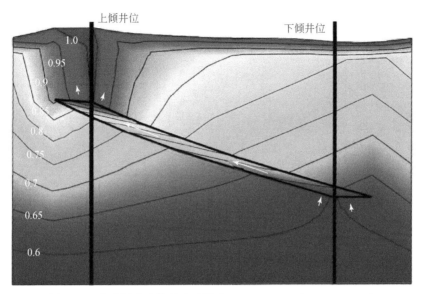

图 5-35　含水层中流体的流动模式（Dugan and Flemings，2000）

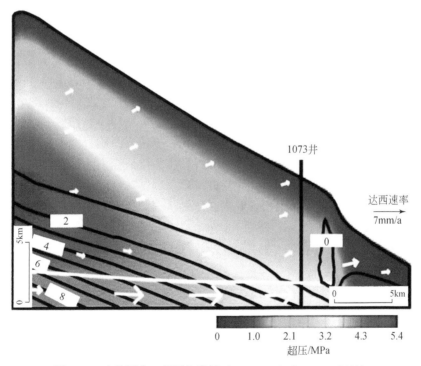

图 5-36　有效压力、超压和流场（Dugan and Flemings，2000）

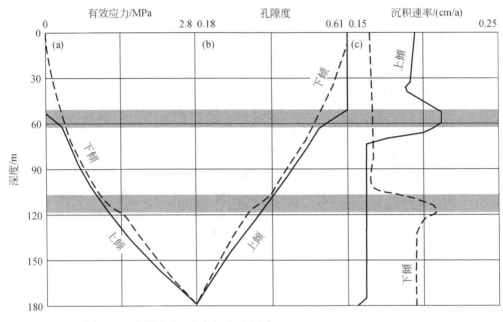

图 5-37　有效应力–孔隙度–沉积速率（Dugan and Flemings, 2000）

考虑到实际盆地的复杂性，对地质背景及构造复杂的高压盆地进行钻前压力预测及钻井压力检测时必须综合进行：首先区分砂体来源，利用精细的压力预测方法进行分析和研究，以认识其规律性和识别标志，保证在多数地层内压力预测结果的正确性；其次分析影响主要预测信息的声波速度的地质因素；再次划分由渗透性的地层和通道构成的压力系统，在同一个压力系统内无论压力的大小如何、通道的类型和形态如何、地层的厚度和空间的展布如何，其过剩压力都是相同的；最后寻找和确定不同压力机制形成的超压带和压力系统之上超压过渡带内可以反应超压存在和过剩压力值的标志性信息及其分布规律，将其作为压力预测、监测的标志和依据，并在此基础上，针对不同的超压产生机制和压力分布特征建立压力预测地质模型，以指导对高超压的认识和预测。

5.4　南海北部浅水流灾害

5.4.1　浅水流砂体形成的地质背景

白云凹陷是一个发育在南海北部被动陆缘深水区的大型沉积凹陷，水深 200～3000m，凹陷面积超过 20 000km²，新生代沉积厚度超过 11km，是珠江口盆地面积最大、沉积厚度最大的凹陷（图 5-38），具有浅水流灾害发生的条件。白云凹陷在新生代经历了三个构造演化阶段：裂陷期、热沉降期和新构造期。在裂陷期，白云凹陷雏形形成，发育多条直达海底的深部断层，发生多期泄压事件；热沉降期白云凹陷快速、大幅度沉降，古珠江向凹陷输送大量沉积物，发育多期大型水道，为白云凹陷提供大量粗粒碎屑（米立军等，2008），如果这些沉积物排水不畅，便可能形成潜在的超压包裹体；新构造期，构造沉降速度和幅度、沉积速率和幅度继承热沉降期特征，但由于受到菲律宾海板块北西西向俯冲影响，在白云凹陷及其邻区还发育大量晚期断层（陈汉宗等，2005；孙珍等，2005；石万忠等，2006）。通过对白云凹陷地层压力演化研究发现，现今白云凹陷地层压力在浅水区为常压，深水区为弱压，但在该区构造演化史及凹陷内广泛发现的明显底辟构造表明，白云凹陷在晚期很可能经历过超压释放作用（石万忠等，2006）；层序地层学研究表明白云凹陷深水陆坡区存在大型深水扇系统（庞雄等，2007b），珠江大河充沛的陆源碎屑物质受到周期性海平面变化的控制在广阔的浅海陆架区形成大型三角洲沉积，在深水陆坡区发育深水扇沉积，扇体沉积物具有高孔隙度和高渗透率等特点；白云凹陷分别在 23.8～17.5Ma 和 13.8～10.5Ma 阶段表现出明显的高沉积速率，其中在 13.8～12.5Ma 沉积速率高达近 1mm/a。

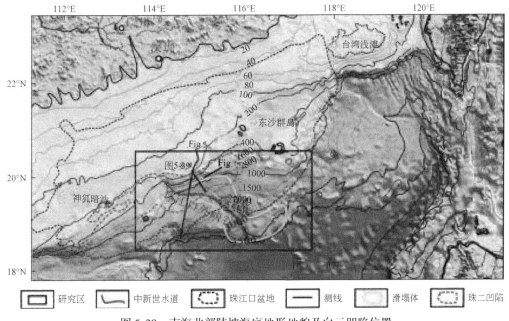

图 5-38　南海北部陆坡海底地形地貌及白云凹陷位置

浅水流砂体一般为疏松未固结，具有较大的孔隙度和渗透率的砂质沉积物。在深水区一般为深水水道砂体或再搬运滑塌沉积物等。受区域构造沉降和海平面变化的影响，陆坡深水盆地中发生多期峡谷水道侵蚀和沉积作用。低位体系域时期，深水水道开始充填浊积砂体，如果地层中低渗透率深海泥岩或页岩沉积速率较快，那么这些巨厚的砂体便会被迅速分散包裹起来，随着上覆压力的不断增加，这些砂体便不能及时地向外排出水分，从而形成异常超压环境，根据钻井资料和大量地震剖面追踪解释，发现在白云凹陷所在的陆坡深水区存在广泛分布的深水水道浊积砂体，其主要是上新世以来的深水水道沉积体系，而天然气水合物钻井岩芯样品资料显示，天然气水合物稳定带及之上的地层岩性为粉砂质泥岩，这很可能为这些较粗粒沉积物提供了良好的封堵层。

第四系古珠江深水峡谷水道沉积体系上倾方向发育峡谷水道，具有强烈下切的特征（图 5-39），位于凹陷的北缘和西侧，峡谷水道不同部位其侵蚀特征和充填沉积方式具有明显的差异性。峡谷水道上游具有强烈的削截深切（切割深度为 100~200m）、侧向迁移、垂向叠加以及从"侧型谷"向"谷型谷"转变的特点，呈北西-南东向；中游则表现为侵蚀强度不大、加积为主，峡谷发育宽缓的特点，近南北走向，地震反射特征表现为强振幅、中频率、小范围内连续性较好，沿水道走向表现为长轴的一端上超，上超方向为水道运移方向，垂直水道走向表现为强反射轴的相互叠置，这表明了该水道是由不同期次的水道叠加而成的，且规模较大。

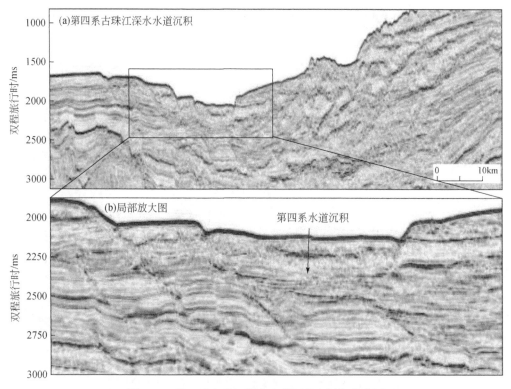

图 5-39 第四系古珠江深水水道沉积和局部放大图

上新统珠江深水峡谷水道沉积体系的外部形态及内部反射特征与第四系水道沉积具有类似的特征，主要分布于凹陷的北缘，高分辨率地震资料显示，垂直峡谷水道方向主要表现为中-强振幅反射，中频率，在小尺度范围内连续性较好，沿水道方向表现为强振幅反射、中频率、连续性较好，由构造高部位向构造低部位发育，显示出充填物的走向。上新统水道与第四系水道明显的不同是水道和滑塌体交替发育，水道充填与正常加积交替发生，水道底部以杂乱反射相为主，推测主要为浊流沉积（图 5-40）。

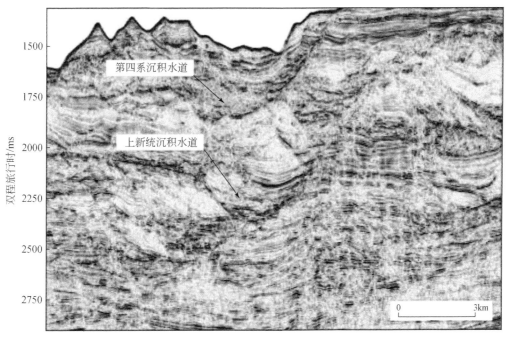

图 5-40　上新统深水水道沉积体系

　　砂岩侵入流体逸散系统和岩浆侵入流体逸散系统有些相似。但是，岩浆侵入体本身渗透率不高，不能作为流体通道，而砂岩侵入体的渗透率一般都要比围岩高得多，它本身可以作为流体逸散通道。另外，在砂岩侵入过程中也会造成围岩及上覆岩层的地方发生挤压破裂，形成裂隙；或者，上覆的岩层受张应力产生密集的断层，它们都可以作为很多流体的运移通道（图 5-41）。砂岩不仅是很好的流体运移通道，也是重要的油气储层。因此，研究砂岩侵入体具有非常重要的意义。

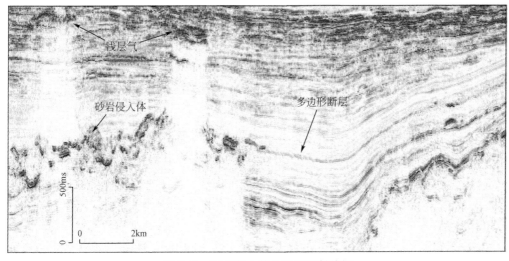

图 5-41　砂岩侵入体的地震反射特征

　　由于资料所限，只在珠江口盆地深水区的部分地区发现侵入砂体。侵入砂体的母源可能是裂陷期所沉积的三角洲相砂体。考虑到胶结较好的砂体受弱流体活动或超压影响较小，区域内未发现显著的热流活动，因而推测这些砂体很可能尚未胶结或胶结程度较低。

　　侵入砂体在地震剖面上表现为强振幅，不连续。砂体的侵入有可能不是一期完成的。在地震剖面上观察到在最下部侵入砂体的尖灭处之上发育有新一期的砂体侵入体，所以形成了不同深度的"V"字形侵入体（图5-41，图5-42）。在侵入体之上发育大约为1200ms空白带，之上是强振幅的地层。这种强振幅的地层可能含有大量的气体。空白带的形成可能是由上部强振幅气藏对地震能量的吸收衰减导致的，因能量被吸收，导致下部地震剖面的分辨率降低，空白带内或有断层或者气烟囱等流体运移通道。浅层气藏直接发育在侵入砂体之上，说明两者之间存在着一定的关系。这种关系可能主要体现在两方面：①在砂体活化过程中，砂体的运动打破了砂体内的压力平衡，高压流体在其触发下，会和砂体一起向上运移，刺穿上部盖层，并在浅部再次聚集，形成现在的强振幅气藏；②砂体在侵位后，由于其比较高的孔渗性，气体易于在其内部聚集成藏。当其内部压力达到一定程度，超过上覆地层屈服压力时，气体也会发生向上运移，聚集成藏。由于目前的研究还处于初级阶段，所以是什么因素产生的浅层气藏还不是很清楚，有待进一步的研究。

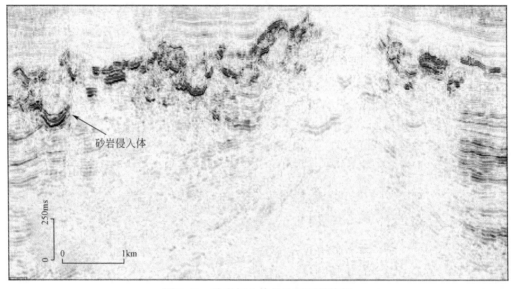

图5-42　砂岩侵入体的地震反射特征

　　砂岩侵入体在平面上为圆形或者近圆形（图5-43）。其周围的断层往往呈放射状分布。这说明断层是在侵入事件发生时或者发生后形成的。但是从周围断层分布特征上来看，这些放射状的断层很可能是在侵入时形成的。因此，这就可以证实，侵入发生时确实会产生大量的断层，从而改变周围岩层的渗透率，为流体运移提供良好的运移通道。

　　超高压是诱发砂体侵入和流体高速逸散的潜在因素。而流体通量主要受控于孔隙体积和侵入体母源的压力状态，同时它也可能受参与侵入的砂体体积的影响。Cartwright等

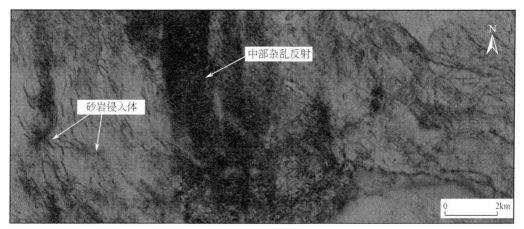

图 5-43　砂岩侵入体在相干切片上的特征

（2007）估计，在每次侵入事件中流体通量要比侵入体的体积大一个数量级。根据 Stoke 法则，在侵入过程中的流体速度为 1～2cm/s（Shoulders and Cartwright，2004；Shoulders et al.，2007）。

砂体侵入对盖层的影响不仅仅局限在侵入阶段。在砂体侵入以后，高渗透性的侵入体可以作为流体运移通道长达数百万年，直到它们的垂向连续性因变形被破坏或者孔隙发生胶结（Hurst et al.，2003；Huuse and Mickelson，2004；Jonk et al.，2005）。因此，它们对盖层可能会有长期的影响。北海盆地的岩芯资料表明，侵入砂体发生部分胶结（Løseth et al.，2003），但是它们并没有完全被封闭，流体包裹体的证据表明它可以作为长期或者周期性的孔隙水或油气运移的通道（Jonk et al.，2005）。

5.4.2　浅水流地球物理特征识别

考虑到钻前预测缺乏钻井资料的支持，综合调研国外深水钻井地质资料及技术手段认为，针对南海北部陆坡深水区的浅水流灾害预测，应主要依靠地震资料，并充分利用临近的钻井测井资料做约束。在岩石地球物理属性识别上应以 V_P/V_S 判定为主，振幅识别为辅，充分结合高分辨率层序地层学的解释成果，寻找可能形成 SWF 的地质条件，且对研究区加以约束。在实际应用中采用了一种完全基于地震资料，将叠后反演和叠前反演结合起来的反演方法——混合地震反演法（Stoffa and Sen，1991；Sen and Stoffa，1992；Mallick，1999）来预测浅水流砂体。该方法能够在合理时间内对较大地震数据体进行弹性反演。首先对研究区常规地震资料和高分辨率资料进行叠前特殊处理，最重要的是做好保幅处理，通过 AVA 反演模块获取 P 剖面和 G 剖面，给定初始纵横波速度比信息，得到完全基于地震的伪 S 波；然后应用遗传算法进行叠前全波形反演，将从叠前反演得到的弹性地质模型作为约束叠后反演的趋势，遗传算法可以有效处理地震道振幅所产生的干涉效应，最后进行混合反演研究，获取浅水流预测所需的各种属性参数。

5.4.2.1　沉积物岩石物理性质

虽然基于遗传算法的混合地震反演技术在无井区或井控程度较低的地区，具有较好的识别效果，但由于其完全依赖于地震数据，其对浅水流砂体的预测仍存在多解性，需要邻井的约束。白云凹陷深水区目前没有钻井资料，但岩石物性特征可以参考白云凹陷北部番禺低隆起构造带的测井资料。事实上，由于白云深水扇的物源来自珠江及陆架区的粗碎屑，经番禺低隆起带沿下切水道向白云深水区搬运，白云凹陷的深水扇与番禺低隆起带沉积物同源，均是来自古珠江水系的沉积物。庞雄等利用番禺低隆起构造带上的测井资料对深水扇系统进行了研究，获取了大量可靠、翔实的研究成果，因而本书拟借助最接近深水区的番禺低隆起至深水区过渡带上的测井资料来分析白云凹陷潜在浅水流砂体的岩石物性特征。采用的测井资料来源于白云凹陷深水区陆架破折带浅地层（图 5-44）。

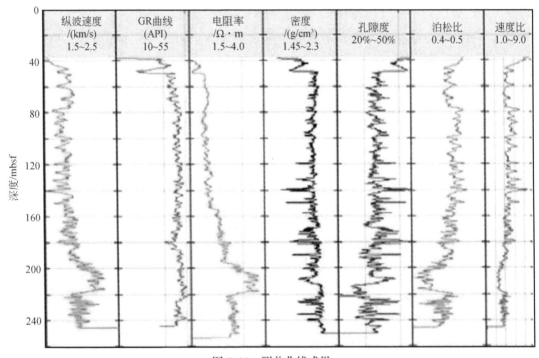

图 5-44　测井曲线成果

了解各测井资料对流体的响应特征是浅水流识别的关键，国内外研究资料表明，声波阻抗信息和 V_p/V_s 是识别浅水流砂体的重要岩石物理特性。

1）声阻抗特征。①岩石的密度、速度和声阻抗总体上随着埋深的增加而增大，而泊松比则减少，这说明随着埋深的增加，地层压实程度增高，岩石声阻抗随地层压力增加而增大，泊松比的降低也反映了压实程度的提高；②在 60mbsf、140mbsf 及 180mbsf 附近砂岩和泥岩的密度、速度和声阻抗差异较大，具有明显的异常特征，物性及流体特性差异明显，220mbsf 以下由于压实作用，砂岩和泥岩的岩石参数差异变小，浅水流砂体响应几乎没有；③与围岩/泥岩相比，砂岩含气后密度、速度、声阻抗和泊松比降低相对较大，因此在地震剖面上可以形成亮点和 AVO 异常现象，可以直接在地震剖面上识别气层。在白云凹陷二维测线上观测到的大量 AVO 异常对应的亮点现象，预示着白云凹陷气层富集。因而，泊松比可作为一个重要的浅水流预测参数。

2）纵横波速度比特征。①岩石的纵波速度、横波速度总体上随着埋深的增加而增大，而纵横波速度比则减少，这说明地层压力随埋深增加而逐渐增大，压实作用越来越强。②对于同一时代地层，泥岩表现为相对高纵横波速度和低 V_P/V_S 值；含水砂岩表现为相对低的纵横波速度和高 V_P/V_S 值；而含气砂岩表现为更低的纵横波速度、声阻抗和更高的 V_P/V_S 值，砂岩和泥岩在速度和 V_P/V_S 上的差异随埋深增加而减少，对应于沉积物压实程度增强。③在浅层，纵波速度、横波速度及差异较大，具有明显的异常特征，浅水流砂体特征响应明显。140mbsf 处 V_P/V_S 迅速增加至 8.5，明显高于围岩，表明该区有效应力较大，地层内赋存流体，岩层处于欠压实未固结状态；180~200mbsf 以下，V_P/V_S 迅速降低，该处与钻井获取的水合物的层位吻合，这些响应与声阻抗及泊松比响应对应良好。因此在白云凹陷，V_P/V_S 也是一个重要的浅水流预测参数。

5.4.2.2 基于遗传算法的全波形反演

（1）AVA 反演

叠前 AVA 地震反演技术可以全面利用大、中、小不同角度地震道集丰富的振幅、频率等信息，同时反演出纵、横波阻抗参数，以及纵横波速度比、泊松比等重要的弹性参数，考虑到研究区内缺少钻井资料，本书结合工区邻井资料，利用 AVA 反演获取初始模型，得到精确的横波速度是目前最佳的选择。AVA 反演基于 Zoeppritz 方程，在精度允许的情况下，通常使用 Zoeppritz 方程的各种近似式来计算反射系数。考虑到浅水流砂体通常为薄层，且 Aki-Richards 可以很好地反映薄层信息（Aki and Richards，1980；Fatti et al.，1994；Zoeppritz and Erdbebenwellen，1999），故使用优化的 Aki-Richards 方程计算浅水流的纵波速度、横波速度及密度：

$$R_{PP}(\theta) = (1 + \tan^2\theta)\frac{\Delta I_P}{2I_P} + (-8K\sin^2\theta)\frac{\Delta I_S}{2I_S} + (4K\sin^2\theta - \tan^2\theta)\frac{\Delta \rho}{2\rho} \qquad (5\text{-}1)$$

式中，R_{PP} 为反射等数；$\dfrac{\Delta I_P}{2I_P}$ 为法向入射时的 P 波阻抗反射系数；$\dfrac{\Delta I_S}{2I_S}$ 为法向入射时的 S 波阻抗反射系数；$K = V_S^2/V_P^2$；θ 为入射角（°），对于每个角度道集，θ 为常数。

基于式（5-1），对 0~15°、15°~30°和 30°~45°多个角道集数据体进行测井约束下的反演，其基本步骤如下。

1）对各个角度下的反射系数求值：

$$F(r) = \sum_i \sum_j \left[L_p(r_{ij}) + \lambda L_q(S_{ij} - d_{ij}) \right] \qquad (5\text{-}2)$$

式中，F 为角道集数据反射系数；r 为反射系数；i 为线号；j 为道号；p、q、L 为模因子；λ 为平衡因子；S 为合成地震记录；d 为原始地震数据。

2）对上述反演得到的 AVA 反射系数加权叠加，求取弹性参数：

$$\begin{cases} C_{I_P}(\theta_1)r_{I_P} + C_{I_S}(\theta_1)r_{I_S} + C_\rho(\theta_1)r_\rho = r_{PP}(\theta_1) \\ C_{I_P}(\theta_2)r_{I_P} + C_{I_S}(\theta_2)r_{I_S} + C_\rho(\theta_2)r_\rho = r_{PP}(\theta_2) \\ C_{I_P}(\theta_3)r_{I_P} + C_{I_S}(\theta_3)r_{I_S} + C_\rho(\theta_3)r_\rho = r_{PP}(\theta_3) \end{cases} \tag{5-3}$$

式中，r_{I_P} 为纵波阻抗反射系数；r_{I_S} 为横波阻抗反射系数；r_ρ 为密度反射系数；C_x（$x = I_P$、I_S，ρ）为权重因子，可由式（3-1）的系数计算得到，也可通过精确的 Zoeppritz 方程计算。

若直接对式（5-3）进行求解，由于方程组的不适应性，所得到的 r_{I_P}、r_{I_S} 和 r_ρ 值不稳定，可能导致结果与实际的地质意义相悖。因而，对方程做进一步的变换。由于当角度相同时，各采样点的同一岩性参数（r_{I_P}、r_{I_S}、r_ρ）所对应的系数值相同，故对于同一道的不同采样点如下：

$$\begin{bmatrix} r_{I_P}(t_1) & r_{I_S}(t_1) & r_P(t_1) \\ r_{I_P}(t_2) & r_{I_S}(t_2) & r_P(t_2) \\ \vdots & \vdots & \vdots \\ r_{I_P}(t_n) & r_{I_S}(t_n) & r_P(t_n) \end{bmatrix} \begin{bmatrix} C_{I_P} \\ C_{I_S} \\ \vdots \\ C_P \end{bmatrix} = \begin{bmatrix} R(t_1, \theta) \\ R(t_2, \theta) \\ \vdots \\ R(t_n, \theta) \end{bmatrix} \tag{5-4}$$

结合测井曲线可建立岩性参数与角度反射系数之间的关系。

3）对纵、横波阻抗和密度进行初始估算：

$$I_{P_{k+1}} = I_{P_k}\left(\frac{1 + rI_{\rho_i}}{1 - rI_{\rho_i}}\right) = I_{P_0}\prod_{j=1}^{i}\frac{1 + rI_{P_i}}{1 - rI_{P_i}}, \ I_{S_{k+1}} = = I_{S_0}\prod_{j=1}^{i}\frac{1 + rI_{S_i}}{1 - rI_{S_i}}, \ \rho_{i+1} = = I_{S_0}\prod_{j=1}^{i}\frac{1 + rI_{\rho_i}}{1 - rI_{\rho_i}}$$
$$\tag{5-5}$$

以地质模型为例，设其纵波阻抗初始值为 I_{P_0}，对式（3-5）两边取对数得

$$L_{I_P} = \lg[I_P(i)] = \lg\left[I_{P_0}\prod_{j=1}^{i}\frac{1 + r_{I_{P_j}}}{1 - r_{I_{P_j}}}\right] \tag{5-6}$$

对式（5-6）做级数展开，略去高次项，转换成矩阵形式，则有

$$r_{I_P} = DL_{I_P} \tag{5-7}$$

式中，$L_{I_P} = [L_{I_P}(0), L_{I_P}(1), \ldots, L_{I_P}(N)]T$；$D$ 为 N 行，$N+1$ 列的系数矩阵：

$$D = \frac{1}{2}\begin{bmatrix} -1 & 0 & 0 & \cdots & 0 \\ 1 & -1 & 0 & \cdots & 0 \\ 0 & 1 & 1 & \cdots & 1 \\ \vdots & \vdots & \vdots & \vdots & \vdots \\ 0 & 0 & \cdots & 1 & -1 \end{bmatrix}^T \tag{5-8}$$

结合式（5-1），可得

$$R(\theta_i) = C_{I_P}(\theta_i)r_{I_P} + C_{I_S}(\theta_i)r_{I_S} + C_\rho(\theta_i)r_\rho, \ i = 1, 3 \tag{5-9}$$

式中，$C_{I_P}(\theta_i)r_{I_P}$、$C_{I_S}(\theta_i)r_{I_S}$ 和 $C_\rho(\theta_i)r$ 可由式（5-4）求得，将式（5-9）转变成矩阵形式为

$$\begin{bmatrix} R(\theta_1) \\ R(\theta_2) \\ R(\theta_3) \end{bmatrix} = \begin{bmatrix} C_{I_P}(\theta_1)\boldsymbol{D}, & C_{I_S}(\theta_1)\boldsymbol{D}, & C_{\rho}(\theta_1)\boldsymbol{D} \\ C_{I_P}(\theta_2)\boldsymbol{D}, & C_{I_S}(\theta_2)\boldsymbol{D}, & C_{\rho}(\theta_2)\boldsymbol{D} \\ C_{I_P}(\theta_3)\boldsymbol{D}, & C_{I_S}(\theta_3)\boldsymbol{D}, & C_{\rho}(\theta_3)\boldsymbol{D} \end{bmatrix} \begin{bmatrix} L_{I_P} \\ L_{I_S} \\ L_{\rho} \end{bmatrix} \tag{5-10}$$

将测井资料中的纵横波阻抗和密度曲线所含的低频信息取对数后作为式（5-10）的初始解，用共轭梯度法求解，最终可求得纵波阻抗、横波阻抗和密度数据体，进而求得伪 S 波（李爱山等，2007）

（2）遗传算法原理

利用遗传算法获得控制点 P 波阻抗和 S 波阻抗，作为叠后反演的低频阻抗趋势。遗传算法（genetic algorithm，GA）是应用类似于自然生物演化的统计优化技术。GA 反演像许多其他反演方法一样，可以被纳入一个贝叶斯统计框架中，模型参数的先验信息和正演问题的物理特性被用于计算合成数据，然后将这些合成数据与观测资料进行匹配，获得模型空间内的边缘后验概率密度（posteriori probability density）函数的近似估计。

首先对任意 P 波速度的每一个观测叠前数据进行球面扩散补偿和动校正，从经过动校正的输入数据得到角道集，再与从相应模型计算的合成角道集相匹配，观测数据与合成数据的匹配程度称为模型适应性。当任意的地质模型与真实的相差很大时，观测数据的动校正是不正确的，说明观测数据计算的角道集与相应的合成角道集匹配程度差。当选择的任意模型与实际比较接近时，观测数据的动校正合理，说明观测数据计算的角道集与相应的合成角道集匹配程度好。这种方法同时找到了输入数据的动校正速度和振幅随角度变化的校正量，模型的低频和高频组分是由反演得到的。

根据观测数据和合成数据的匹配程度，使用再生、交叉、变异和更新等遗传运算对任意地质模型进行修改。在再生过程中，模型以与它们各自适应值成函数比例的形式再生。在交叉阶段，再生群体中的两个成员被随机地选作父辈，父辈中模型组分以特定的交叉概率部分交换产生两个子辈。在变异阶段，每一个子辈模型组分以特定的变异概率突然变化。变异后，每一个子辈模型的合成数据被计算并与观测数据匹配得到每一个子辈的适应值。在更新阶段，每一对子辈和它们相应的父辈的适应值以特定的更新概率进行比较，两个模型中具有高适应值的一对被选作下一代成员。这些遗传运算从模型的一代到下一代进行，一旦新的模型产生出来，模型又可以再生、交叉、变异和更新成为下一代，这一过程一直持续到产生的模型适应值具有收敛性（图 5-45）。

在叠前反演中，地质模型的离散化非常重要，叠前反演使用的模型层位越细，反演结果越接近真实测井模型。

（3）混合反演研究

混合反演是把叠后反演和叠前反演结合起来的一种反演方法，它能够在合理时间内对较大地震数据体进行弹性反演。叠前反演使用 AVO 信息，把叠前反演和叠后反演结合起来，采用基因遗传算法，在叠前数据的任意控制点上进行波形反演，仅在几个控制点上得到 P 波阻抗和 S 波阻抗作为叠后反演的低频阻抗趋势，然后进行叠后反演。如图 5-46 所示为混合反演流程。

混合反演首先要从叠前数据计算 P 波阻抗和 S 波阻抗，然后采用保幅流程进行 AVO

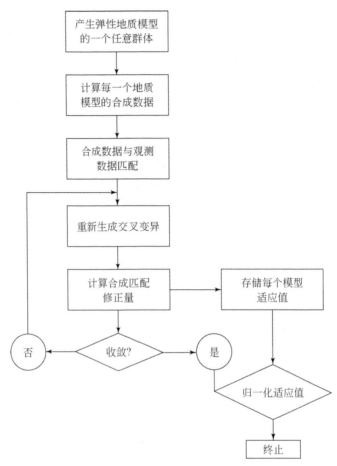

图 5-45　遗传算法反演处理流程

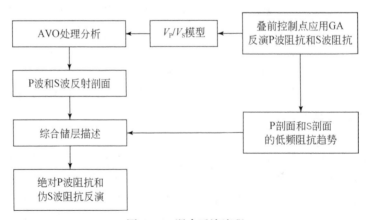

图 5-46　混合反演流程

处理产生 AVO 截距和 AVO 梯度数据。其次是假定纵横波速度比，结合 AVO 截距和梯度数据产生伪 S 波数据。最后是应用控制点叠前反演得到的 P 波阻抗和 S 波阻抗作为背景阻抗趋势，在 AVO 截距和伪 S 波剖面进行叠后反演。从叠后反演中得到 P 波阻抗和 S 波阻抗、泊松比、纵横波速度比及弹性参数。

（4）基于遗传算法的全波形反演

Singh 等（1993）应用叠前全波形反演方法研究了 BSR 反射层上、下的速度结构，取得了很好的理论与实际效果，该方法被广泛应用于大陆边缘的天然气水合物研究中。叠前全波形反演是一种多参数反演问题，计算量相当大，同时在遗传算法优化过程中需要对种群中的每个个体反复计算地震波场并与实际观测的地震波场进行对比，所以选择适当的地震波场正演方法决定了叠前全波形反演的有效性和可行性。虽然有限差分或有限元等波动方程数值解法能够精确地模拟出转换波和层间多次波，能够精确地与实际观测地震数据匹配，并且能够很好地适应于横向非均匀的介质，但是这种方法在实际的波形反演中只能是在理论上的探讨，远远超过了现有计算机的运算能力。射线追踪的方法能够分析横向非均匀介质的地震波场特征，但是基于射线理论的方法对于要进行薄层划分的叠前全波形反演来说并不能解决转换波和薄层多次反射的问题。Fuchs 和 Muller（1971）年首次提出的反射率法，能够模拟水平层状弹性介质的全波形波场。本书采用反射率法进行地震波场的正演。地震波形反演的目的是获取一个预测地震记录与实测地震记录拟合最佳的地质模型，其优点是反演依据充分，计算值与实测的对比参照是波形整体，这可以有效地排除偶然因素的影响，从而提高计算的可靠性和稳定性。

在反演过程中，本书采用 Kennett 广义反射透射系数矩阵方法来模拟全波形波场，该正演算法包含了自由表面的反射、反射层内的多次反射波、透射反射波以及转换波，因而其适合天然气水合物层精细速度结构的研究。本书基于遗传算法的叠前全波形反演主要由五个基本要素组成，即模型参数离散化、模型参数编码、目标函数向个体适应度值转换、遗传控制算法的参数和变量、指定结果的方法和停止运行的准则。具体反演流程如图 5-47 所示。

不同学者针对不同的目标采用了不同方法进行反演。波形反演的全局算法不会陷于局部极小值，而是对模型空间全面搜索，寻找全局最优值。在全局算法中，模拟退火和遗传算法是两种寻找全局极小解的反演方法，都是模拟自然过程中的自然规律，不同的是模拟退火是模拟物质退火的物理过程，遗传算法是模拟生物进化的自然选择和遗传过程。在地震波形反演中，模拟退火和遗传算法都能解决局部极值问题，并且不依赖于初始模型，而且可以明显提高参数空间随机搜索的效率。本书选择遗传算法进行叠前全波形反演。关于遗传算法原理，本书进行详细研究，其反演过程主要包括以下步骤：①对模型参数进行离散；②对模型参数进行编码；③确定初始模型的种群；④确定目标函数；⑤目标函数向适度值转换；⑥确定遗传算子，包括选择算子、杂交算子和遗传算子，选择算子是对群体中的个体根据个体的适应度函数值所度量的优劣程度决定它在下一代是被淘汰还是被遗传，适应度较高的个体被遗传到下一代群体中的概率较大，适应度较低的个体被遗传到下一代群体中的概率较小；⑦指定结果的方法和停止运行的准则。下面结合实例进行说明。

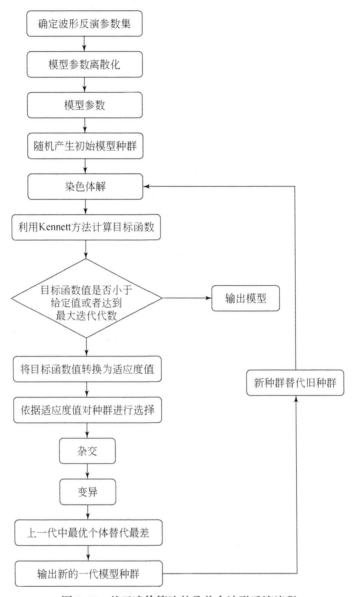

图 5-47　基于遗传算法的叠前全波形反演流程

本书利用层状介质模型计算叠前共炮点道集，为了简化计算，只考虑反演地层纵波速度和地层界面深度两个参数，横波速度和地层密度分别由经验公式给出。波形反演过程中遗传算法的控制参数取值如下：地层纵波速度和地层界面深度参数变化范围见图 5-48 阴影部分，纵波速度离散化精度为 0.01km/s，界面深度离散化精度为 0.01km，并采用在"权重"二进制 Gray 编码，种群大小 $M=26$，杂交概率为 $P_c=0.80$，变异概率 $P_m=0.005$，采用规则化互相关函数作为目标函数：

$$C(m) = \sum_1^{N_x} \left(1 - \frac{\sum_1^{N_t} u_o u_s(m)}{\sqrt{\sum_1^{N_t} u_o u_o} \sqrt{\sum_1^{N_t} u_s(m) u_s(m)}} \right)^2 \tag{5-11}$$

利用目标函数的概率密度函数作为适应度函数：

$$\text{fitness}(x) = \frac{1}{\sum_{i=1}^M e^{\frac{1}{2}\frac{[f(x)-f(i)]}{b}}}, \quad b = \sqrt{\frac{\sum_{k=1}^M \left[f(k) - c_{\text{mean}} \right]^2}{M}} \tag{5-12}$$

迭代次数为 50 次，在每次迭代过程中保留上一代中适应度值最高的个体。图 5-49 （a）是由真实纵波速度和地层厚度模型计算的叠前单炮记录，图 5-49（b）是在初始种群中任意选取一个地层模型计算的合成记录。可以看出，无论是在波形的种类还是在波形的到时上都存在较大区别，图 5-49 地层纵波速度曲线也显示了这种差异。

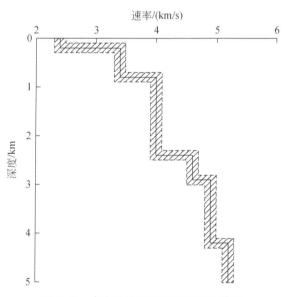

图 5-48　真实纵波速度和地层厚度模型

图 5-50 反映了遗传算法演化过程中的目标函数值统计情况，从中可以看出无论是种群中最优个体还是种群整体的优化程度在开始阶段都有较高的收敛速度，在迭代 30 次以后收敛速度趋于平缓，可以认为种群中的个体已经集中到真实地层速度模型附近。图 5-51 更直观地显示了这种优化过程，其中虚线代表速度模型可能取值的范围。可以看出，地层速度和界面深度都在向真实值靠近，但也同时发现，个别层位没有摆脱初始种群的束缚，这可以通过增加迭代次数或增加初始种群大小和多样性来克服。图 5-52（b）是遗传算法反演得到的合成记录，图 5-52（c）是图 5-52（a）和图 5-52（b）的残差。对比可见，两个记录具有很好的相似性，但考虑到计算耗时，反演结果还是有一定的不足之处。

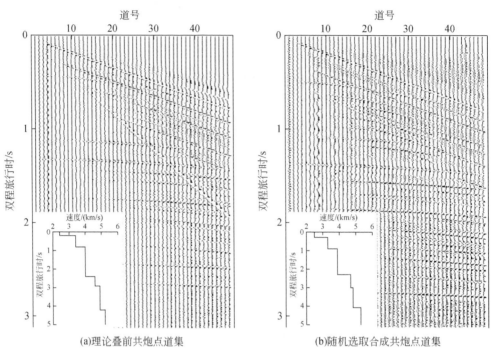

(a)理论叠前共炮点道集　　　　　　　　　　(b)随机选取合成共炮点道集

图 5-49　理论叠前共炮点道集和随机选取合成共炮点道集

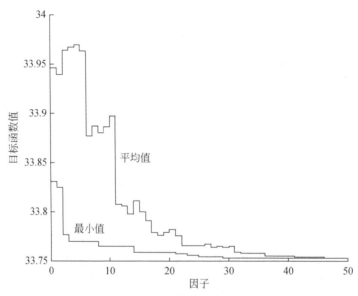

图 5-50　种群目标函数值的平均值及种群中最优个体的目标函数值

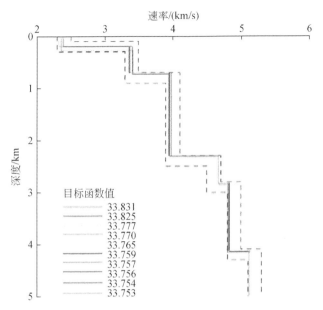

图 5-51　对应于演化过程中种群最优个体所代表的地层速度模型

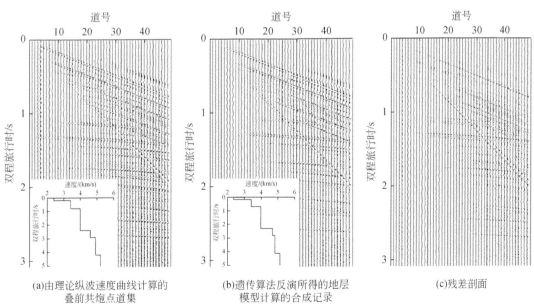

(a)由理论纵波速度曲线计算的
叠前共炮点道集

(b)遗传算法反演所得的地层
模型计算的合成记录

(c)残差剖面

图 5-52　由理论纵波速度曲线计算的叠前共炮点道集、遗传算法反演所得的地层模型
计算的合成记录和残差剖面

在实际应用中，在遗传算法中各参数的选择直接影响遗传算法的性能，即是否收敛以及收敛的速度。首先要注意的是种群的规模要适当。图 5-53 给出了种群大小为 16、26、38 和 50 时的算法收敛情况。可以看出，种群大小对反演性能影响比较大，如果种群规模

太小（$Q=16$），那么搜索收敛速度较慢，这是因为种群中个体缺乏多样性，不利于适应度值高的染色体进化，这样要得到满意的解就必须增加迭代循环搜索次数。虽然可以认为种群规模越大越有利于种群的进化，但种群个体过多，每进行一轮机器所需时间就多，致使算法的效率低。本书在计算机允许的情况下选择的种群大小为50，因为在这种情况下无论是种群中最优个体还是种群整体的优化程度都较其他情况要好。

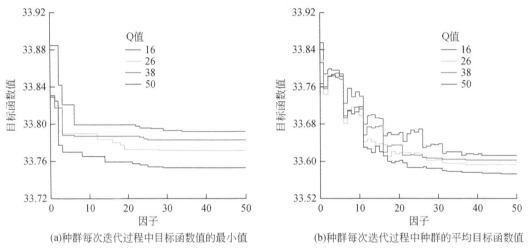

(a)种群每次迭代过程中目标函数值的最小值　　　　(b)种群每次迭代过程中种群的平均目标函数值

图5-53　不同种群大小波形反演收敛速度对比

利用遗传算法优化过程中，在开始阶段，目标函数值下降很快，但随着种群演化的进行，目标函数下降幅度变缓，最后几乎成为一条水平的直线。由于适应度是衡量染色体优劣的准则，当演化进行到后期时，群体中各模型都已接近最优值，它们的适应度值也比较接近，很难分开它们之间的差别，从而搜索速度越来越慢，为此需要将适应度函数进行拉伸变换，也就是把适应度的细小差别适当放大，以便选取最优模型。在给定参数离散化间隔即确定参数离散化精度后，应用遗传算法总能求得一个全局最优解。但在实际计算过程中，对于多参数波形反演，如果参数离散化精度设置较高，则需要消耗大量的运算时间和内存空间来达到寻优的目的。如果为了减少运算时间而把模型参数离散化精度降低的话，有可能出现不收敛的情况。所以本书采用先给定较低的参数离散化精度，然后在反演过程中逐步缩小搜索范围，这样既提高了运算速度，同时又保证了计算可以收敛到全局最优解。

好的反演方法一定要有一定的抗噪能力，图5-54（a）是在由理论纵波速度曲线计算的叠前共炮点道集（加入信噪比为6的随机噪声），图5-54（b）是利用遗传算法反演得到的合成记录，图5-54（c）为两者的残差，可以看出残差一部分为反演误差引起的波形差异，另一部分为随机噪声。从波形反演得到的地层速度模型可知，虽然单炮记录中存在噪声，但与真实地层速度模型仍有较好的相似性。由此可知，基于遗传算法的波形反演具有较好的稳定性。对遗传算法的性能影响最大的可能是杂交和变异操作，当模型群体陷于某个极小值谷中而不能逃脱时，配合有效的变异操作可使其解脱。但是当经过若干代杂交操作后在种群中产生了对形成最优解有建设性作用的个体时，不适当的变异操作有可能破坏这些个体而影响进化的进程。因此，要保证遗传算法的高效率，就要有效配合使用杂交和变异操作，通常构造时往往需要对所要求解的问题进行分析和试算。

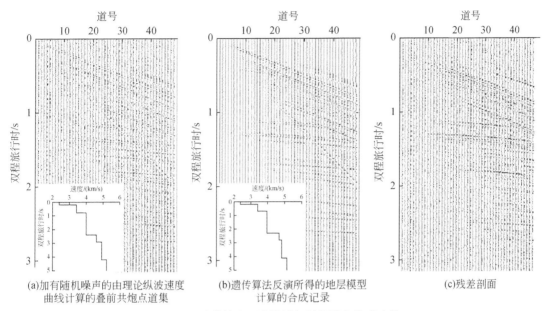

(a)加有随机噪声的由理论纵波速度　　　(b)遗传算法反演所得的地层模型　　　　(c)残差剖面
曲线计算的叠前共炮点道集　　　　　　计算的合成记录

图 5-54　遗传算法反演结果与随机噪音模型比较

因此，利用遗传算法进行全波形反演不依赖于初始模型，仅利用目标函数而不需要求取导数，其操作对象是一群编码串，而不是单一的模型，采用以适应度函数为依据的随机而非确定性的规则对模型空间进行全局的搜索，算法收敛速度快且稳定。

（5）反演效果分析

为了预测浅水流灾害地球物理特性，通过对沉积物物性分析，采用特殊处理技术改善成像效果（图 5-55）。

基于遗传算法初步获得任意共中心点道集（CMP）的纵横波速度，然后在叠后资料上进行反演，获得纵波速度、横波速度、纵波横波速度比及泊松比剖面，通过分析这些剖面获取浅水流发生区沉积物特性。利用 AVO 截距（图 5-56）和 G 剖面，获得伪 S 波剖面（图 5-57）。图 5-58 和图 5-59 分别为 P 波和 S 波的合成地震记录。

利用 Rock Trace 的 CSSI 分别对截距和伪 S 波剖面进行反演，图 5-60 和图 5-61 分别为 P 波阻抗和 S 波阻抗剖面。从图 5-60 可以看出，浅水流区存在低 P 波阻抗异常和极低 S 波阻抗异常。

利用 P 波阻抗和伪 S 波阻抗剖面，本书获得了纵横波速度比剖面（图 5-62），纵横波速度比值范围为 5～20。

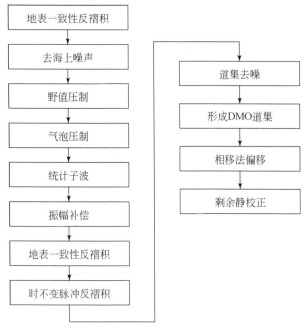

图 5-55　处理流程

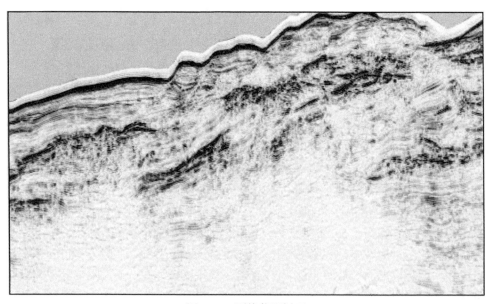

图 5-56　测线截距剖面

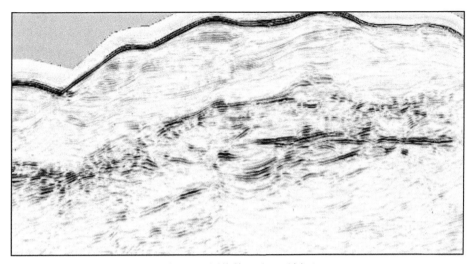

图 5-57　测线伪 S 波地震剖面

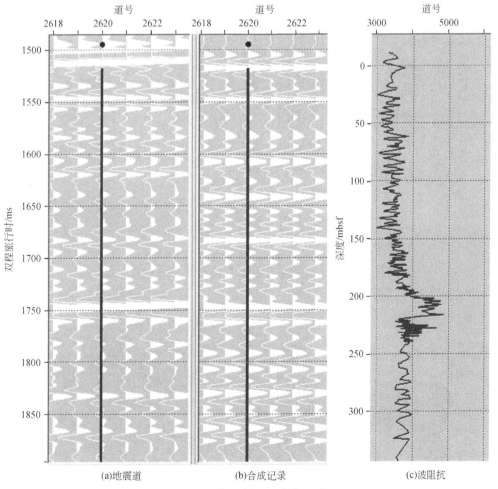

(a)地震道　　　　　　(b)合成记录　　　　　　(c)波阻抗

图 5-58　截距剖面的合成记录

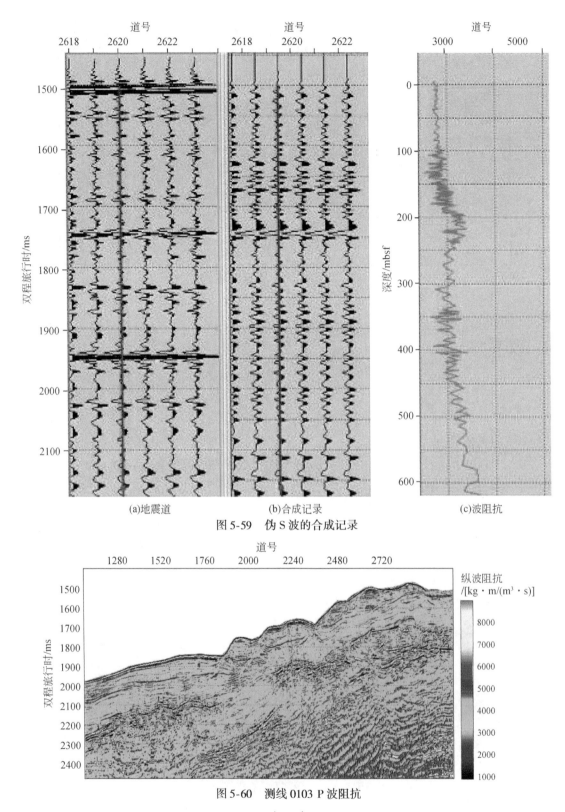

(a)地震道　　　　　　　(b)合成记录　　　　　　　(c)波阻抗

图 5-59　伪 S 波的合成记录

图 5-60　测线 0103 P 波阻抗

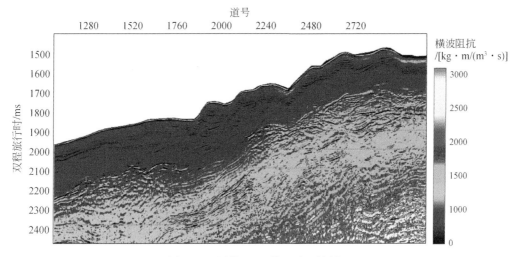

图 5-61 测线 0103 伪 S 波阻抗剖面

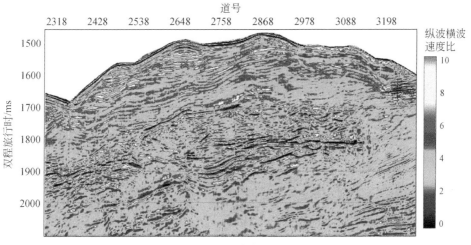

图 5-62 测线纵横波速度比剖面

5.4.3 压力场数值模拟

5.4.3.1 一维数学模型

（1）基本原理

浅水流的本质即地层中异常超压的释放过程，在地层中浅水流砂体是一套被快速沉积的不渗透或低渗透的泥岩围限的超压砂体，由于砂体中的流体不能正常排出因而导致流体压力异常增高，这导致超压的形成，其应力场状态如图 5-63 所示。

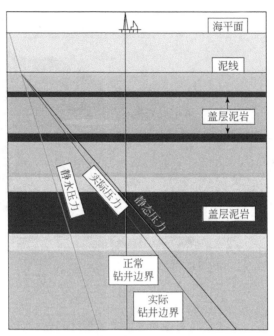

图 5-63　深水盆地中一种典型的压力深度曲线（Ostermeier et al.，2002）

令 P_h 为静水压力，其值可表示如下：

$$P_h = \rho_w g z \tag{5-13}$$

式中，z 为由海底开始算起的深度（m）；g 为重力加速度；P 为流体压力（Pa），正常压实或完全排水情况下，$P = P_h$。

则超压 P^* 可表示如下：

$$P^* = P - P_h \tag{5-14}$$

σ'_v 为有效应力或骨架压力，与流体压力一起支撑上部的水体和岩石，$\sigma'_v = \sigma_v - P$，为了更有效地描述超压状态，本书引入超压比率 λ^*（Dugan and Flemings，2000，2002）。

$$\lambda^* = \frac{P - P_h}{\sigma_v - P_h} \tag{5-15}$$

当 $\lambda^* = 0$ 时，$P = P_h$，表明流体压力即静水压力，此时地层完全排水，不产生超压，当 $\lambda^* = 1$ 时，$P = \sigma_v$，表明地层完全不排水，流体压力支撑上覆所有的沉积物及水体，严重超压。因而，可以很好地描述地层的超压状态。

变形介质中固体颗粒压实和沉降质量守恒方程可以表示如下（Jacob，1949；Palciauskas and Domenico，1989）：

$$\frac{\partial}{\partial t}\left[(1-\varphi)\rho_s\right] + \frac{\partial}{\partial z}\left[v_s(1-\varphi)\rho_s\right] = 0 \tag{5-16}$$

变形介质中流体迁移质量守恒方程可表示为

$$\frac{\partial}{\partial t}\left[\varphi\rho_f\right] + \frac{\partial}{\partial z}\left[v_f\varphi\rho_f\right] = 0 \tag{5-17}$$

式中，φ 为孔隙度；t 为时间（ka）；v 为速度（m/s）；ρ_s 为固体颗粒密度（g/cm³）；ρ_f 为流体密度（g/cm³）。流体容积流量（volume flux）q 可表示如下：

$$q = \varphi_\eta (v_f - v_s) \tag{5-18}$$

将式（5-18）带入式（5-16），引入物质导数，得到：

$$\frac{D(\rho_f \varphi_\eta)}{Dt} + \rho_f \varphi_\eta \frac{\partial v_s}{\partial z} + \frac{\partial}{\partial z}(\rho_f q) = 0 \tag{5-19}$$

联立式（5-17）和式（5-19）消去垂向加速度项 $\dfrac{\partial v_s}{\partial z}$，得到：

$$\frac{D[\ln(\rho_f \varphi_\eta)]}{Dt} + \frac{1}{\rho_f \varphi} \frac{\partial}{\partial z}(\rho_f q) - \frac{D\{\ln[\rho_s(1-\varphi_\eta)]\}}{Dt} = 0 \tag{5-20}$$

简化式（5-20），由于在不同的历史时期，流体密度、颗粒密度及孔隙度均随压实作用变化，故对各项求导，可得到：

$$\frac{\varphi_\eta}{\rho_f} \frac{D\rho_f}{Dt} - \frac{\varphi_\eta}{\rho_s} \frac{D\rho_s}{Dt} + \frac{1}{1-\varphi_\eta} \frac{D\varphi_\eta}{Dt} + \frac{1}{\rho_f} \frac{\partial}{\partial z}(\rho_f q) = 0 \tag{5-21}$$

如果假定沉积物仅在垂向上发生应力变形，即应变状态为单轴应变，沉积物的体应变可由孔隙度和固体颗粒的密度函数表示，其应变特征可表示如下：

$$\frac{DV}{V} = \frac{1}{(1-\varphi_\eta)} D\varphi_\eta - \frac{1}{\rho_s} D\rho_s \tag{5-22}$$

将式（5-22）带入式（5-21）消去 $\dfrac{1}{(1-\varphi_\eta)} D\varphi_\eta$ 项，方程可变换为

$$\left(\frac{1}{V}\right) \frac{DV}{Dt} + \left(\frac{\varphi_\eta}{\rho_f}\right) \frac{D\rho_f}{Dt} + \left(\frac{1-\varphi_\eta}{\rho_s}\right) \frac{D\rho_s}{Dt} + \frac{1}{\rho_f} \frac{\partial}{\partial z}(\rho_f q) = 0 \tag{5-23}$$

式（5-23）左边第一项反映了介质变形过程中的体应变率，为 $-\dfrac{\partial v_s}{\partial z}$；第二项和第三项分别反映了孔隙流体和固体颗粒的密度变化率，假设流体具有微应变，最后一项反映了流体的流出率。流体的质量通量由达西定律描述：

$$\frac{\partial}{\partial z}(\rho_f q) = -\frac{\partial}{\partial z}\left[\left(\frac{K}{g}\right) \frac{\partial(P - \rho_f g z)}{\partial z}\right] = -\frac{\partial}{\partial z}\left[\left(\frac{K}{g}\right) \frac{\partial P^*}{\partial z}\right] \tag{5-24}$$

式中，P 为流体压力；P^* 为超压；g 为重力加速度；K 为水动力系数，其相互间的关系在建立地质模型时已进行阐述。

假定流体和颗粒的应变与流体压力和温度相关，流体密度变化率可由流体压力和温度的变化特征描述：

$$\frac{D\rho_f}{\rho_f} = \beta_f DP - \alpha_f DT \tag{5-25}$$

由于应力分布的不均质性，固体颗粒变化率受平均应力、压力和温度的共同影响，在实际计算过程中，常采用线性公式近似如下：

$$(1 - \varphi_\eta) \frac{D\rho_s}{\rho_s} = \beta_s D\sigma - \varphi_\eta \beta_s DP - (1 - \varphi_\eta) \alpha_s DT \tag{5-26}$$

孔隙度计算采用工业上常用的算法，即孔隙度与有效应力呈指数关系：

$$\varphi_\eta = \varphi_0 e^{-\beta(\sigma_L - P) + \alpha_b(T - T_0)} \tag{5-27}$$

则式（5-27）的微分式可表示如下：

$$D\varphi_\eta = -\beta\varphi_\eta D\sigma_L + \beta\varphi_\eta DP + \alpha_b\varphi_\eta DT \tag{5-28}$$

将三个本构方程与式（5-21）联立求解，得到：

$$\left[\frac{\varphi_\eta}{1-\varphi_\eta}\beta + \varphi_\eta\beta_f - \varphi_\eta\beta_s\right]\frac{DP}{Dt} = \frac{1}{\rho_f g}\left[\frac{\partial}{\partial z}\left(K\frac{\partial P^*}{\partial z}\right)\right] + \beta\frac{\varphi_\eta}{(1-\varphi_\eta)}\frac{D\sigma_v}{Dt} + \alpha_m\frac{DT}{Dt}$$

$$\tag{5-29}$$

对方程变换，令：$St = \dfrac{\varphi_\eta}{1-\varphi_\eta}\beta + \varphi_\eta\beta_f - \varphi_\eta\beta_s$，则（5-29）可变换为：

$$\frac{DP}{Dt} = \frac{1}{St\rho_f g}\left[\frac{\partial}{\partial z}\left(K\frac{\partial P^*}{\partial z}\right)\right] + \beta\frac{\varphi_\eta}{St(1-\varphi_\eta)}\frac{D\sigma_v}{Dt} + \frac{\alpha_m}{St}\frac{DT}{Dt} \tag{5-30}$$

由于固体颗粒的沉降和压实作用是在物质或压实坐标系下进行，流体的扩散过程是在笛卡尔空间坐标系下进行，因而，需要对二者进行转换，转换方法如下：

$$z = \int_0^\eta \frac{1}{1-\varphi_\eta}d\eta$$

$$dz = \frac{1}{1-\varphi_\eta}d\eta \tag{5-31}$$

在压实坐标系下，沉积物孔隙度为零。式中，η 为完全压实状态下，沉积物表层到沉积颗粒处的距离；z 为实际的未压实状态下，沉积物表层到沉积颗粒处的距离。

将式（5-31）带入式（5-24），达西定律可表示如下：

$$\frac{\partial}{\partial z}(\rho_f q) = \frac{1-\varphi_\eta}{g}\frac{D}{D\eta}\left[-K(1-\varphi_\eta)\frac{DP^*}{D\eta}\right] \tag{5-32}$$

故可得到在温压场变化情况下，沉积物的应力状态随孔隙度的变化情况。据国外主要深水油气盆地浅水流区超压机制研究，不均衡压实作用为主导因素，为简化方程，可暂时忽略温度对超压的贡献，简化后的方程如下：

$$\frac{DP}{Dt} = \frac{k(1-\varphi_\eta)^2}{\mu St\rho_f g}\frac{D^2 P^*}{D_\eta^2} + \beta\frac{\varphi_\eta}{St(1-\varphi_\eta)}\frac{D\sigma_v}{Dt} \tag{5-33}$$

由最终推导的沉积压实模型可以看出，沉积压实过程中的超压主要来源于不均衡压实。其中，右侧第一项代表流体压力扩散，主要参数为渗透率 k、孔隙度 φ。如果流体正常压实，则无压力圈闭，该项应与右侧第二项代表超压来源项相互抵消，但由于地质条件的复杂性，实际情况并不是这种情况，故超压现在在地层中极为常见，右侧第二项主要取决于沉积加载，由沉积速率控制。通过选取的参数，便可实现钻前预测。

（2）ODP 1148 井实例分析

为验证方法的可靠性，以1148井为例，进行数值模拟（孙运宝等，2015）。孔隙度、压力、岩性及分层数据均来自 ODP 184 航次初始报告，但部分数据经过预处理，如1148站位的原始孔隙度是由岩芯干湿样品的质量和体积测量得来，这种方法在去除孔隙水的同时，也去除了大量存在于黏土矿物（如蒙脱石）内的层间水（结合水），这会导致较大的孔隙度偏差，本书对测量孔隙度进行了层间水校正（图 5-64）。

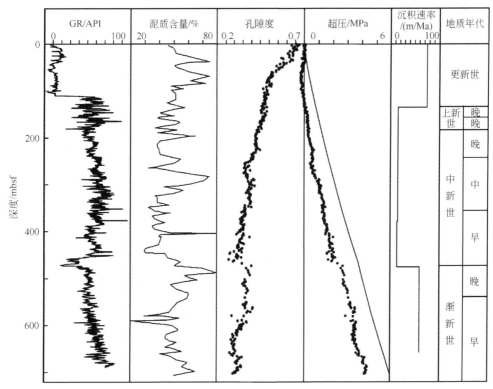

图 5-64　1148 站位的岩芯数据

为了方便与前人的研究成果比较，本书基于 1148 站位分层资料建立地质模型，并结合测井数据选取模型参数，这样不但可保证地质参数的客观性，而且还可以增加模拟结果的可信度，使模拟结果能够更加真实地反映研究区的实际情况。假设沉积过程可逆，超压机制由压实不均衡导致和热力学膨胀作用引起。模型上边界为海底，不存在超压，为完全渗透地层，沉积物正常加载，下边界和侧边界均为非渗透地层，超压沿垂向释放或聚集，不考虑研究区内复杂的断裂结构及其封堵性对模拟结果的影响，这降低了模拟的难度（图 5-65）。

1. 水动力系数 K

Carman-Kozeny 渗透方程是获取渗透率最有效的方法，但由于研究区沉积环境时空变化较大，无从获取有效孔隙半径、弯曲度等详细信息，因而采用如下经验公式（Dugan and Flemings，2000；Gardner and Gardner，1974）：

$$K = G \cdot e^{\left[\frac{\varphi}{a(1-\varphi)}\right]} \tag{5-34}$$

假设沉积物为单一岩性，均为泥质粉砂岩，则式（5-34）中，G 取 1.682，a 取 0.125。

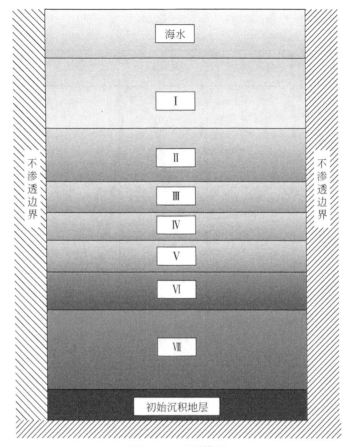

图 5-65　地层模型

2. 初始孔隙度 φ_0

孔隙度可由孔隙度与有效应力的关系求取：

$$\varphi = \varphi_0 e^{-\beta\sigma} \tag{5-35}$$

该方程仅适用于浅表层的泥质粉砂岩，假设最浅部的 50m 地层压力为静水压力，即超压 $P^* = 0$。因此，计算参数只有 φ_0 和 β 未知，将孔隙度和垂直有效应力值进行指数形式的拟合，则可以求出参考孔隙度和体积压缩系数。确定初始孔隙度 $\varphi_0 = 0.66$，体积压缩系数 $\beta = 0.7\mathrm{MPa}^{-1}$（图 5-66）。Dugan 和 Flemings（2000）在新泽西陆坡选取的体积压缩系数为 $\beta = 0.44\mathrm{MPa}^{-1}$，和本书计算得到的体积压缩系数具有相同的数量级，考虑到 1148 站位和新泽西陆坡的主要岩性均为黏土沉积物，因此该体积压缩系数较为合理。

3. 模拟常数

模型恒定参数值见表 5-1。

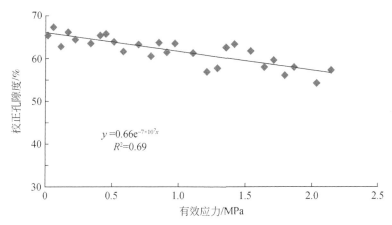

图 5-66　1148 站拟合正常压实情况下获取的参考孔隙度和初始压缩系数

表 5-1　模型恒定参数值

参数	符号	值
流体密度/（kg/m³）	ρ_f	1030
颗粒密度/（kg/m³）	ρ_s	2680
初始沉积物密度/（kg/m³）	ρ_0	1530
重力加速度/（m/s²）	g	9.81

4. 模拟结果及误差分析

结合以上参数，对 1148 站位超压随孔隙度、超压及流体压力变化特征进行模拟，模拟时间间隔为 0.1 Ma，时间长度为 32Ma，深度间隔为 5m，深度为 700m。

模拟得到的孔隙度为 0.36 ~ 0.66，总体与原位获取的孔隙度吻合度高（图 5-67）。其中浅层（0 ~ 300m）孔隙度为 0.407 ~ 0.66，与实测孔隙度误差为 -0.0334 ~ 0.0235，误差百分比为 -3.68% ~ 5.58%；中浅层（300 ~ 500m）孔隙度为 0.3856 ~ 0.404，与实测孔隙度误差较大，为 -0.0039 ~ 0.0958，误差百分比为 0.99% ~ 37.27%；中深层（500 ~ 600m）孔隙度为 0.3765 ~ 0.3856，与实测孔隙度误差较小，为 -0.0039 ~ 0.0144，误差百分比为 -0.99% ~ 3.96%；深层（600 ~ 700m）孔隙度为 0.3597 ~ 0.3713，与实测孔隙度误差较大，为 0.0303 ~ 0.0534，误差百分比为 8.87% ~ 17.42%。

超压模拟结果总体与 1148 站位报告模拟结果较为一致，其中浅层（0 ~ 150m）超压为 0 ~ 0.31MPa，与实测超压误差较小，为 -0.13 ~ 0.1MPa；中浅层（150 ~ 250m）超压为 0.53 ~ 0.78MPa，与实测超压误差较大，为 -0.05 ~ 0.11MPa，误差百分比为 -9.66% ~ 12.98%；中深层（250 ~ 450m）超压为 1.06 ~ 2.68MPa，与实测超压误差较小，为 -0.02 ~ 0.21MPa，误差百分比为 -1.48% ~ 2.92%；深浅层（450 ~ 650m）超压为 2.94 ~ 3.47MPa，与实测超压误差较大，为 -0.25 ~ -0.19MPa，误差百分比为 -7.76% ~ -5.25%；深深层（650 ~ 700m）超压为 3.72 ~ 4.23MPa，与实测超压误差较小，为 -0.14 ~ -0.10 MPa，误差百分比为 -3.72% ~ -2.89%（图 5-68，图 5-69）。

流体压力模拟结果表明（图 5-67），浅层（0 ~ 100m）流体压力为 0 ~ 0.76MPa，与实测流体压力误差较小，为 -0.78 ~ -0.05；中浅层（100 ~ 200m）流体压力为 0.76 ~ 1.63MPa，与实测流体压力误差较大，为 0.11 ~ 0.14，误差百分比为 9.69% ~ 19.87%；中深层（200 ~ 450m）流体压力为 1.92 ~ 3.36MPa，与实测流体压力误差较小，为 0.03 ~ 0.14 MPa，误差百分比为 1.17% ~ 7.78%；深层（450 ~ 700m）流体压力为 3.65 ~ 5.40MPa，与实测流体压力误差较小，为 -0.05 ~ -0.01MPa，误差百分比为 -0.4% ~ -0.28%。

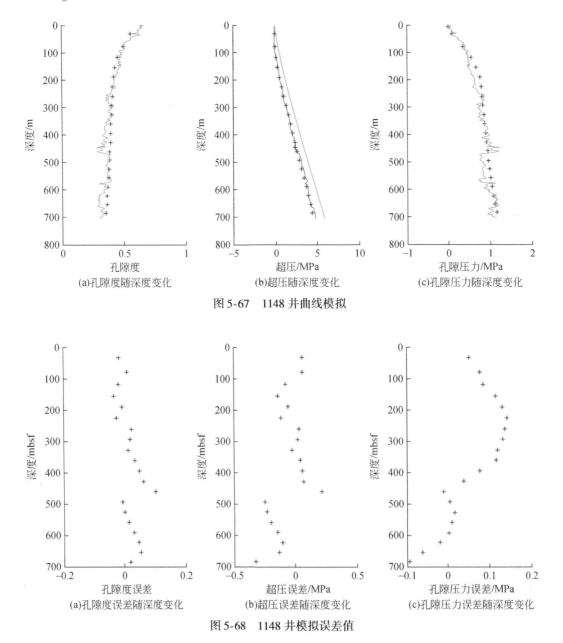

图 5-67　1148 井曲线模拟

图 5-68　1148 井模拟误差值

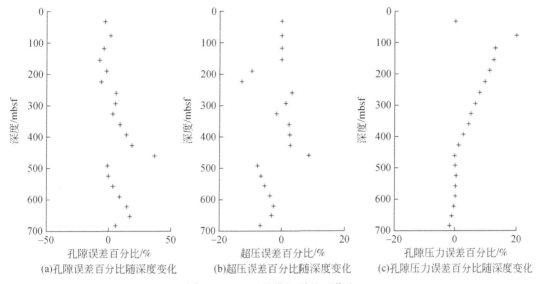

(a)孔隙误差百分比随深度变化 (b)超压误差百分比随深度变化 (c)孔隙压力误差百分比随深度变化

图 5-69 1148 井模拟误差百分比

　　基于沉积模型模拟的结果总体上与 1148 站位报告吻合，但局部仍存在较大误差，考虑到 1148 井岩性变化不大，因而，干矿物颗粒对模型结果影响不大，而沉积速率和水动力系数很可能为主要影响因素。

　　沉积速率控制着新沉积物质的厚度，进而影响原有沉积体系的温度和压力场。研究分别采用不同沉积速率（ $m_1 = 15\text{m/Ma}$ ， $m_2 = 25\text{m/Ma}$ ， $m_3 = 35\text{m/Ma}$ ）进行计算，模拟结果表明沉积速率增加，孔隙度增加，超压增加，有效应力减小，且随沉积速率增加，孔隙度、超压增加梯度降低，有效应力减小梯度降低（图 5-70，图 5-71）。这表明，孔隙度中

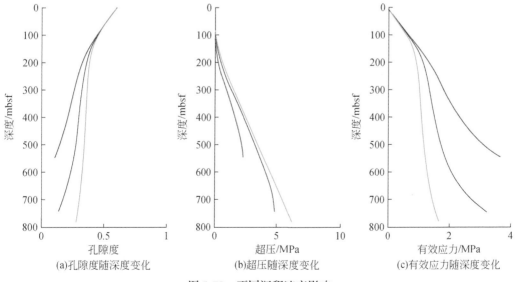

(a)孔隙度随深度变化 (b)超压随深度变化 (c)有效应力随深度变化

图 5-70 不同沉积速率影响

浅层和深层的高孔隙度误差可能与给定的较高沉积速率有关，高沉积速率对超压影响相对较小，而通过分析沉积物发现，中浅层和深层恰好位于滑塌段，模拟结果与实际值的偏差，很可能与平衡剖面恢复时沉积速率被高估有关。

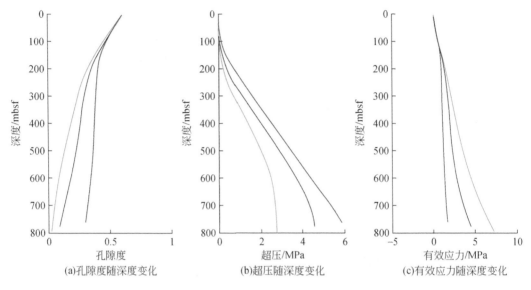

(a)孔隙度随深度变化   (b)超压随深度变化   (c)有效应力随深度变化

图 5-71　不同渗透系数影响

通常，渗透系数随深度的增加而增加，渗透率随深度的增加而降低，由于本书采用均一渗透系数，因而难免与实际值有所偏差。然而，渗透系数却直接影响压力的扩散程度，进而控制原有沉积体系的温度和压力场状态。本书分别采用不同渗透系数参数（$G_1 = 1.68 \times 10^{-13}$ m/s，$G_2 = 2.68 \times 10^{-13}$ m/s，$G_3 = 5.68 \times 10^{-13}$ m/s）进行计算。模拟结果表明，随渗透系数增加，孔隙度降低，超压降低，有效应力增加，且随沉积速率增加，孔隙度降低，梯度降低，超压降低梯度增高，有效应力增加梯度相对较小（图 5-70，图 5-71）。这表明中层、深层孔隙度高值很可能受渗透系数影响，较低的渗透系数容易导致较高的孔隙度，从而形成较大的正误差。

地层渗透率既受自身因素影响，还受沉积作用、成岩作用、构造作用及温压条件影响，由于本书仅考虑了沉积压实作用和温度作用的影响，估算的超压值总体难免偏低。

综上所述，结合 ODP 1148 站位资料，本书提出的演化模型，在时间间隔为 0.1Ma、地层网格为 5m 时，经过 32Ma 的演化，获取了与现今压力场较为吻合的孔隙度及压力场分布状态。模拟结果表明，总体上孔隙度、超压及孔隙压力随深度增加逐渐增加，符合实际地质条件。在快速沉积段，孔隙度快速增加，超压特征明显，流体压力增加，能够较好地反映 1148 站位滑塌段压力特征。误差分析表明，沉积速率、渗透系数对模型影响较大，由于获取的数据有限，无法确保赋值参数的精度，模拟误差在所难免。但该方法已然能够获取关键层位的有效应力场信息,因此其可以作为水合物资源量评价的重要手段。如果辅以更精细的测井资料和钻井结果,则其能够获取更高精度的模拟结果。

5.4.3.2 白云凹陷实际模型

考虑到 23.8Ma 开始的南海运动,古珠江三角洲体系已经前积到陆架坡折带附近,相当于现今白云凹陷北缘的番禺低隆起附近,浅水流砂体主要来源于古珠江水系,岩石物性特征与番禺低隆起带存在一定的关联性。模拟剖面选取白云凹陷深水水道发育区内具有代表性的典型剖面,测线 A 浅部地层自下而上依次为中中新世,晚中新世,上新统和第四系地层,共划分 4 个地层层序(A、B、C、D)(表 5-2),水深为 850~2000m,其中在层序 B 内(水深 1500~1850m)识别了深水水道砂体。

表 5-2 南海北部陆坡层序地层划分

地层	底界年龄/Ma	层序	白云凹陷划分方案
第四系	1.806	A	
			T_1
上新统	5.332	B	
			T_2
晚中新统	11.608	C	
			T_3
中中新统	15.97	D	

地质模型参数结合神狐海域水合物钻探区测井资料及钻井分析结果,基于岩石物性分析建立岩石物性参数如深度、含水饱和度、孔隙度、泥质含量等和地震参数如纵波速度与密度的关系获取,建立的地层模型如图 5-72 所示。

(a)原始地震剖面层序解释

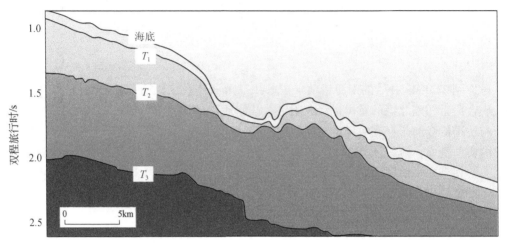

(b)基于层序特征建立的几何模型

图 5-72   2D 地质模型

岩石的渗透率依据 Carman-Kozeny 渗透方程，采用 Flemings 等（2001）针对墨西哥湾 Ursa 深水盆地泥质砂岩所拟合的经验公式（5-34）求取，在计算时将全部层序简化为单一岩性泥质粉砂岩。

1. 孔隙度 φ

在浅表层，正常压实情况下，孔隙度可由孔隙度与有效应力的关系式（5-35）求取，由于初始压力场为正常压力场，故不存在超压，有效应力即地层岩石自重，有效应力即上覆应力与静水压力的差值，因此可通过拟合获取初始的参考孔隙度和初始压缩系数（图 5-73）。

求取结果如下：$\varphi_0 = 0.613$，$\beta = 2.0 \times 10^{-7}$。

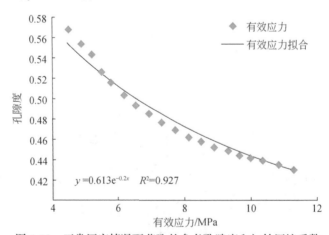

图 5-73   正常压实情况下获取的参考孔隙度和初始压缩系数

2. 密度 ρ

地层密度采用最靠近深水区的两口井：深部井 well-1 井和浅层井 well-2 井的实测密度值。深部井的密度随深度的变化关系可以用下式表示（图 5-74）：

$$\rho = 0.15 \times h + 2077 \tag{5-36}$$

式中, ρ 为地层密度（kg/m³）; h 为地层深度（m）。

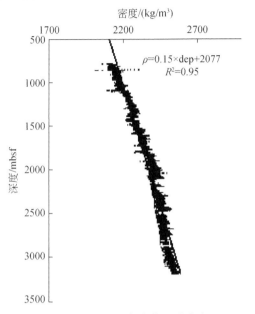

图 5-74 well-1 井的地层密度值（董冬冬, 2008）

浅层井依据 Gardner（1974）公式, 密度（图 5-75）随速度的变化关系可以用下式来表示:

$$\rho = 1.602 V_{\mathrm{P}}^{0.372} \tag{5-37}$$

式中, ρ 为地层密度（kg/m³）; V_{P} 为地层速度（km/s）。

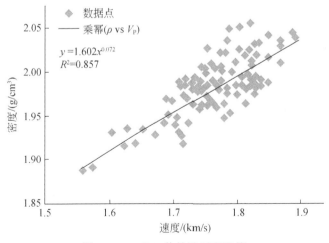

图 5-75 well-2 井的地层密度值

3. 模型参数

模型计算参数见表 5-3。

表 5-3 模型计算参数

参数	符号	值
流体密度/（kg/m³）	ρ_f	1030
颗粒密度/（kg/m³）	ρ_s	2680
初始沉积物密度/（kg/m³）	ρ_0	1530
重力加速度/（m/s²）	g	9.81
初始孔隙度	φ_0	0.613
体压缩模量/（Pa⁻¹）	β	2.0×10^{-7}
黏度 cP①	μ	1
初始沉积速率/（m/a）	m	0.0012

压实模型求解主要分为两步，首先计算在特定时间内的超压，即对式（5-33）右边第二项求解，如果给定 Dt，则超压主要与上覆压力 σ_v 在 Dt 时间内沉积物的厚度相关，因而只需计算出区域沉积速率即可。然后对式（5-33）右边第一项求解，考虑压力扩散，求解过程采用有限差分法．

压力场的求取主要分以下 5 步。

1）层速度分析。进行全区超压预测唯一可以利用的资料是地震波速度，地震波速度是非常重要的基础数据，速度的正确与否直接影响流体势能计算的正确性。由于超压分布的不连续性，在剖面上存在 V_p/V_s 异常的敏感地带要加密速度谱，得到该地区速度的横向变化，为了提高速度分析的横向分辨率，在速度分析前作一个超道集，每隔 20 个 CDP 将 5 道作为一个叠加道，并且加密计算速度谱的网格，这样能提高速度谱中能量团的垂向分辨率，突出速度变化趋势。在进行初次迭代后，针对可能出现的短波长的剩余静校正量，在叠加剖面上选择连续性好的反射层作为模型道，采用叠加最大能量法计算剩余静校正量，并应用到新的速度分析中，反复迭代最终获得满意的叠加剖面，并且在迭代过程中速度谱的精度也随之不断提高。首先在经过简单预处理之后，进行第一次速度分析，对原始资料进行了初叠，在初次迭代剖面上分析工区的构造和地层特征，并拾取强连续同相轴为剩余静校正做准备，然后在叠加去噪、振幅补偿和反褶积后，进行第二次速度分析，经过剩余静校正后，加密网格进行第三次速度分析（作为已知输入参数）。

2）确立精确的时-深关系。依据声波测井曲线，采用井震结合的方法建立合成地震记录，确定精确的时深关系。

3）确立密度-深度转换关系。依据密度测井曲线，按照地质分层，对密度与深度的关系进行拟合，确定合适的拟合公式，由于缺失深部资料，采用离井较近的 Lw3-1-1 井的

---

① 1cP＝10^{-3}Pa · S。

时–深关系作为深部的时深关系。

4）初始压力求取。上覆应力为各地层应力之和，由层密度资料求取；流体压力为上覆压力与有效应力的差值，有效应力利用孔隙度预测公式转换式求取 $\sigma = \dfrac{1}{-\beta}\ln\dfrac{\varphi}{\varphi_0}$；初始超压为流体压力与静水压力的差值。

5）压力场变化。压力场的变化仅考虑沉积加载的作用，假设在千年尺度范围时间内沉积速率恒定，且向海盆方向逐渐降低。引入超压变化因子 h 可以求取超压随时间的变化（图 5-76）。

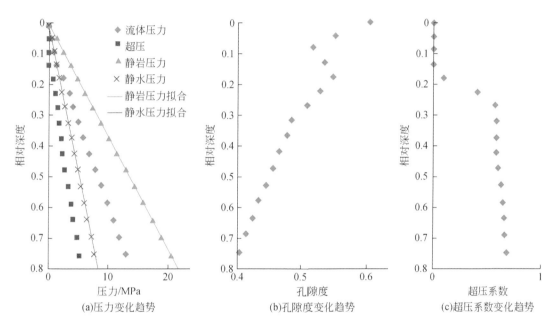

(a)压力变化趋势 (b)孔隙度变化趋势 (c)超压系数变化趋势

图 5-76 计算现今压力场变化曲线

4. 超压扩散

给定边界条件，假设上边界无超压，即 $P(\eta = 0, t) = 0$；假定底界无渗漏，即 $\dfrac{DP^*}{D\eta}(\eta = l, t) = 0$，对上式进行重组，得到：

$$\frac{DP_x}{Dt} = \frac{K_{x+1,\,x}\left(P_{x+1}^{t+1} - P_x^{t+1}\right) - K_{x,\,x-1}\left(P_x^{t+1} - P_{x-1}^{t+1}\right)}{(\mathrm{d}x)^2} \tag{5-38}$$

其中

$$K_{x+1,\,x} = \frac{k_{x+1,\,x}\left(1 - \varphi_{x+1,\,x}\right)^2}{\mu S t_{x+1,\,x}\rho_f g} \tag{5-39}$$

将有限差分式写成矩阵形式并对行列式求解，如下：

$$\begin{bmatrix} 1 & 0 & 0 & 0 & 0 \\ -K_{1,2} & 1+K_{1,2}+K_{2,3} & -K_{2,3} & 0 & 0 \\ 0 & -K_{2,3} & 1+K_{2,3}+K_{3,4} & -K_{3,4} & 0 \\ 0 & 0 & -K_{3,4} & 1+K_{3,4}+K_{4,5} & -K_{4,5} \\ 0 & 0 & 0 & -K_{4,5} & 1+K_{4,5} \end{bmatrix} \begin{Bmatrix} P_1^{t+1} \\ P_2^{t+1} \\ P_3^{t+1} \\ P_4^{t+1} \\ P_5^{t+1} \end{Bmatrix} = \begin{Bmatrix} P_1^{t} \\ P_2^{t} \\ P_3^{t} \\ P_4^{t} \\ P_5^{t} \end{Bmatrix}$$

(5-40)

假使时间结点为 10ka，则最终得到压力场变化。

模拟结果如图 5-77 所示。

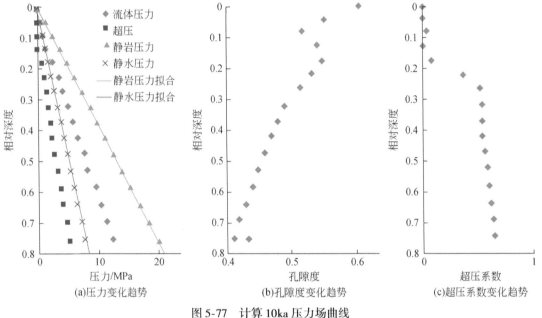

图 5-77　计算 10ka 压力场曲线

5. 2D 压实模型

二维压实模型实际上是将一维压实模型扩展到单向排列的多个炮点，假定沉积速率随距离变化，向远离物源处线性降低，白云凹陷最大沉积速率达 1.2mm/a，最低沉积速率约为 0.15mm/a（庞雄等，2007c），则沉积速率降低梯度可以计算。获取的有效应力、超压场及超压系数剖面如图 5-78 ~ 图 5-84 所示。

通过孔隙度与有效应力的关系计算出来的二维空间孔隙度在海底以下 160m 左右出现明显的异常。孔隙度在海底最高，可达 0.64，随着埋深的增加，沉积物逐渐被压实，孔隙度总体趋势降低，在海底以下 2400m 以上孔隙度降至 0.34。为突出异常孔隙度，已对正常压实的孔隙度值进行过滤处理 [图 5-78（a）]。如沉积物完全排水，则孔隙度应稳定降低，实验室研究表明在海底沉积物浅部，孔隙度呈指数降低，图 5-78（b）是对小于 55%的孔隙度值进行过滤后的二维模拟结果，发现异常孔隙度值在 55% 左右，而若正常压实，其值应在 50% 左右。在 160m 处异常高值的存在表明该层很可能为欠压实地层，地层中的流体未能及时排除，导致地层保持了近似原始沉积的孔隙状态，上部被细粒沉积物封堵，排水不畅，孔隙压力增大，这种情况下很可能形成超压。

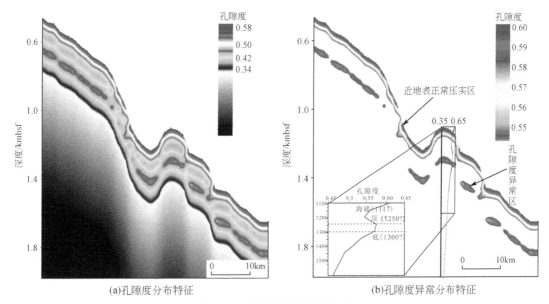

(a)孔隙度分布特征　　　　　　　　　　(b)孔隙度异常分布特征

图 5-78　孔隙度及异常值分布

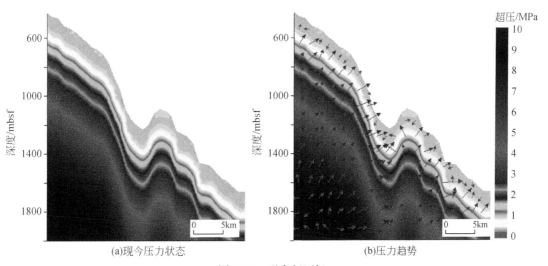

(a)现今压力状态　　　　　　　　　　　(b)压力趋势

图 5-79　现今超压场

异常超压是对区域压力场的直接反应，其数值是孔隙压力与静水压力的差值，故异常压力的变化即孔隙压力的变化。通过对现今超压场的模拟发现，海底表层沉积物超压为零，随埋深增加，超压向下逐渐增强，最高值出现于海底正地形区域的最下部，达到10MPa［图 5-79（a）］。异常压力趋势图中的箭头指示压力释放的方向，可以发现在浅层存在局部的异常值,但效果并不明显 [图 5-79 (b)]。二维模拟 1 万年之后的结果与现今超压场模拟的结果类似 (图 5-80)。

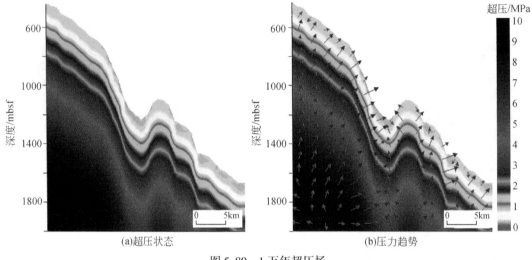

(a)超压状态　　　　　　　　　　　　(b)压力趋势

图 5-80　1 万年超压场

图 5-81 显示随埋深逐渐增加,在 2400m 深度有效应力值达到 3.5MPa,且高值主要位于海底地形隆起部位的下方 [图 5-81 (a)]。通过对正常压实压力值过滤,滤掉低于 0.80MPa 的极低值和正常压实形成的高值,获取了现今的有效应力异常值 [图 5-81 (b)]。有效应力异常分布图显示,在海底以下 160m 附近,有效应力忽然降低,出现多处局部低值圈闭,其值为 0.80 ~ 0.95MPa,在 800ms 处有效应力已达到 0.95MPa,如沉积物正常压实,其上沉积物载荷应为正增长,有效应力应逐渐增加,但其下却出现了有效应力

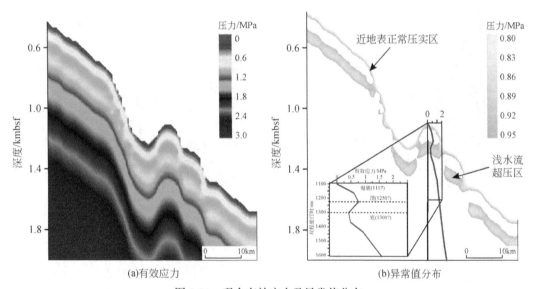

(a)有效应力　　　　　　　　　　　　(b)异常值分布

图 5-81　现今有效应力及异常值分布

低值，这表明异常值层的颗粒对上覆载荷承担的支撑力明显降低，部分流体也承担了上覆载荷，暗示该层很可能存在异常高孔隙压力，存在超压。研究区异常值分布具有明显的不均匀性，呈现局部圈闭，这些圈闭与混合反演获得的高纵横波速度比区具有较好的对应关系，因而这些区域很可能存在异常超压。

不考虑其他作用的影响，假定这些异常超压仅由高沉积速率的沉积加载引起，对1万年后的压力场进行模拟。模拟的1万年之后的有效应力图显示有效应力整体趋势与现今压力场状态类似，海底沉积物有效应力为零，横向上近似成层状分布表，随埋深逐渐增加，在2400m深度达到3.6MPa，高值主要位于海底地形隆起的部位下方 [图5-82（a）]。通过对正常压实压力值过滤，滤掉低于0.80MPa的极低值和正常压实形成的高值（>1MPa），获取了1万年的有效应力异常值 [图5-82（b）]。由图5-82可知，在海底以下160m附近，有效应力仍存在多处局部低值，值为0.80～1.00MPa，异常值分布具有明显的不均匀性，有效应力异常值较现今明显增大，表明1万年之后地层压实程度明显增强，异常低值的分布范围明显减少，表明超压得到释放，暗示该研究区为泄压环境。

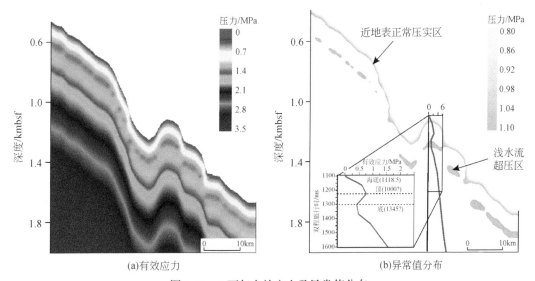

图5-82　1万年有效应力及异常值分布

考虑到有效应力在不同的地区对压力异常具有不同的值，超压比率可以更好地描述超压与上覆压力的近似程度。利用超压比率图可以直接检测地层的排水性，判断异常孔隙压力。由2D模型模拟的现今超压比率图显示，海底沉积物超压比率为零，与假设海底超压为零相关；随着埋深的增加，超压比率保持恒定速率稳定增加，表明地层越深超压越大，范围在0～0.80 MPa，最大值出现在深部 [图5-83（a）]。通过对正常压实的效果进行过滤，滤掉几乎不可能形成超压的低于0.70MPa的极低值，获取了现今的超压比率异常值 [图5-83（b）]。超压比率异常分布图显示，在海底以下160m附近，存在明显的异常值。超压系数由自海底以下稳定升高至0.40左右，在到达160m左右深处其值迅速达到0.70以上，之后随深度增加，其值又继续呈稳定增长趋势。这表明异常区地层排水能力出现明显减弱，而孔隙度图显示该层孔隙度范围为 55% ~ 60%，也显示了该层明显欠压实，这很可能暗示着分散包裹在页岩和泥岩内部的砂体在不断加大的负荷作用下需要排除水分，但是由于不排水系统的存在，排水过程受到阻碍，无法正常进行，故可引起流体压力的增加。

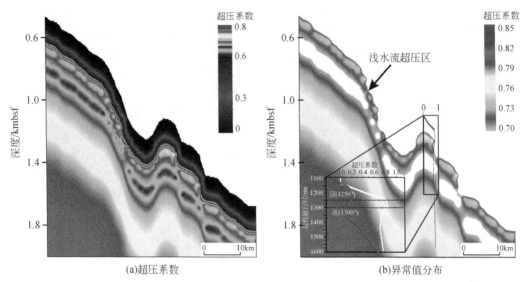

图 5-83 现今超压系数及异常值分布

模拟的 10ka 之后的超压比率图也显示，虽然超压系数分布特征整体趋势与现今类似［图 5-84（a）］，超压特征已基本消失，但超压区超压系数已降至 0.4 ~ 0.56，具有非超压特征［图 5-84（b）］，表明地层经历了明显的泄压，排水能力明显减弱，与古压力模拟结果相符。

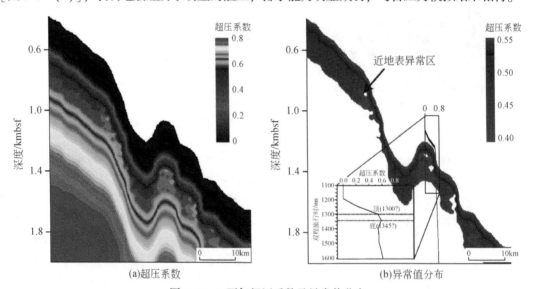

图 5-84 1 万年超压系数及异常值分布

第6章 ｜ 地震海啸灾害

6.1 海啸的产生与传播

海啸是发生并移行于海洋中的一系列具有超长波长的巨波，大多由在海底以下或近海底的地震所引发，另外海底火山爆发、山体滑坡、海岸山崩也可能引发海啸。在深海大洋，海啸波以每小时700km以上的速度传播，但波高却只有几十厘米或更小。海啸波有别于普通波浪，在深海中波长通常达到100km或以上，而周期则从10min至1h。当海啸行经近海岸浅水区时，波速减小而波幅骤增，波幅有时可达30m以上，骤然形成"水墙"而淹没滨海地区，造成灾害（图6-1）。海啸主要受海底地形、海岸线几何形状及波浪特性的控制，呼啸的海浪每隔数分钟或数十分钟就重复一次，摧毁堤岸、淹没陆地、夺走生命财产，破坏力极大（陈颙，2005）。

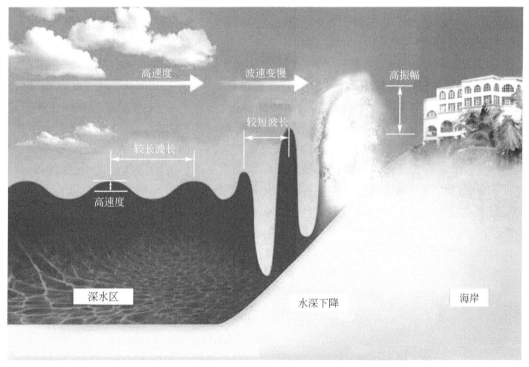

图6-1 海啸传播的示意图

全球的海啸发生区大致与地震带一致。全球有记载的破坏性海啸大约有 260 次，平均 6~7 年发生一次。发生在环太平洋地区的地震海啸占了约 80%。而发生在日本列岛及附近海域的地震海啸又占太平洋地震海啸的 60% 左右，因此日本是全球发生地震海啸并且受害最严重的国家（图 6-2）。

海啸发生的直接原因是大规模的水体扰动，引起大规模水体扰动的主要原因有地震和海底滑坡两类。

海底发生地震时，海底地形急剧升降变动并引起海水剧烈扰动，引发海啸。自然界中发生的海啸绝大部分是这类海啸。其机制有两种形式："下降型"海啸和"隆起性"海啸。

1）"下降型"海啸：地壳构造运动引起海底地壳大范围突然下降，海水涌向突然下陷的空间而形成涌浪，涌浪向四周传播到达海岸而形成海啸。在海啸发生之前，海岸出现异常的退潮现象，露出海底。例如，1755 年 11 月 1 日，葡萄牙首都里斯本附近海域发生强烈地震后不久，海岸水位大幅度退落，露出了整个海湾底，随后海啸发生；1960 年 5 月智利海啸和 2004 年 12 月 26 日印度洋海啸均是如此。

2）"隆起型"海啸：地壳构造运动引起海底地壳大范围急剧上升，海水随着隆起区一起被抬升，在重力作用下，海水从隆起区向四周扩散，形成涌浪。这种海啸在发生之前，海岸出现异常的涨潮现象。例如，1983 年 5 月 26 日，日本海 7.7 级地震引起的海啸。

大多数海啸是由浅源地震引起的，所以海啸源地一般沿板块俯冲带分布，但并不是所有的地震都可以产生海啸，海啸的发生需要三项基本条件：①地震必须发生在深海。地震释放的能量要变为巨大水体的波动能量，地震必须发生在深海，因为只有在深海，海底上面才有巨大的水体。破坏性海啸的震源区水深一般在 200m 左右，灾难性海啸的震源区水深在几千米以上。②地震要有足够的强度，以产生一定规模的海底移位和错动。一般来说，震源在海底下 50km 以内、里氏震级在 6.5 以上的海底地震才有可能引发大的海啸。发生地震时，由于断层的存在，海底会发生大面积的陷落或抬起，从而带动海水陷落或抬起，形成较大波浪，形成的震荡波在海面上以不断扩大的圆圈形式，传播很远的距离。③海底的位移和断错须在竖向上有一定规模。海洋中经常发生大地震，但并不是所有的深海大地震都会产生海啸，只有那些海底发生激烈的上下方向位移的地震才产生海啸。一般地说，垂直差异运动越大，相对错动速度越大，面积越大，则海啸等级越大（杨智博，2015；魏柏林等，2010）。

大规模海底滑坡扰动水体引起的海啸虽然可能在局部区域形成浪很高且很大的海啸，但其影响区域一般不大。例如，1998 年太平洋岛国巴布亚新几内亚北部海岸遭到海底滑坡引发的海啸侵袭，海啸范围不大，但也造成约 3000 人遇难。2011 年日本东北部大海啸的形成原因就是地震和后续大规模滑坡两者的叠合作用。

另外，气象风暴、火山爆发、小行星撞击、海底核爆炸等因素也可能激起水体扰动诱发海啸，只是这类海啸的发生概率较小。按照上述海啸的成因，海啸可以分为地震海啸、滑坡海啸、火山海啸、核爆海啸等。

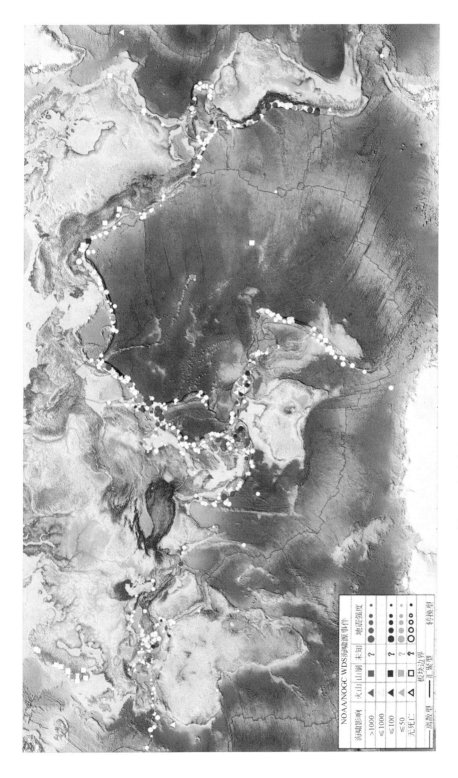

图 6-2　全球海啸的发生位置和触发海啸的源区的分布

海啸按发生的地理位置又可分为远洋海啸和近海海啸。横越大洋或从远洋传播来的海啸，称为越洋海啸。这种海啸发生后，可在大洋中传播数千千米而能量衰减很少，因此可使数千千米之外的沿海地区遭受海啸灾害。例如，1960 年 5 月 22 日发生的智利大海啸在智利沿岸波高达 20.4m，海啸波横穿太平洋传到夏威夷希洛市时，波高尚超过 11m，在日本沿岸波高仍有 6.1m。近海海啸也称为本地海啸或局域海啸。海啸生成源与其造成的危害同属一地，所以海啸波到达沿岸的时间很短，有时只有几分钟或几十分钟，往往无法预警，危害严重。近海海啸发生前都有较强的地震发生，全球很多伤亡惨重的海啸灾害都属于由近海海底地震引起的近海海啸。例如，1869 年日本沿岸 8.0 级地震引发的特大海啸，造成 2.6 万人遇难；1983 年印度尼西亚的巽他海峡 6.5 级地震引发的海啸，造成 3.6 万人遇难，使喀拉喀托岛 1/3 面积沉入海中。

海啸波在深海中形成时，一般又长又低，波长可达 100km 以上，波高仅 1m 至几米，甚至几十厘米，速度可达 700 ~ 800km/h，波传播到达海岸时，这些参数都发生了变化。到达海岸的海啸波爬高、速度和波长决定海啸对海岸造成灾害的程度。一般来说，高度在 50cm 以下的海啸不会造成灾害性影响。造成较大灾害的海啸，高度一般在 4m 以上。海啸波爬高是指海啸波到达海岸时，海水涌上陆地所达到的高于潮位的高度（潘文亮，2011；杨智博，2015；薛艳等，2010）。海啸波爬高、速度及波长与下列因素有关：①海岸与发震构造方位。若海洋深度是均匀的，则最大爬高将接近于发震构造垂直方向上的位移。若海啸冲击的方向正好与港湾开口方向一致，那么剧烈程度将更大。②海岸与波源区之间距离。若海岸距波源较远，多数岸段海水的上升如同迅速涨潮的现象，在某些大海啸发生时少数特定地区可形成怒潮。在波源紧邻的海岸，怒潮是很普遍的。③海啸波途经的地形地貌。一般认为，海啸波的传播速度 V 与海水深度 h 有关，即 $V = \sqrt{gh}$。式中，g 为重力加速度。当海啸波途经宽阔的大陆架、岛屿、水下暗礁带或其他浅滩区时，一方面速度变小，另一方面海底摩擦力显著加大，致使海啸波能量衰减，浪高和冲击力都相对减小，有的海啸波传到海岸边时已成强弩之末，不能造成危害了。④海岸及近岸海底地形。海啸所能达到的爬高和上升水的特征（缓流、急流、怒潮等）取决于近岸海底地形以及海岸的方位、坡度和形状，也取决于共振。若海啸波途中未经过如宽阔大陆架之类的高摩擦带直接到达近海岸时，一方面，海啸可以保持很大的能量扑上岸边；另一方面，波在变深度过程中将产生折射，致使在某些地区波的能量汇聚，产生较大的波高。有关研究表明，海岸和近岸海底地形越平缓，爬高越大。经验说明，在一定尺度的喇叭形或漏斗形港口或河口，海底地形使海啸波产生折射，海浪相对集中，再加上共振（振荡），波高可增至几米至几十米，并出现几个峰值，以第二个和第三个波峰值最大，这加大了海啸的破坏程度。

综上所述，决定海啸大小的三个条件：①产生海啸的地震、滑坡或者火山喷发的大小；②传播的距离；③海岸线的形状和海岸边的海底地形。

6.2　南海海域地震海啸灾害

南海地处欧亚板块、太平洋板块和印度洋板块的交会地带，构造应力复杂。各板块交接地带火山、地震密集分布，存在引发海啸的客观条件。根据南海地震海啸历史事件的记载（Mak and Chan，2007），南海存在发生海啸灾害的可能性，尤其不能忽视南海东部马尼拉海沟强地震引发海啸的可能性。对于南海马尼拉海沟的地质构造和地震学特征以及历史地震记录的分析（SCS Tsunami Workshop，2007）表明，马尼拉海沟具备产生灾难性海啸的条件。许多研究也对南海潜在的强震引发灾难性海啸的产生和传播进行了数值模拟（Dao et al.，2009；Liu et al.，2007；Huang et al.，2009），结果表明马尼拉海沟的激发海啸可能对我国东南沿海（含台湾），以及菲律宾、越南和马来西亚等南海周边国家和地区的沿岸地区产生较大破坏。从地理角度来说，我国沿海城市很多都建立在河流三角洲冲积平原上，地势比较低，如果有海啸发生，容易大面积受灾。从经济上来说，沿海地区又多是我国经济较发达的地区。沿海地区面积约占全国总面积的 13%，人口约占全国总人口的 40%，但经济总量占比却超过 60%。对于我国正迅猛发展的核电产业来说，海啸灾害是一个必须考虑和防范的方面。综合考虑我国东南沿海地区巨大的人口总量和经济总量，以及持续增长的港口建设和沿海矿产、油气资源的开发，我们需要重视对南海潜在海啸灾害的预防和监测（潘文亮等，2009；魏柏林等，2006，2010；杨马陵和魏柏林，2005）。

6.2.1 南海海域历史地震与海啸

根据南海的地质演化和构造情况，马尼拉海沟长期以来一直受到欧亚板块和菲律宾海板块的挤压。作为欧亚板块向菲律宾海板块的俯冲地带，该区域强震活动频繁。马尼拉海沟两侧出现的地震有相当部分是浅源地震（震源深度为 0~70km），还有部分是中深源地震。从震源机制解可以看出，马尼拉海沟及其两侧的地震多数为逆冲型，也有一些走滑型和正断型。逆冲型地震的成因是地层断层的上部上移、下部下降，地层以垂向运动为主，逆冲型地震是引发地震海啸的必要条件。

自 1900 年以来发生在我国台湾岛南地震带南段至吕宋岛西缘马尼拉海沟附近的 15 次 7 级以上地震中就有 4 次引发了海啸。马尼拉海沟区域是 USGS 标志的地震高风险区，是欧亚板块向菲律宾海板块的俯冲区，板块活动剧烈，强震频发，极有可能产生海啸。从上面的地形条件、地质构造、地震学特征以及历史地震记录来看，马尼拉海沟是南海最有可能引发地震海啸的区域。

Lau 等（2010）的研究结果表明，1076~2009 年，南海海域东北部出现疑似海啸的事件有 58 例，其中 23 例是确切发生的。造成危害最大的海啸发生在 1867 年，该海啸袭击了我国台湾基隆，造成至少 100 人遇难（图 6-3）。

自 16 世纪 60 年代以来，马尼拉俯冲带尚未发生过震级大于 8 级的大型地震，1973~2010 年震级超过 7 级的地震也很少发生。在有限的历史记录中沿马尼拉俯冲带大地震缺失，这有可能说明马尼拉俯冲带不具备发生特大型地震的地质条件，也有可能是预示着马尼拉俯冲带是处在大地震发生前的"平静期"。类似的情况，比如巽他-安达曼俯冲带曾在 2004 年发生了 9.3 级大地震并引发了海啸，而在此之前，历史记录表明该地区从未有 8 级以

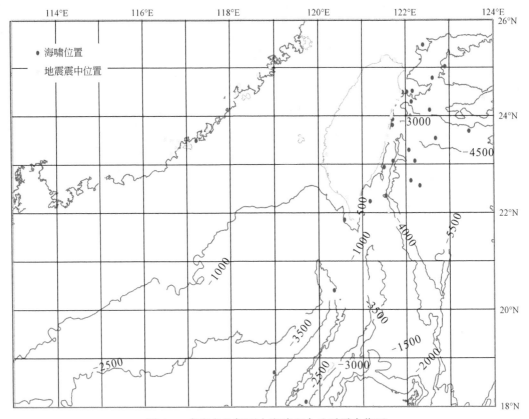

图 6-3　南海东北部历史海啸和大地震震中位置

上的地震发生过。要区分上述两种可能，需要对马尼拉俯冲带的孕震因素、应力状态等开展观测和评估，同时要做好我国南部沿海地区的海啸预警防范。

6.2.2　南海海域海啸源区的构造研究

马尼拉海沟是位于南海东部的汇聚板块边界，包含了众多板块俯冲的情形，如最北端的斜向俯冲与弧陆碰撞，北段的过渡壳（？）俯冲等。同时马尼拉俯冲带南北延伸近1000km，仅从断层长度上分析，具有触发大地震的可能。历史文献的研究（Lau et al.，2010）、海啸数值模拟结果（Liu et al.，2007；Megawati et al.，2009），以及西沙新近发现的海啸沉积物（Sun et al.，2013）表明中国南部沿海存在发生海啸自然灾害的可能性。

1987 年中国地震局编制了中国海域和邻区海域地震烈度区划图，研究成果表明，菲律宾西边海域，主要是马尼拉海沟、巴士海峡海域、台湾岛南边海域和东边海域，是发生 4 度和4 度以上地震的海域，即有发生 7 级以上地震可能性的海域，也是今后可能发生海啸的海域。这些地区历史上属于强烈而频繁的大震活动带，而近一二十年内地震活动水平又比以前低，所以更应该引起关注。2006 年，美国地质调查局（United States Geolgical Surrey，

USGS）海啸源研究组对整个太平洋俯冲带地震源的潜在危险性进行了评估，认为南海存在 3 个风险较高的潜在海啸震源区，分别是马尼拉俯冲区、琉球俯冲区及苏拉威西俯冲区，其中马尼拉海沟被认为是风险最高的区域，而后两者由于有岛屿或者海脊等的阻隔，危险性相对要低一些

前人研究表明，影响俯冲带断层孕震能力的因素包括输入板块的年龄、板块汇聚速率（Ruff and Kanamori，1980；Kanamori，1986）、沉积物（Ruff，1989）以及弧后扩张（Uyeda and Kanamori，1979）等。板块边界的耦合程度受输入板块的地形起伏以及俯冲沉积物物性的影响（Cloos，1992；Bilek et al.，2003；Stern，2002）。

沿海沟马尼拉俯冲带在输入板块的地壳性质、板块年龄、沉积物厚度和物性、海底及基底起伏等各方面均表现为较为明显的不一致性。马尼拉俯冲带北段（18°N 以北）地处大陆张裂、洋壳俯冲和弧陆碰撞的综合作用区域，地壳性质也表型为减薄的陆壳向洋壳逐渐过渡。俯冲带中段和南段为南海洋壳，其中 16°N 附近两侧为洋中脊，洋中脊处板块年龄为 17Ma 左右，洋中脊两侧板块年龄呈递增式对称分布，至北吕宋年龄增加至 32Ma 左右。板块汇聚速率从北向南递减，由 Batanes 处的 85mm/a 递减至 Mindoro 北部的 49mm/a。

对沿着整个马尼拉海沟俯冲带的地震活动性分析表明，随着震源深度的增加，其相距海沟的距离也增大，而且在海沟中段位置缺失了深源地震（臧绍先等，1994；陈爱华等，2011）。利用马尼拉俯冲带的天然地震的震源位置，我们可以大致勾勒沿俯冲带俯冲板块的倾角，在马尼拉海沟北段由于输入板块性质以受到岩浆侵入改造的张裂陆壳为主，密度较小，因而俯冲角度较小，浅部为 10°~20°，深部（>30km）俯冲角度增大至 30°左右。在马尼拉俯冲的中段 16°N 洋中脊位置，由于洋中脊的浮力作用，板块俯冲角度较为平缓。马尼拉俯冲的南端俯冲角度较大，在 15°N，50km 的深度，板块俯冲角度达到了 50°左右。另外有可能在古洋中脊俯冲的延伸方向上存在板块撕裂现象（Bautista et al.，2001）。需要注意的是，本章及引用文献中的马尼拉俯冲带天然地震的震源位置信息来自于全球地震目录，其定位精度较差，特别是震源深度的误差可能超过 15km。因此，如图 6-4 所示的板块俯冲形态只代表了俯冲角度的大致趋势。Hsu 等（2004，2012）针对马尼拉俯冲带的板块耦合程度的研究推测，沿海沟方向的俯冲板块在海底起伏和沉积物上的强烈不均一性，使孕震断层的滑动范围受到限制，从而使得整个俯冲带的滑动变得不太可能。

受限于马尼拉俯冲带中南段观测约束匮乏，目前针对该俯冲带中部和南部的研究较少。而对处在台湾岛和吕宋岛弧之间的马尼拉俯冲带北段区域，观测的历史较长且数据也丰富，因此本章节重点论述马尼拉俯冲带北段的构造及其地震活动性。

6.2.2.1 马尼拉俯冲带北段输入板块差异及其对地震活动性的影响

台湾造山带的强烈抬升剥蚀速率近乎世界之最，达到了 1300mg/($cm^3 \cdot a$)，同时南海东北部陆坡发育大量峡谷—冲沟体系，它们会携带大量沉积物注入大陆架以南海域，结果使得南海东北部的地形起伏趋于平缓。由图 6-5 可知，马尼拉海沟北段输入俯冲板块的海底地形呈缓慢倾斜，没有剧烈起伏的海底地貌单元（如海山、洋底高原、裂谷等），由此容易造成认知上的假象，即该区域输入的板块是形态平整、性质均一的。近年的地球物理

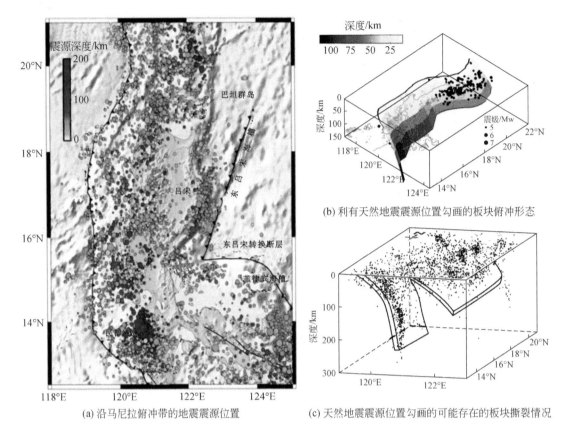

(a) 沿马尼拉俯冲带的地震震源位置　　　　(c) 天然地震震源位置勾画的可能存在的板块撕裂情况

(b) 利有天然地震震源位置勾画的板块俯冲形态

图 6-4　马尼拉俯冲带地震活动性

观测揭示了该区域的沉积物厚度和基底起伏存在明显差异，而且与之相关的大陆张裂减薄和深部岩浆活动也有时空分布的不同（Yeh and Hsu，2004；Ku and Hsu，2009；Yeh et al.，2010）。这些观测证据均表明马尼拉海沟北段的输入板块是不均一的。图 6-5 中，COB 为洋-陆过渡边界，黑色虚线标示的是地壳厚度等值线（McIntosh et al.，2013），红色箭头和误差椭圆标示的是研究区的 GPS 速度场（Sun et al.，2011），灰色线以及右侧数字标示的是地磁条带位置（Yeh et al.，2010），黄色的短线标示的是研究区内的部分岩浆侵入范围（Hsu et al.，2004）；COB1（红色虚线）为洋-陆过渡边界（Briais et al.，1993），COB2（蓝色虚线）为洋-陆过渡边界（Hsu et al.，2004），COB3（黄色虚线）为洋-陆过渡边界（Eakin et al.，2014）；MT 为马尼拉海沟，RT 为琉球海沟。

　　大量的科学观测聚焦于判定南海北部陆缘的类型（岩浆富集型还是岩浆匮乏型），以及南海东北部马尼拉俯冲带北段的输入板块的地壳属性（陆壳还是洋壳抑或是过渡壳）。结果表明，南海北部张裂陆缘的类型是介于典型岩浆富集型和典型岩浆匮乏型之间的过渡类型（Lester et al.，2014），既有沿着陆坡延伸的大型断块（Clift et al.，2001a，2001b；Huang et al.，2005b；Zhu et al.，2012），又有分布在陆缘远端的岩浆侵入体（Yan et al.，2006；Wang et al.，2006；Zhao et al.，2010b，2014）。根据南海的地磁异常，Briais 等（1993）认为洋-陆过渡边界（COB）的位置大致在 19°N，如图 6-5 中红色虚线所示，靠

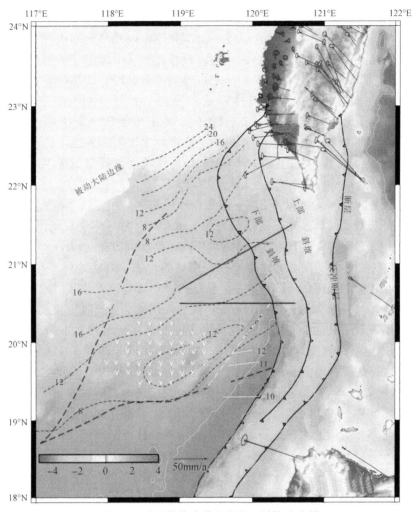

图 6-5 马尼拉俯冲带北段的区域构造背景

近洋-陆边界往北的区域区别于典型的陆壳特征，将其解释为磁静区，代表了介于陆壳和
洋壳之间的过渡壳。Hsu 等（2004）根据新的地磁观测结果，识别出了分布在南海最东北
区域的东西向的地磁条带，据此认为南海最东北角区域的地壳性质为洋壳，并将原来认为
的洋-陆边界大幅往北推，划定在靠近大陆坡的坡折带底部的位置，如图 6-5 蓝色虚线所
示。然而，由于地磁反演解的非唯一性，Hsu 等（2004）解释为指示洋壳的地磁条带异
常，同样可以用"陆壳+岩浆侵入"的模型来解释（Yeh et al.，2012），因此这一洋-陆过
渡边界位置存在争议。新的长偏移距深穿透的多道地震剖面以及宽角折射地震剖面揭示了
在南海东北部存在倾斜断块，而且这些断块的边界向深部延伸，聚集于一条近水平的滑脱
带的一系列断块（McIntosh et al.，2013；Lester et al.，2014；Eakin et al.，2014；Yeh et
al.，2012），表明南海东北部的地壳属性是横向拉伸减薄的陆壳。在被高强度拉伸减薄的
陆壳中发现的岩浆侵入体表明该区域同样经历了岩浆活动的改造，而岩浆活动的时间可能
伴随陆壳拉伸减薄的过程，也可能处于海底扩张的初期。

尽管对观测到的构造现象存在不同解释，但是地球物理观测仍揭示了在南海东北部的马尼拉俯冲带北段输入板块的地壳属性、沉积物厚度以及基地起伏等方面存在显著差异。由此引出了新的问题：南北向的区域输入板块差异会引起怎样的构造响应？前人针对马尼拉海沟的研究，大多数都集中在马尼拉海沟的最北段，即初始碰撞和弧陆碰撞区域，并且指出了斜向碰撞在刻画区域地形地貌形态上所起的主导作用（Huang et al.，1997；Sibuet and Hsu，2004；Lin et al.，2009）。本书将整个马尼拉海沟北段作为研究对象，利用地形地貌数据和地震数据，呈现了掩埋在上覆沉积物之下的输入板块不均一性的细节，并分析了与其相关的构造响应，如恒春港湾弱变形带的成因，海沟及板片形态的改变等。

要分析输入板块对俯冲过程的影响，首要解决的问题是厘定输入板块的地壳属性，是陆壳、洋壳还是过渡壳。涉及地壳属性分界的关键边界，除了本书提到的洋–陆过渡边界外，还有一条位于马尼拉海沟最北端的昌宋–琉球转换板块边界（LRTPB）（Sibuet et al.，2002；Hsu et al.，2004）。在该边界两侧存在明显的地磁、海底地形、基地起伏的差异，表明两侧的地层性质很有可能不同。Sibuet 等（2002）认为边界北部的地壳为初始的南海洋壳，Hsu 等（2004）认为这一区域的地壳可能为圈闭的菲律宾海板块。但是由于在该边界的两侧并没有发现存在地层变形以及莫霍面深度的差异，因此本书研究并没有区分这条尚存疑问的边界两侧地壳属性的差异。本书的研究倾向于接受 Eakin 等（2014）提出的洋–陆过渡边界位置，他们提出的 COB 位置和 Briais 等（1993）提出的 COB1 位置大部分重合，只是在 119.5°E 以东存在差异，如图 6-5 黄色虚线所示。支持这一地壳属性厘定方案的观测事实包括：①深地震剖面揭示了 COB3 以北存在倾斜的断块，而且断块边界向下聚集于一近水平的滑脱面，这种地层模式符合地壳拉伸减薄的模型，和华南陆缘张裂的构造背景相一致（Eakin et al.，2014）；②深地震剖面以及 OBS 剖面揭示的 COB3 之北的地壳厚度变化呈现平行华南陆缘的近东西向展布，如图 6-1 中黑色虚线所示，其形态和陆块拉伸减薄的模型相匹配（McIntosh et al.，2013）；③在 COB3 线之南存在清晰且无争议的地磁条带，可确定其地壳属性为正常的南海洋壳。在 COB3 线之北的区域，存在条带状间隔分布的地壳基底隆起，以及相对应的岩浆侵入体，表明在陆壳拉伸减薄的一阶模型的基础上，该陆壳区域经历了岩浆活动的改造。

6.2.2.2 输入板块的不均一性

研究综合收集了多波速、多道地震、反射地震，以及地震活动性的数据。其中多道地震剖面来源有 3 个：①公开发表的多道地震剖面；②由美国海洋地学数据平台公开的已初步处理的地震剖面①；③中国采集的穿过马尼拉海沟的 973 地震剖面。图 6-6（a）中 13 条地震测线是来自于台湾的 3 个航次：1996 年的 ACT 航次、2003 年的 ORI-689 航次和 ORI-693 航次，测线的采集参数和地震剖面可参阅相关文献（Yeh and Hsu，2004；Ku and Hsu，2009），图 6-6（e）中的 6 条测线来自于 MGL0905 航次和 MGL0908 航次，测线的采

---

① http://www.ig.utexas.edu/sdc.

集参数和地震剖面可参阅相关文献（Yeh et al.，2012；Lester et al.，2013）。这部分地震剖面主要用于获取输入板块中沉积物的厚度，地壳基底起伏形态方面的信息，首先对地震剖面中海底以及声学基底所对应的同相轴数字化，获得两个主要速度界面的双程旅行时深度值，然后利用所有的地震剖面的深度信息，插值得到海沟外侧 40km 之内的沉积物厚度、基底起伏以及地壳厚度图。利用所有地震剖面插值得到的海底深度［图6-6（b），假设海水的速度为 1500m/s］和卫星测深获得的水深图基本一致，表明剖面的数量满足通过插值获取二维空间分布的要求，但同时也应该注意到剖面位置在南北向上的间隔在 20~30km。

地震活动性的数据来自于 EHB 地震目录，该部分地震的筛选标准是发生在 1980~2012 年地震，并且震级大于 3.0。尽管这部分海域地震的精度不是很高，但是也可以为评估地震活动性的空间聚集特征提供主要的约束。震源机制解数据来自于全球 CMT 目录[①]。

马尼拉俯冲带北段的输入板块可以归纳为：COB3 线之北为经历了拉伸减薄和岩浆活动改造的陆壳，COB3 线之南为正常南海洋壳。正常的南海洋壳性质均匀，厚度为 6km 左右，而陆壳部分由于经历了地壳拉伸断裂以及岩浆活动（Eakin et al.，2014），这部分地壳的地壳性质不均匀。根据输入板块的地壳属性、沉积物厚度、基底起伏以及地壳厚度差异，将马尼拉俯冲带北段输入板块自南向北分成三个区段。

区段 A1：地壳性质为陆壳，主要构造单元为北东-南西走向的张裂凹陷，基底埋深大（~7.0s，TWT），沉积物厚度大（2.5~3.5s，TWT），地壳厚度为 4km 左右。这区段两侧边界为深切的正断层（Lester et al.，2014），区段北部的陆壳厚度达到了 25km（Eakin et al.，2014）。

区段 A2：地壳性质为陆壳，地处大陆张裂的远端，基底埋深低（~5.0s，TWT），沉积物厚度薄（0.5~1.5s，TWT），地壳厚度为 12~15km。区段内基底起伏变化大，20.5°N 附近区域基底埋深最浅，和零星分布的岩浆侵入体以及掩埋的海山位置相重合。该区段基底起伏差异是陆壳拉伸产生的倾斜断块的外在表现，同时岩浆侵入活动也改变了上覆的裂后期地层（Eakin et al.，2014；Lester et al.，2014）。

区段 B：地壳性质为正常的南海洋壳。基底平坦，埋深为 7.5~8.0s（TWT），沉积物厚度为 1.5~2.5s（TWT），洋壳厚度为 6km。

相邻区段的边界和基底起伏的突然变化位置相一致，特别是，区段 A2 和区段 B 的边界与 COB3 位置相重合。研究俯冲带地区增生楔变形以及板块边界处地震活动性的最有效手段是利用地震成像手段直接针对已经俯冲下去的部分进行观测（如日本南海海槽），但是马尼拉俯冲带的多道地震成像并不能获得清晰的俯冲边界处的图像。本书希望借助分析海沟外的尚未俯冲进入深部的输入板块的差异性，来分析发生在俯冲带浅部的过程，包括增生楔的变形和地震活动差异。之所以能够通过"俯冲之前"的输入板块的差异来分析"俯冲之后"的增生楔变形和地震活动性差异，是因为以下两个原因：①由于大陆张裂和

---

① http://www.globalcmt.org.

南海扩张的时间要远早于俯冲开始的时间，输入板块内的主要构造单元（如裂陷盆地、岩浆侵入体等）及其地壳性质（如基地起伏、沉积物厚度、板块厚度）在俯冲开始之前就已成型就位；②地震剖面显示，输入板块内的主要构造单元已经部分的俯冲至深处，表明海沟外侧的输入板块差异已经开始影响俯冲过程。

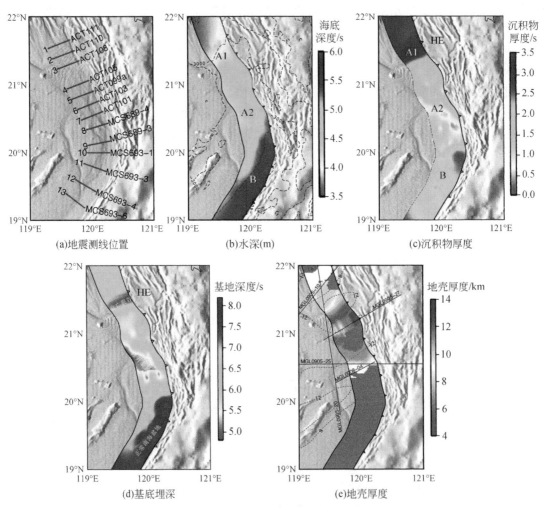

图 6-6　输入板块南北向的不均一性

（a）为马尼拉海沟西侧40km范围内的13条多道地震剖面的简化图，两条虚线分别标示了海底和声学基底的位置；（b）为用以插值获取沉积物厚度，基地起伏形态的13条地震测线的位置；（c）～（e）为沿马尼拉海沟的输入板块在水深（b）、沉积物厚度（c）、基底埋深（d）以及地壳厚度（e）方面的差异。HE为恒春港湾。A1、A2和B标示了输入板块分段的区段编号。（e）中黑色实线标示的是用以插值的深偏移剖面位置，绿色的虚线标示的是引自McIntosh等（2014）的地壳厚度

6.2.2.3　输入板块不均一性对地震活动性的影响

图 6-7 所示为沿马尼拉海沟的地震活动性（2001 ~ 2012 年），根据地震发生的时间和震中分布，可以区分出三个震群：第一个是发生在外隆区域的震群 1（ES1），地震集中发生在 2006 年 5 ~ 6 月以及 10 ~ 12 月，共有超过 70 个震级大于 3.0 级的地震在此期间发生，其位置和区段 A2 内的基底隆起区域相重合。第二个震群是发生增生楔下陆坡位置的震群 2（ES2），地震集中发生在 ES1 之前，集中在 2005 年下半年，ES2 的震中位置和输入板块区段 A1 的南部边界位置相重合。第三个震群是发生在增生楔上陆坡位置的震群 3（ES3），主震是两个震级为 7.0 级的地震发生在 ES1 活跃期之后，其震中位置和输入板块区段 A1 的北部边界位置相关联（图 6-8）。

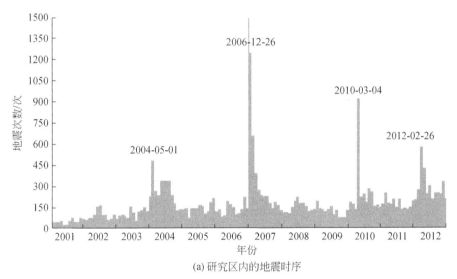

(a) 研究区内的地震时序

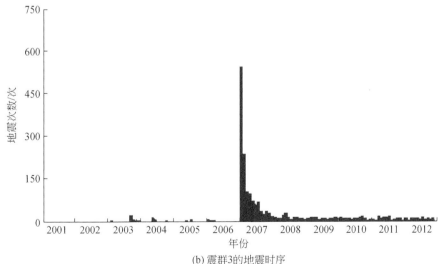

(b) 震群3的地震时序

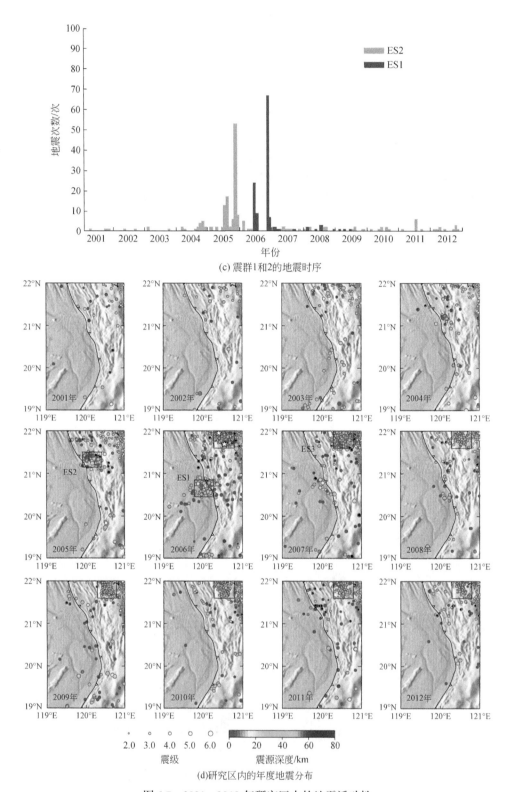

(c) 震群1和2的地震时序

(d)研究区内的年度地震分布

图6-7　2001～2012年研究区内的地震活动性

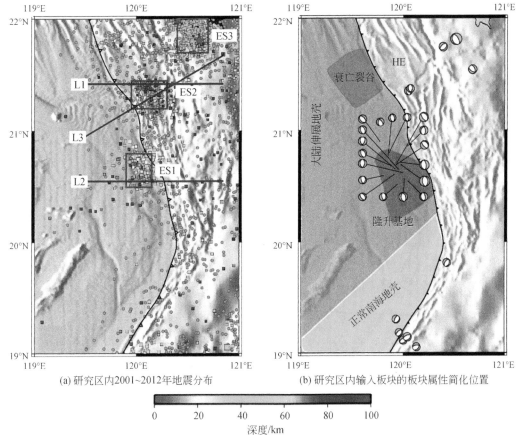

(a) 研究区内2001~2012年地震分布　　(b) 研究区内输入板块的板块属性简化位置

0　　20　　40　　60　　80　　100

深度/km

图 6-8　研究区内震群位置和输入板块差异对比

　　震群 1 发生在 20°N ~ 21°N 的海沟外侧隆起（outer-rise）处，地震发生频率、强度明显高于相同构造环境下的其他地区。地震的震源深度低于 40km，震源机制表明这部分地震的发震区处于东西向扩张的压力环境，这部分地震的发震原因是板块弯曲相关的正断层活动。穿过该震群的反射地震剖面表明，该震群的发震位置集中在一个跨度为 20km 左右的倾斜区域，这一区域可能代表了由于板块弯曲而形成的穿透至深部的正断层或剪切带。图 6-9（a）为穿过震群 1 及海沟的一条叠前时间偏移后的地震剖面，图 6-9（b）显示的为海沟西侧约 50km 处外隆部分的细节结构。CMP 点 10 000 ~ 20 000 处，地壳开始弯曲，并发育多个正断层。该震群的位置和输入板块区段 A2 内的基底隆起区空间位置相一致 [图 6-6（d）]，这部分基底隆起的原因是岩浆侵入。

　　图 6-8（a）中深度色标在图的下侧，蓝色实线标示了宽方位角反射地震剖面的位置；图 6-8（b）反映了部分地震的震源机制解。

　　陆壳拉伸张裂，形成深切至地幔的断层或者剪切带，这些地壳内的软弱带会成为后续岩浆侵入的通道。如图 6-10 所示的垂直海沟的，位于 L2 剖面之北的叠前时间偏移剖面，其位置为图 6-8（a）中的 L3 所示。和 L2 剖面相比，在海沟外的外隆部分，L3 剖面所揭示的地层平缓，发育很少的正断层。L2 剖面和 L3 剖面外隆区域的对比表明，ES1 的发生和其周围广泛发育的正断层相关。

图 6-11 （a）为 Eakin 等 （2014）所获得的穿过震群 ES1 的折射地震剖面。图 6-11 （a）表明，测线经过区域的陆壳厚度为 10~12km。外隆震群 ES1 的位置对应了下地壳的地壳速度减弱区域，见图 6-11 （a）50~70km 处。另外，类似的下地壳速度减弱现象在另一条穿过 ES1 区域的近南北向的反射地震剖面上也有发现 （Lester，2014）。位于 L2 剖面北侧的 L3 剖面中，在海沟外的正断层发育部分也发现有下地壳速度减弱现象 ［图 6-11 （c）］。海沟

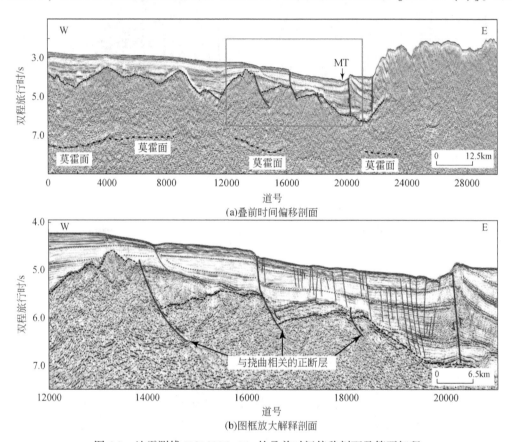

(a)叠前时间偏移剖面

(b)图框放大解释剖面

图 6-9 地震测线 MGL0905_25a 的叠前时间偏移剖面及简要解释

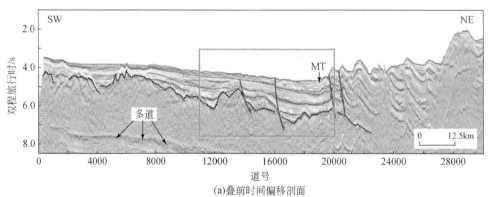

(a)叠前时间偏移剖面

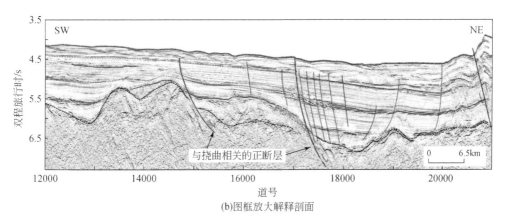

(b)图框放大解释剖面

图 6-10　地震测线 MGL0905_27 的叠前时间偏移剖面及简要解释

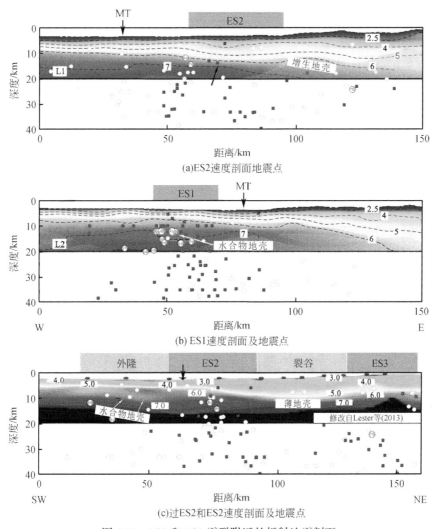

(a)ES2速度剖面地震点

(b) ES1速度剖面及地震点

(c)过ES2和ES2速度剖面及地震点

图 6-11　ES2 和 ES1 震群附近的折射地震剖面

外正断层发育区域的下地壳相比周围地壳 P 波速度减弱了 0.3 ~ 0.5km/s。类似的现象在其他俯冲带也有发现，如 Nicaragua 近岸区域（Ranero et al.，2003；Ivandic et al.，2010）、秘鲁中部俯冲带区域（Moscoso and Contrerasreyes，2012）。造成这种现象的原因是外隆区域板块弯曲而广泛发育深切正断层或剪切带，它们作为流体通道，使得海水浸入到输入板块中甚至更深的岩石圈地幔深度处，由此造成了地壳部分的速度减弱（Grevemeyer et al.，2007；Moscoso and Contrerasreyes，2012）。

本书的研究区内，除了板块弯曲造成的正断层可以作为流体通道之外，大陆张裂时期发育的深切正断层和剪切带也同样可以作为流体通道，这使得更多海水浸入到输入板块之中。外隆地区震群 ES1 的位置和输入板块基底隆起的位置相重合，本书认为这两者位置重合的动力学联系可能为：①输入板块处的基底隆起阻碍俯冲过程的进行，从而使得在基底隆起区聚集了更多的应力；②在大陆张裂阶段，输入板块内发育了深切正断层和剪切带，这些地壳内的薄弱带在受到板块弯曲作用时，会促使发育更多正断层或者加深正断层的发育深度，从而更容易发生外隆地震。一般的海沟外部隆起区地震发生的频率和震级均较小，而且多是正断层触发的 25km 之上的浅源地震。而位于研究区的海沟外部隆起区地震震群中地震最大震级达到 Mw = 6.5，震源深度最深达到 40km 左右，在 2006 年 12 月 26 日，在该震群的东北部发生了台湾西南部震级最大的屏东大地震。但 ES1 震群和屏东地震之间时间上的先后关系是否反映了沟外隆起区地震和巨型逆冲断层地震之间的动力机制联系还需要进一步的研究。

6.2.3　海啸数值模拟与海啸预警

海啸数值模拟是构建海啸预警系统、进行防灾减灾工作的有力途径。海啸的生命周期包括海啸的产生（generation）、传播（propagation）和淹没（inundation）。海啸的数值模拟工作也通常针对这三个过程展开。经典的海啸理论假设海底面为刚性面，上覆海水均匀、不可压缩且无黏性，海啸源附近的水深远远大于海啸波的波幅，并且认为，相对于海啸传播时间，海啸产生的时间为瞬间完成，地形的变化直接作为水面变化来进行计算。因此，将海啸产生的数值模拟计算转化为地震断层模型的计算。关于断层模型的计算，国际上比较通用的两套理论是 Mansinha 和 Smylie（1971）提出的弹性半空间错移模型（elastic half-space dislocation model）和 Okada（1985，1992）年提出的瞬时响应模型。另外，对于类似于"海啸地震"（tsunami earthquake）（Kanamori，1972）等持续时间较长的地震，通常将海底地形变化通过求解 Cauchy-Poisson 问题，以得到水面变化和海底变化的关系（刘桦等，2008）。海啸传播的数值模型主要通过基于浅水波方程或 Boussinesq 方程建立。浅水波方程基于 Navier-Stokes 方程，忽略速度垂向变化，采用平均速度；Boussinesq 方程通过以多项式级数近似表示流场垂向分布，对连续性方程和动量方程沿水深方向积分，实现三维问题向二维问题的较化。二者相比，Boussinesq 方程更能描述波浪的色散特性，不论是求解不可忽略色散性的小波级地震以及滑坡引发的海啸事件，还是经过越洋传播又累计得到不可忽略色散性的长波海啸都具有分线性浅水方程无法比拟的优势。但是，尽管能较全面地反映更为真实的物理现象，尤其是高阶 Boussinesq 方程，但是其数值求解成本太高，这也是现阶段很多要求时效的海啸预警预报采用浅水方程的原因之一（王培涛等，2011）。海啸淹没过程是最为复杂的计算，必须将沿岸复杂地形、地物特征等考虑在内，因此相比前两个过程，对于淹没范围的计算，更需要高分辨率的水深地形数据。

国外对于海啸数值模拟研究起步较早，常用的海啸数值模拟模型包括：①MOST（Method of Splitting Tsunami Model），由美国南加州大学的 Vasily Titov 所研发，目前为美国地质调查局（USGS）采用。②TUNAMI（Tohoku University Numerical Analysis Model for Investigation），由日本学者 Fumihiko Imamura 研发，对其他研究者开放源代码，目前应用范围较广，被十多个国家采用。③COMCOT（Cornell Multi-grid Coupled Tsunami Model），由美国康奈尔大学 Philip Liu 研究组开发，该模型已经被许多国家的研究机构和业务部门采用，尤其在南海海啸数值模拟计算研究中具有重要地位。④GeoClaw（Geophysical Conservation Laws Model），美国地质调查局的 David George 将高分辨率模拟波动传播的有限体积法软件包 CLAWPACK 引入海啸数值模拟应用，并嵌入自适应网格加密系统来完成对海啸波的捕捉。⑤Geowave（Geophysical Wave Model），由 Philip Watts 基于 Funwave 模型，加入 TOPIC 模型开发而成，但是由于计算成本偏高，目前难以用于海啸预警预报；⑥我国自主研发的海啸数值模拟模型 CTSU（China Tsunami Model），由国家海洋环境预报中心研发，并于 2005 年开始业务化运行。该模型已经开发出基于 OPENMP 的并行版本，并于 2009 年实现业务化运行，效果良好。

基于数值模拟的海啸灾害分析方法主要分为确定性方法（deterministic methods）和概率性方法（probabilistic methods）（Rikitake and Aida, 1988）。所谓确定性方法，即选定一个或数个设计好的可能的海啸场景进行模拟计算。概率性方法，或通常所说的 PTHA（probabilistic tsunami hazard analysis）是一种将海啸源及其相关灾害的不确定性考虑在内的计算模型，相比确定性方法，其难点在于确定模型中海啸的重现周期（Wu, 2012）。基于概率性方法的海啸数值模拟研究，在 2004 年印度洋海啸事件和 2011 年日本海啸事件之后得到迅速发展（Mori et al., 2017a）。关于 PTHA 的研究有很多，主要有三种方法：①基于专家意见的多种海啸源场景组合；②基于多种滑动场景和几何滑动参数组合的逻辑树法（logic-tree）；③通过假设随机相位近似的滑动波束谱来生成合成滑动分布模型，这种合成滑动分布模型受地震学理论和模型的约束（Mori et al., 2017a, 2017b）。

典型的海啸预警系统（tsunami warning system, TWS）主要由海啸监测系统、无线电、卫星通信系统以及陆地预警指挥中心组成（温瑞智等，2006），其主要功能是在大地震发生后迅速发布包括海啸到达时间、海啸波高等的信息。其中涉及的主要技术包括地震实时监测、地磁场异常探测、浮标实测数据监测、快速数值模拟技术以及海啸预警数据库（刘桦等，2015；任智源等，2016）。海啸预警概念始于 20 世纪 20 年代，而美国正式建立海啸预警工作始于 1949 年。目前，美国有两个海啸预警中心：太平洋海啸预警中心（Pacific Tsunami Warning Center, PTWC）和国家海啸预警中心（National Tsunami Warning Center NTWC）。日本的海啸预警系统由日本气象厅（Japan Meteorological Agency, JMA）于 1941 年开始建立，直到 1993 年，遭受又一次海啸灾害后，JMA 才开始研制基于数值预报技术的新一代海啸预警系统。然而尽管日本拥有全世界最密集的地震监测网络、最大的海啸防波堤、最强的地震和海啸国民训练，但是日本海啸预警、防护系统在2011海啸事件中仍几乎完全失灵（Cyranoski，2011）。我国于1983年加入国际海啸警报系统中心，国家海洋局负责我国的海啸预警报业务。2004年印度洋大海啸之后，国家海洋环境预报中心在之前海啸预警技术研究的基础上着手开发了应对南海及其附近区域的潜在海啸威胁的定量海啸预警系统（赵联大等，2015）。

针对南海海啸预警，从2007年开始，南海海啸研讨会（South China Sea tsunami workshop，SCSTW）几乎每年举行一次，为南海海啸预警系统部署提供有用参考。Liu等（2009）提出，将南海最大潜在海啸源马尼拉海沟划分为70km×35km的39个单元板块，并设置B1（119.4E，20.1N）、B2（118.15E，18.4N）、B3（117.6E，13.5N）三处浮标用于海啸波监测。Ren等（2014）在此基础上增设多个浮标，并提出优化布置浮标的方法。刘桦等（2015）提出了一种比浮标反演预警方法更为快速的方法，即基于USGS（2006）对马尼拉海沟断层块的6段划分，依据地震发生之后迅速获得的震中位置和震级大小，结合相关经验公式判断断层破裂参数用于海啸数值模拟的计算，从而快速发出预警。目前，我国的南海海啸预警系统主要将琉球海沟、台湾岛周边以及马尼拉海沟作为海啸源，划分为间隔为0.5°的235个地震海啸单位源，预警系统覆盖范围为105°E～130°E，10°N～32°N，预警对象为自长江口以南的整个中国东南沿海，其中南海沿岸的各个经济发达、人口集中的城市为预警重点（赵联大等，2015）。

6.2.4　南海海域海啸的模拟结果

2004年发生的印度洋海啸以及2006年发生在台湾西南海域的7.0级地震，让人们意识到马尼拉俯冲带可能发生地震海啸灾害的风险是存在的。对该俯冲带可能存在的海啸风险的模拟也得以开展，其中的工作包括以下方面。

Liu等（2007）沿马尼拉俯冲带假定了5个可能的触发海啸的震源区，并测试了6.5～8.0级不同地震诱发的海啸灾害程度差异。他们的研究结果表明在未来100年，香港、澳门地区面临浪高2.0m海啸的可能性达到了10%。

Wu等（2008）模拟了2006年实际发生的7.0级高屏地震触发的海啸，结果表明该地震引发的海啸在台湾西南沿岸浪高达到0.35m，而假设相同地区如果发生8.0级地震，在台湾西南沿岸的浪高将达到4.0m。

Megawati等（2009）和Dao等（2009）分别利用COMCOT程序和TUNAMI-N2程序模拟了马尼拉俯冲带断层全破裂且产生9.0级地震的情况下的海啸传播情况，两种程序模拟结果类似，在断层全破裂产生9.0级地震的假设之下，到达香港、澳门地区的海啸浪高将升至6～8m，到达台湾西南沿海的最高浪至14m。

Wu和Huang（2009）模拟了马尼拉俯冲带发生大地震触发海啸的最糟情况。他们假设马尼拉俯冲带发生9.3级的大地震，由此触发的海啸在我国台湾西南沿海的浪高将达到11m。

Sun 和 Huang（2014）模拟了可能触发南海海啸的另一种可能，即南海北部陆坡发生大规模滑坡。他们模拟的结果表明，通过多波束和多道地震数据识别出的一期滑坡，在白云凹陷内发生后会触发海啸，海啸传播至我国华南沿海城市时，浪高可达 2 ~ 3m，汕尾位置甚至可能达到 5.3m 的海啸爬高。

综合上述模拟结果，可以对中国南海海域的海啸风险做出大致评估：①如果马尼拉俯冲带发生 9.0 级以上地震，那对于我国香港、澳门等沿海经济发达地区的破坏是致命的；②对马尼拉俯冲带是否具备发生超大型地震的条件研究，需要更多的地震学和地壳应力应变的观测约束；③除了马尼拉俯冲带大地震之外，南海海域还存在另外一个可能触发海啸的因素——南海北部陆坡海底滑坡。

6.3 总　　结

历史文献记录以及沿海和西沙海域的沉积记录均表明南海海域曾经遭遇海啸灾害，马尼拉俯冲带的地震活动性以及数值模拟的研究也预示着如今南海海域也具有发生海啸灾害的可能性。可能触发南海海啸发生的因素包括马尼拉俯冲带大地震和南海北部陆坡大规模滑坡。目前的观测和研究水平尚不足以对地震海啸灾害做出科学评价，缺失的观测约束包括：①马尼拉俯冲带周围天然地震台站匮乏，地震定位不准，因而难以研究俯冲板块几何形态和板块边界处的流变性质；②马尼拉俯冲带缺少地壳形变观测，这使得目前对俯冲带所处的应力状态和板块耦合程度的研究不足。

参 考 文 献

陈爱华,许鹤华,马辉,等.2011.马尼拉俯冲带缺失中深源地震成因初探.华南地震,31(4):98-107.

陈多福,李绪宣,夏斌.2004.南海琼东南盆地天然气水合物稳定域分布特征及资源预测.地球物理学报,47(3):483-490.

陈汉宗,吴湘杰,周蒂,等.2005.珠江口盆地中新生代主要断裂特征和动力背景分析.热带海洋学报,24(2):52-61.

陈荷立,罗晓容.1988.砂泥岩中异常高流体压力的定量计算及其地质应用.地质论评,34(1):54-63.

陈林.2009.南海张裂大陆边缘数值模拟研究.北京:中国科学院地质与地球物理研究所博士学位论文.

陈颙.2005.海啸的成因与预警系统.自然杂志,27(1):4-7.

丁巍伟,李家彪,韩喜球,等.2010.南海东北部海底沉积物波的形态、粒度特征及物源、成因分析.海洋学报,32(2):96-105.

丁巍伟,王渝明,陈汉林,等.2004.台西南盆地构造特征与演化.浙江大学学报(理学版),31(2):216-221.

丁原章.1994.珠江口盆地及其邻近地区的活动断裂与地震活动.中国地震,10(4):307-319.

董冬冬,孙运宝,吴时国.2015.珠江口盆地深水区地层超压演化的数值模拟——以 ODP1148 站位为例.海洋地质与第四纪地质,35(5):165-172.

董冬冬,王大伟,张功成,等.2009.珠江口盆地深水区新生代构造沉积演化.中国石油大学学报:自然科学版,33(5):17-23.

董冬冬,吴时国,张功成,等.2008.南海北部深水盆地的裂陷过程及裂陷期延迟机制探讨.科学通报,53(19):2342-2351.

董冬冬,赵汗青,吴时国,等.2007.深水钻井中浅水流灾害问题及其地球物理识别技术.海洋通报,26(1):114-120.

付少英,陆敬安.2010.神狐海域天然气水合物的特征及其气源.海洋地质动态,26(9):6-10.

甘华阳,王家生,胡高伟.2004.海洋沉积物中的天然气水合物与海底滑坡.防灾减灾工程学报,24(2):177-182.

龚再升,李思田.1997.南海北部大陆边缘盆地分析与油气聚集.北京:科学出版社.

顾兆峰,张志珣,刘怀山.2006.南黄海西部地区浅层气地震特征.海洋地质与第四纪地质,26(3):65-74.

关德师.1997.靖边气田马五气藏相对富水区成因及开发.天然气工业,17(5):8-12.

何家雄,夏斌,张启明,等.2005.南海北部边缘盆地生物气和亚生物气资源潜力与勘探前景分析.天然气地球科学,16(2):167-174.

何家雄,颜文,祝有海,等.2013.南海北部边缘盆地生物气/亚生物气资源与天然气水合物成矿成藏.新能源,33(6):121-134.

何家雄,姚永坚,刘海龄,等.2008.南海北部边缘盆地天然气成因类型及气源构成特点.中国地质,35(5):1007-1016.

何云龙,解习农,李俊良,等.2010.琼东南盆地陆坡体系发育特征及其控制因素.地质科技情报,29(2):119-123.

胡光海,刘忠臣,孙永福,等.2004.海底斜坡土体失稳的研究进展.海岸工程,23(1):63-73.

康晏,王万春,任军虎.2004.生物气生成的地球化学因素分析.矿物岩石地球化学通报,23(4):350-354.

李爱山,印兴耀,张繁昌,等.2007.叠前 AVA 多参数同步反演技术在含气储层预测中的应用.石油物探,46(1):64-68.

李家彪.2005.中国边缘海形成演化与资源效应.北京:海洋出版社.

李家彪.2008.南海大陆边缘张裂与海盆演化研究.海峡两岸海洋科学研讨会.杭州.

李清平.2006.我国海洋深水油气开发面临的挑战.中国海上油气,18(2):130-133.

李双林,赵青芳,肖菲.2007.高分子量烃在海洋油气地球化学探测中的应用.海洋地质动态,23(11):35-41.

李思田,林畅松,张启明,等.1998.南海北部大陆边缘盆地幕式裂陷的动力过程及10Ma以来的构造事件.科学通报,43(8):797-810.

李绪宣,朱光辉.2005.琼东南盆地断裂系统及其油气输导特征.中国海上油气,17(1):1-7.

梁劲,王宏斌,郭依群.2006.南海北部陆坡天然气水合物的地震速度研究.现代地质,20(1):123-129.

刘锋,吴时国,孙运宝,等.2010.南海北部陆坡水合物分解引起海底不稳定性的定量分析.地球物理学报,53(4):946-953.

刘光鼎.2005.我国油气资源勘探开发中存在的主要问题及对策.地球物理学进展,20(1):1-3.

刘光鼎,陈洁.2005.中国海域残留盆地油气勘探潜力分析.地球物理学进展,20(4):881-888.

刘桦,赵曦,王本龙.2008.海啸预警与海岸带减灾研究进展.全国水动力学术会议暨两岸船舶与海洋工程水动力学研讨会.济南.

刘桦,赵曦,王本龙,等.2015.海啸数值模拟与南海海啸预警方法.力学季刊,36(3):351-369.

刘守全,刘锡清,王圣洁,等.2000.南海灾害地质类型及分区.中国地质灾害与防治学报,11(4):39-44.

刘文汇,徐永昌.1992.天然气的混合类型及其判识.天然气地球科学,3(1):18-24.

刘学伟,李敏锋,张丰文,等.2005.天然气水合物地震响应研究——中国南海HD152测线应用实例.现代地质,19(1):33-38.

刘志斌,郝召兵,伍向阳.2008.深水钻探面临的挑战:浅水流灾害问题.地球物理学进展,23(2):552-558.

柳保军,庞雄,颜承志,等.2011.珠江口盆地白云深水区沉积充填演化及控制因素分析.中国海上油气,23(1):19-25.

柳保军,袁立忠,申俊,等.2006.南海北部陆坡古地貌特征与13.8Ma以来珠江深水扇.沉积学报,24(4):476-482.

陆敬安,杨胜雄,吴能友,等.2008.南海神狐海域天然气水合物地球物理测井评价.现代地质,22(3):447-451.

罗晓容.2001.油气初次运移的动力学背景与条件.石油学报,22(6):24-29.

罗晓容,杨计海,王振峰.2000.盆地内渗透性地层超压形成机制及钻前压力预测.地质论评,46(1):22-31.

马宗晋,叶洪.2005.2004年12月26日苏门答腊—安达曼大地震构造特征及地震海啸灾害.地学前缘,12(1):281-287.

米立军,张功成,傅宁等.2006.珠江口盆地白云凹陷北坡—番禺低隆起油气来源及成藏分析.中国海上油气,18(3):161-168.

米立军,张功成,沈怀磊,等.2008.珠江口盆地深水区白云凹陷始新统—下渐新统沉积特征.石油学报,29(1):29-34.

潘文亮.2011.南海的海啸模拟、观测和预警技术研究.广州:中国科学院南海海洋研究所博士学位论文.

潘文亮,王盛安,蔡树群.2009.南海潜在海啸灾害的模拟.热带海洋学报,28(6):7-14.

庞雄,陈长民,彭大钧,等.2007a.南海珠江深水扇系统及油气.北京:科学出版社.

庞雄,陈长民,彭大钧,等.2007b.南海珠江深水扇系统的层序地层学研究.地学前缘,14(1):220-229.

庞雄,陈长民,彭大钧,等.2008.南海北部白云深水区之基础地质.中国海上油气,20(4):215-222.

庞雄,陈长民,邵磊,等.2007c.白云运动:南海北部渐新统—中新统重大地质事件及其意义.地质评论,53(2):145-152.

庞雄,申俊,袁立忠,等.2006.南海珠江深水扇系统及其油气勘探前景.石油学报,27(3):11-15.

彭大均,庞雄,陈长民,等.2005.从浅水陆架走向深水陆坡—南海深水扇系统的研究.沉积学报,23(1):1-11.

彭晓彤,周怀阳,陈光谦,等.2002.论天然气水合物与海底地质灾害,气象灾害和生物灾害的关系.自然灾害学报,11(4):18-22.

秦国权.2002.珠江口盆地新生代晚期层序地层划分和海平面变化.中国海上油气:地质,16(1):1-11.

秦志亮,王大伟,吴时国,等.2009.侵入砂体对深水油气勘探的研究意义.海洋地质与第四纪地质,29(2):111-116.

沙志彬,杨木壮,梁劲,等.2003.南海北部陆坡海底异常地貌特征与天然气水合物的关系.南海地质研究,(14):29-34.

邵磊,李献华,汪品先,等.2004.南海渐新世以来构造演化的沉积记录——ODP 1148 站深海沉积物中的证据.地球科学进展,19(4):539-544.

邵磊,孟晓捷,张功成,等.2013.白云凹陷断裂特征对构造与沉积的控制作用.同济大学学报:自然科学版,41(9):1435-14441.

邵磊,庞雄,陈长民,等.2007.南海北部渐新世末沉积环境及物源突变事件.中国地质,34(6):1022-1031.

邵磊,庞雄,乔培军,等.2008.珠江口盆地的沉积充填与珠江的形成演变.沉积学报,26(2):179-185.

邵磊,庞雄,张功成,等.2009.南海北部渐新世末的构造事件.地球科学,34(5):717-724.

施和生,秦成岗,张忠涛,等.2009.珠江口盆地白云凹陷北坡—番禺低隆起油气复合输导体系探讨.中国海上油气,21(6):361-366.

石万忠,陈红汉,陈长民,等.2006.珠江口盆地白云凹陷地层压力演化与油气运移模拟.地球科学–中国地质大学学报,31(2):229-236.

石昕,戴金星,赵文智.2005.深层油气藏勘探前景分析.中国石油勘探,10(1):1-10.

宋海斌,耿建华,WANG H K,等.2001.南海北部东沙海域天然气水合物的初步研究.地球物理学报,44(5):687-695.

宋海斌.2003.天然气水合物体系动态演化研究(Ⅱ):海底滑坡.地球物理学进展,18(3):503-511.

孙金龙,徐辉龙,曹敬贺.2011.台湾–吕宋会聚带的地壳运动特征及其动力学机制.地球物理学报,54(12):3016-3025.

孙龙涛,陈长民,詹文欢,等.2007.珠江口盆地断层封堵特征及其影响因素.石油学报,28(4):36-40.

孙启良.2011.南海北部深水盆地流体逸散系统与沉积物变形.北京:中国科学院研究生院博士学位论文.

孙启良,吴时国,陈端新,等.2014.南海北部深水盆地流体活动系统及其成藏意义.地球物理学报,57(12):4052-4062.

孙运宝.2011.南海北部陆坡深水区地质灾害机理与钻前预测.北京:中国科学院研究生院博士学位论文.

孙运宝,吴时国,王志君,等.2008.南海北部白云大型海底滑坡的几何形态与变形特征.海洋地质与第四纪地质,28(6):73-81.

孙运宝,赵铁虎,秦柯.2014.南海北部白云凹陷沉积压实作用对浅水流超压演化影响数值模拟.地球科学进展,29(9):1055-1064.

孙运宝,赵铁虎,秦轲.2015.基于沉积压实模型的压力演化特征数值模拟——以 1148 井为例.地球物理学进展,(2):607-615.

孙珍,庞雄,钟志洪,等.2005.珠江口盆地白云凹陷新生代构造演化动力学.地学前缘,12(4):489-498.

唐益群,吕少伟,叶为民,等.2001.浅气层高孔压非饱和土固结规律研究.土木工程学报,34(6):100-104.

万玲,姚伯初,吴能友,等.2005.南海西部海域新生代地质构造.海洋地质与第四纪地质,25(2):45-52.

汪品先,赵泉鸿,剪知湣,等.2003.南海三千万年的深海记录.科学通报,48(21):2206-2216.

王大伟,吴时国,吕福亮,等.2011.南海深水块体搬运沉积体系及其油气勘探意义.中国石油大学学报:自然科学版,35(5):14-19.

王大伟,吴时国,秦志亮,等.2009a.南海陆坡大型块体搬运体系的结构与识别特征.海洋地质与第四纪地质,29(5):65-72.

王大伟,吴时国,董冬冬,等.2009b.琼东南盆地第四纪块体搬运体系的地震特征.海洋地质与第四纪地质,29(3):69-74.

王海荣,王英民,邱燕,等.2008.南海北部陆坡的地貌形态及控制因素.海洋学报,30(2):70-79.

王培涛,赵联大,于福江,等.2011.海啸灾害数值预报技术研究现状.海洋预报,28(03):74-79.

王秀娟,吴时国,郭璇,等.2006a.南海陆坡天然气水合物饱和度估计.海洋地质与第四纪地质,25(3):89-95.

王秀娟,吴时国,刘学伟.2006b.天然气水合物和游离气饱和度估算的影响因素.地球物理学报,49(2):504-511.

魏柏林,何宏林,郭良田,等.2010.试论地震海啸的成因.地震地质,32(1):150-161.

魏柏林,康英,陈桃,等.2006.南海地震与海啸.华南地震,26(1):47-60.

温瑞智,公茂盛,谢礼立.2006.海啸预警系统及我国海啸减灾任务.自然灾害学报,15(03):1-7.

吴能友,杨胜雄,王宏斌,等.2009.南海北部陆坡神狐海域天然气水合物成藏的流体运移体系.地球物理学报,52(6):1641-1650.

吴时国,秦蕴珊.2009.南海北部陆坡深水沉积体系研究.沉积学报,27(5):922-930.

吴时国,龚跃华,米立军,等.2010.南海北部深水盆地油气渗漏系统及天然气水合物成藏机制研究.现代地质,24(3):433-440.

吴时国,秦志亮,王大伟,等.2011.南海北部陆坡块体搬运沉积体系的地震响应与成因机制.地球物理学报,54(12):3184-3195.

吴时国,孙运宝,孙启良,等.2008.深水盆地中大型侵入砂岩的地震识别及其成因机制探讨.地球科学进展,23(6):562-569.

吴时国,孙运宝,王秀娟,等.2010.南海北部深水盆地浅水流的地球物理特性及识别.地球物理学报,53(7):1681-1690.

吴时国,王秀娟,陈瑞新,等.2015.天然气水合物地质概论.北京:科学出版社.

吴时国,谢杨冰,秦芹,等.2014.深水油气浅层钻井的"三浅"地质灾害.探矿工程:岩土钻掘工程,(9):38-42.

吴时国,袁圣强,董冬冬,等.2009.南海北部深水区中新世生物礁发育特征.海洋与湖沼,40(2):117-121.

吴时国,袁圣强.2005.世界深水油气勘探进展与我国南海深水油气前景.天然气地球科学,16(6):693-699.

薛艳,朱元清,刘双庆,等.2010.地震海啸的激发与传播.中国地震,26(3):35-47.

杨敬江,吴秋云,周阳锐.2014.荔湾3-1气田深水段管线路由区工程地质分区与评价.中国海上油气,26(2):82-87.

杨马陵,魏柏林.2005.南海海域地震海啸潜在危险的探析.灾害学,20(3):41-47.

杨智博.2015.中国地震海啸危险性分析.哈尔滨:中国地震局工程力学研究所博士学位论文.

姚伯初.2001.南海的天然气水合物矿藏.热点海洋学报,20(2):20-29.

姚伯初,万玲,刘振湖.2004.南海海域新生代沉积盆地构造演化的动力学特征及其油气资源.地球科学,29(5):543-549.

姚永坚,姜玉坤,曾祥辉.2002.南沙海域新生代构造运动特征.中国海上油气:地质,16(2):113-117.

叶银灿.2012.中国海洋灾害地质学.北京:海洋出版社.

叶志,樊洪海,张国斌,等.2010.深水钻井地质灾害浅层水流问题研究.石油钻探技术,38(6):48-52.

于兴河,张志杰,苏新,等. 2004.中国南海天然气水合物沉积成藏条件初探及其分布.地学前缘,11(1):311-315.

臧绍先,陈奇志,黄金水. 1994.台湾南部-菲律宾地区的地震分布,应力状态及板块的相互作用.地震地质,16(1):29-37.

张功成,刘震,米立军,等. 2009.珠江口盆地-琼东南盆地深水区古近系沉积演化.沉积学报,27(4):632-641.

张功成,米立军,吴时国,等. 2007.深水区-南海北部大陆边缘盆地油气勘探新领域.石油学报,28(2):15-21.

张光学,祝有海,徐华宁. 2003.非活动大陆边缘的天然气水合物及其成藏过程述评.地质论评,49(2):181-187.

张树林,田世澄,朱芳冰,等. 1996.莺歌海盆地底辟构造的成因及石油地质意义.中国海上油气:地质,(1):1-6.

张为民. 2001.东海陆架盆地西南部烟囱构造与油气运聚关系研究.北京:中国科学院地质与地球物理研究所博士学位论文.

张为民,李继亮,钟嘉猷. 2000.气烟囱的形成机理及其与油气的关系探讨.地质科学,35(4):449-455.

赵联大,于福江,滕骏华. 2015. 南海定量海啸预警系统. 海洋预报,32(02):1-6.

赵淑娟,吴时国,施和生,等. 2012.南海北部东沙运动的构造特征及动力学机制探讨.地球物理学进展,27(3):1008-1019.

钟方杰,朱建群. 2007.应用持水特征曲线预测浅层气藏压力.施工技术,S1:494-496.

周蒂,孙珍,陈汉宗,等. 2005.南海及其围区中生代岩相古地理和构造演化.地学前缘,12(3):204-218.

周蒂,王万银,庞雄,等. 2006.地球物理资料所揭示的南海东北部中生代俯冲增生带.中国科学,36(3):209-218.

朱俊章,施和生,庞雄,等. 2006.珠江口盆地番禺低隆起凝析油地球化学特征及油源分析.中国海上油气:工程,18(2):103-106.

朱伟林. 2007.南海北部大陆边缘盆地天然气地质.北京:石油工业出版社.

Aki K,Richards P G. 1980. Quantitative Seismology:Theory and Methods. New York:W. H. Freeman&Company.

Alexei V M,Roger S. 2001. Estimate of gas hydrate resource,northwestern Gulf of Mexico continental slope. Marine Geology,179(1):71-83.

Andreassen K,Hogstad K,Berteussen K A. 1990. Gas hydrate in the southern Barents Sea,indicated by a shallow seismic anomaly. First Break,8(1232):235-245.

Archer D. 2007. Methane hydrate stability and anthropogenic climate change. Biogeosciences and Discussions, 4 (4):521-544.

Azadpour M,Manaman N S,Kadkhodaie-Ilkhchi A,et al. 2015. Pore pressure prediction and modeling using well-logging data in one of the gas fields in south of Iran. Journal of Petroleum Science and Engineering,128:15-23.

Baba K,Yamada Y. 2004. BSRs and associated reflections as an indicator of gas hydrate and free gas accumulation:An example of accretionary prism and forearc basin system along the Nankai Trough,off central Japan. Resource Geology,54(1):11-24.

Baeten N J,Laberg J S,Forwick M,et al. 2013. Morphology and origin of smaller-scale mass movements on the continental slope off northern Norway. Geomorphology,187(5):122-134.

Bautista B C,Bautista M L P,Oike K,et al. 2001. A new insight on the geometry of subducting slabs in northern Luzon,Philippines. Tectonophysics,339(3-4):279-310.

Beaubouef R T, Abreu V, Adair N L. 2003. Ultra-High Resolution 3-D Characterization of Deep-Water Deposits-I: A New Approach to Understanding the Stratigraphic Evolution of Intra-Slope Depositional Systems. Infection and Immunity, 57(7):2249-52.

Best A, Clayton C R I, Longva O, et al. 2003. The role of free gas in the activation of submarine slides in Finneidfjord. Submarine Mass Movements and Their Consequences. Netherlands: Springer, 19:491-498.

Bethke C M. 1986. Inverse hydrologic analysis of the distribution and origin of Gulf Coast-type geopressured zones. Journal of Geophysical Research: Solid Earth, 91(B6):6535-6545.

Bhakta T, Landrø M. 2014. Estimation of pressure-saturation changes for unconsolidated reservoir rocks with high V_P/V_S ratio. Geophysics, 79(5):35-54.

Bilek S L, Schwartz S Y, DeShon H R. 2003. Control of seafloor roughness on earthquake rupture behavior. Geology, 31(2003):455-458.

Binh N T T, Tokunaga T, Nakamura T, et al. 2009. Physical properties of the shallow sediments in late Pleistocene formations, Ursa Basin, Gulf of Mexico, and their implications for generation and preservation of shallow overpressures. Marine and Petroleum Geology, 26(4):474-486.

Blasioa F V D, Elverhøi A, Issler D, et al. 2004. Flow models of natural debris flows originating from overconsolidated clay materials. Marine Geology, 213(1-4):439-455.

Boswell R. 2009. Is gas hydrate energy within reach? Science, 325(5943):957-958.

Boswell R, Collett T S, Frye M, et al. 2012. Subsurface gas hydrates in the northern Gulf of Mexico. Marine and Petroleum Geology, 34(1):4-30.

Boswell R, Saeki T, Shipp C, et al. 2014. Prospecting for gas hydrate resources. U. S. Department of Energy-National Energy Technology Laboratory, Fire in the Ice. Methane Hydrate Newsletter, 14(2):9-13.

Bouriak S, Vanneste M, Saoutkine A, et al. 2000. Inferred gas hydrates and clay diapirs near the Storegga Slide on the southern edge of the Vøring Plateau, offshore Norway. Marine Geology, 163(1-4):125-148.

Bowers G L. 1995. Pore pressure estimation from velocity data: Accounting form overpressure mechanisms besides undercompaction. SPE Drilling & Completion, 10:89-95.

Bowers G L. 2002. Detecting high overpressure. The Leading Edge, 21(2):174-177.

Briais A, Patriat P, Tapponnier P. 1993. Updated interpretation of magnetic anomalies and seafloor spreading stages in the South China Sea: Implications for the Tertiary tectonics of Southeast Asia. Journal of Geophysical Research: Solid Earth, American Geophysical Union, 98(B4):6299-6328.

Brooks J M, Cox H B, Bryant W R, et al. 1986. Association of gas hydrate and oil seepage in the Gulf of Mexico. Organic Geochemistry, 10(1):221-234.

Brown H E, Holbrook W S, Hornbach M J, et al. 2006. Slide structure and role of gas hydrate at the northern boundary of the Storegga Slide, offshore Norway. Marine Geology, 229(3):179-186.

Brown K M, Bangs N L, Froelich P N, et al. 1996. The nature, distribution, and origin of gas hydrate in the Chile Triple Junction region. Earth and Planetary Science Letters, 139(3):471-483.

Bruce B, Borel R. 2002. Well planning for SWF and overpressures at the Kestrel well. The Leading Edge, 21(7), 669-671.

Bull S, Cartwright J, Huuse M. 2009. A review of kinematic indicators from mass-transport complexes using 3D seismic data. Marine amd Petroleum Geology, 26(7):1132-1151.

Bünz S, Mienert J. 2004. Acoustic imaging of gas hydrate and free gas at the Storegga Slide. Journal of Geophysical Research: Solid Earth, 109(B4):102-117.

Campbell K J. 1999. Deepwater geohazards: How significant are they? The Leading Edge, 18(4):514-519.

Canals M, Lastras G, Urgeles R, et al. 2004. Slope failure dynamics and impacts from seafloor and shallow sub-seafloor geophysical data: Case studies from the COSTA project. Marine Geology, 213(1-4):9-72.

Carcione J M, Gangi A F. 2000. Gas generation and overpressure: Effects on seismic attributes. Geophysics, 65(6): 1769-1779.

Carcione J M, Tinivella U. 2001. The seismic response to overpressure: A modelling study based on laboratory, well and seismic data. Geophysical Prospecting, 49(5):523-539.

Cartwright J A. 1994a. Episodic basin-wide fluid expulsion from geopressured shale sequences in the North Sea Basin. Geology, 22 (5):447-450.

Cartwright J A. 1994b. Episodic basin-wide hydro-fracturing of overpressured Early Cenozoic mudrock sequences in the North Sea Basin. Marine and Petroleum Geology, 11(5):587-607.

Cartwright J A, Huuse M, Aplin A. 2007. Seal bypass systems. AAPG Bulletin, 91(8):1141-1166.

Castagna J P, Batzle M L, Eastwood R L. 1985. Relationships between compressional-wave and shear-wave velocities in clastic silicate rocks. Geophysics, 50(4):571-581.

Catuneanu O. 2006. Principles of Sequence Stratigraphy. Amsterdam: Elsevier.

Chadwick W W, Dziak R P, Haxel J H, et al. 2012. Submarine landslide triggered by volcanic eruption recorded by in situ hydrophone. Geology, 40(1):51-54.

Chen D X, Wu S G, Dong D D, et al. 2013a. Focused fluid flow in the Baiyun Sag, northern South China Sea: Implications for the source of gas in hydrate reservoirs. Chinese Journal of Oceanology and Limnology, 31 (1): 178-189.

Chen L. 2014. Stretching factor estimation for the long-duration and multi-stage continental extensional tectonics: Application to the Baiyun Sag in the northern margin of the South China Sea. Tectonophysics, 611:167-180.

Chen L, Zhang Z J, Song H B. 2013b. Weak depth and along-strike variations in stretching from a multi-episodic finite stretching model: Evidence for uniform pure-shear extension in the opening of the South China Sea. Journal of Asian Earth Sciences, 78(2):358-370.

Chen T R, Chen P F, Tsai W T, et al. 2008. Numerical Study on Tsunamis Excited by 2006 Pingtung Earthquake Doublet. Terrestrial Atmospheric and Oceanic Sciences, 19(6):705-715.

Chen Z J, Deng J G, Yu B H, et al. 2014. Pore pressure prediction in the Dongfang 1-1 gas field, Yinggehai basin. Scientific Bulletin of National Mining University, (2):11-16.

Clift P D, Lin J. 2001. Patterns of Extension and Magmatism along the Continent-Ocean Boundary, South China Margin. Geological Society London Special Publications, 187(1):489-510.

Clinton P. 1997. Mass-transport deposits of the Amazon Fan. Ocean Drilling Program, Scientific Results: 109-146.

Cloos M. 1992. Thrust-type subduction-zone earthquakes and seamount asperities: A physical model for seismic rupture. Geology, 20(7):601-604.

Coleman J M, Prior B D, Garrison L E, et al. 1993. Slope failures in an area of high sedimentation rate: Offshore Mississippi river delta. Submarine Landslides: Selected Studies in the US Exclusive Economic Zone: US Geological Survey, Bulletin B:79-204.

Connolly J A D, Kerrick D M. 2002. Metamorphic controls on seismic velocity of subducted oceanic crust at 100-250km depth. Earth and Planetary Science Letters, 204(1-2):61-74.

Connolly P. 1999. Elastic impedance. The Leading Edge, 18(4):438-452.

Cyranoski D. 2011. Japan faces up to failure of its earthquake preparations. Recent Developments in World

Seismology,471(7340):556-557.

Dao M H,Tkalich P,Chan E S,et al. 2009. Tsunami propagation scenarios in the South China Sea. Journal of Asian Earth Sciences,36(1):67-73.

Davie M K,Zatsepina O Y,Buffett B A. 2004. Methane solubility in marine hydrate environments. Marine Geology, 203(1):177-184.

Deming D. 1994. Estimation of the thermal conductivity anisotropy of rock with application to the determination of terrestrial heat flow. Journal of Geophysical Research:Solid Earth,99(B11):22087-22091.

Dillon W P,Danforth W W,Hutchinson D R,et al. 1998. Evidence for faulting related to dissociation of gas hydrate and release of methane off the southeastern United States. Geological Society, London, Special Publications, 137(1):293-302.

Ding W W,Franke D,Li J B,et al. 2013. Seismic stratigraphy and tectonic structure from a composite multi-channel seismic profile across the entire Dangerous Grounds,South China Sea. Tectonophysics,582(582):162-176.

Dixon B T,Weimer P. 1998. Sequence stratigraphy of the eastern Mississippi Fan (Pleistocene),northeastern deep Gulf of Mexico. AAPG Bulletin,82(6):1207-1232.

Doyle E H,Kaluza M J,Roberts H H. 1992. Use of Manned Submersibles to Investigate Slumps in Deep Water Gulf of Mexico. Oceans. ASCE.

Dugan B,Flemings P B. 2000. Overpressure and fluid flow in the New Jersey continental slope:Implications for slope failure and cold seeps. Science,289(5477):288-291.

Dugan B,Flemings P B. 2002. Fluid flow and stability of the US continental slope offshore New Jersey from the Pleistocene to the present. Geofluids,2(2):137-146.

Dugan B. 2012. A review of overpressure, flow focusing, and slope failure//Yamada Y, et al. Submarine Mass Movements and Their Consequences. Netherlands:Springer,267-276.

Eakin D H,Mcintosh K D,Avendonk H,et al. 2014. Crustal-scale seismic profiles across the Manila subduction zone:The transition from intraoceanic subduction to incipient collision. Journal of Geophysical Research Solid Earth,119(1):1-17.

Fatti J L,Smith G C, Vail P J,et al. 1994. Detection of gas in sandstone reservoirs using AVO analysis:A 3-D seismic case history using the Geostack technique. Geophysics,59(9):1362-1376.

Ferentinos G, Papatheodorou G, Collins M. 1988. Sediment transport processes on an active submarine fault escarpment:Gulf of Corinth,Greece. Marine Geology,83(1-4):43-61.

Field M, Edwards B. 1993. Submarine landslides in a basin and ridge setting, south California. Submarine Landslides-Selected Studies in the US Exclusive Economic Zone:US Geological Survey,Bulletin B:176-183.

Flemings P B, Comisky J, Liu X, et al. 2001. Stress-Controlled Porosity in Overpressured Sands at Bullwinkle (GC65),Deepwater Gulf of Mexico. Offshore Technology Conference. Houston.

Flemings P B, Long H, Dugan B, et al. 2008. Pore pressure penetrometers document high overpressure near the seafloor where multiple submarine landslides have occurred on the continental slope,offshore Louisiana, Gulf of Mexico. Earth and Planetary Science Letters,269(3-4):309-325.

Franke D. 2013. Rifting,lithosphere breakup and volcanism:Comparison of magma-poor and volcanic rifted margins. Marine and Petroleum Geology,43(3):63-87.

Fuchs K,Müller G. 1971. Computation of synthetic seismograms with reflectivity method and comparison with observation. Geophysical Journal of the Royal Astronomical Society,23(4):417-433.

Gardner G H F, Gardner L W, Gregory A R. 1974. Formation velocity and density: the diagnostic basics for stratigraphic traps. Geophysics,39(6):770-780.

Gardner J V,Prior D B,Field M E. 1999. Humboldt slide-a large shear-dominated retrogressive slope failure. Marine Geology,154(154):323-338.

Gay A,Lopez M,Cochonat P,et al. 2006. Isolated seafloor pockmarks linked to BSRs,fluid chimneys,polygonal faults and stacked Oligocene-Miocene turbiditic palaeo-channels in the Lower Congo Basin. Marine Geology, 226 (1-2):25-40.

Gee M,Uy H,Warren J,et al. 2007. The Brunei slide:A giant submarine landslide on the North West Borneo Margin revealed by 3D seismic data. Marine Geology,246(1):9-23.

Gilvery T A M,Cook D L. 2003. The influence of local gradients on accommodation space and linked depositional elements across a stepped slope profile. Research Conference:387-419.

Golsanami N,Kadkhodaie-Ilkhchi A,Erfani A. 2015. Synthesis of capillary pressure curves from post-stack seismic data with the use of intelligent estimators:A case study from the Iranian part of the South Pars gas field,Persian Gulf Basin. Journal of Applied Geophysics,112:215-225.

Gong C,Wang Y,Zhu W,et al. 2013. Upper Miocene to Quaternary unidirectionally migrating deep-water channels in the Pearl River Mouth Basin,northern South China Sea. AAPG Bulletin,97(2):285-308.

Gordon D S,Flemings P B. 1998. Generation of overpressure and compaction-driven fluid flow in a Plio-Pleistocene growth-faulted basin,Eugene Island 330,offshore Louisiana. Basin Research,10(2):177-196.

Grevemeyer I,Ranero C R,Flueh E R,et al. 2007. Passive and active seismological study of bending-related faulting and mantle serpentinization at the Middle America trench. Earth and Planetary Science Letters, 258 (3): 528-542.

Grozic J L H. 2010 Interplay Between Gas Hydrates and Submarine Slope Failure//Mosher D C,et al. Submarine Mass Movements and Their Consequences. Netherlands:Springer,11-30.

Haflidason H,Sejrup H P,Nygård A,et al. 2004. The Storegga slide architecture, geometry and slide development. Marine Geology,213(1-4):201-234.

Hampton M A,Lee H J,Locat J. 1996. Submarine landslides. Reviews of Geophysics,34(1):33-59.

Heezen B C,Ewing W M. 1952. Turbidity currents and submarine slumps, and the 1929 Grand Banks earthquake. American Journal of Science,250(12):849-873.

Hesthammer J,Fossen H. 1999. Evolution and geometries of gravitational collapse structures with examples from the State Jord Field,northern North Sea. Marine and Petroleum Geology,16(3):259-281.

Holcomb R,Searle R. 1991. Large landslides from oceanic volcanoes. Marine Geotechnology,10(1-2):19-32.

Homza T X. 2004. A structural interpretation of the Fish Creek Slide (Lower Cretaceous),northern Alaska. Aapg Bulletin,88(3):265-278.

Hornbach M J,Saffer D M,Holbrook W S. 2004. Critically pressured free-gas reservoirs below gas-hydrate provinces. Nature,427(6970):142-144.

Hsu S K,Yeh Y,Doo W B,et al. 2004. New bathymetry and magnetic lineations identifications in the Northernmost South China Sea and their tectonic implications. Marine Geophysical Researches,25(1-2):29-44.

Hsu Y J,Yu S B,Song T R A,et al. 2012. Plate coupling along the Manila subduction zone between Taiwan and northern Luzon. Journal of Asian Earth Sciences,51(12):98-108.

Hu D K,Zhou D,Wu X J,et al. 2009. Crustal structure and extension from slope to deepsea basin in the northern South China Sea. Journal of Earth Science,20(1):27-37.

Huang C Y,Wu W Y,Chang C P,et al. 1997. Tectonic evolution of accretionary prism in the arc-continent collision terrane of Taiwan. Tectonophysics,281(1-2):31-51.

Huang Z,Wu T R,Tan S K,et al. 2009. Tsunami hazard from the subduction Megathrust of the South China Sea: Part II. Hydrodynamic modeling and possible impact on Singapore, Journal of Asian Earth Sciences,36(1): 93-97.

Huffman A R,Castagna J P,2001. The petrophysical basis for shallow-water flow prediction using multicomponent seismic data. The Leading Edge,20(9):1030-1052.

Hurst A,Cartwright J,Huuse M,et al. 2003. Significance of large-scale sand injectites as long-term fluid conduits: Evidence from seismic data. Geofluids,3(4):263-274.

Huuse M,Mickelson M. 2004. Eocene sandstone intrusions in the Tampen Spur area (Norwegian North Sea Quad 34) imaged by 3D seismic data. Marine and Petroleum Geology,21(2):141-155.

Ikari M J,Strasser M,Saffer D M,et al. 2011. Submarine landslide potential near the megasplay fault at the Nankai subduction zone. Earth and Planetary Science Letters,312(3):453-462.

Ivandic M,Grevemeyer I,Bialas J,et al. 2010. Serpentinization in the trench-outer rise region offshore of Nicaragua: Constraints from seismic refraction and wide-angle data. Geophysical Journal International,180(3):1253-1264.

Jacob C E. 1945. Correlation of ground-water levels and precipitation on Long Island,New York. Eos Transactions American Geophysical Union,24(2):564-573.

Javanshir R J,Riley G W,Duppenbecker S J,et al. 2015. Validation of lateral fluid flow in an overpressured sand-shale sequence during development of Azeri-Chirag-Gunashli oil field and Shah Deniz gas field:South Caspian Basin,Azerbaijan. Marine and Petroleum Geology,59:593-610.

Jonk R,Hurst A,Duranti D,et al. 2005. Orgin and timing of sand injection,petroleum migration,and diagenesis of Tertiary reservoirs,south Viking Graben,North Sea. Aapg Bulletin,89(3):329-357.

Jr E D S. 1998. Gas hydrates:Review of physical/chemical properties. Energy and Fuels,12(2):191-196.

Jr E D S,Koh C A. 2007. Clathrate Hydrates of Natural Gases. Boca Raton:CRC Press.

Judd A G,Hovland M. 1992. The evidence of shallow gas in marine sediments. Continental Shelf Research,12(10): 1081-1095.

Kaluza M,Schreiber J,Santala M I,et al. 2004. Influence of the Laser Prepulse on Proton Acceleration in Thin-Foil Experiments. Physical Review Letters,93(4):045003.

Kanamori H. 1972. Mechanism of tsunami earthquakes. Physics of the Earth and Planetary Interiors,6(5):346-359.

Kanamori H. 1986. Rupture process of subduction zone earthquakes. Annual Review of Earth and Planetary Sciences,14(1):293-322.

Katsube T J,Boitnott G N,Lindsay P J,et al. 1996. Pore structure evolution of compacting muds from the seafloor, offshore Nova Scotia. Eastern Canada and national and general programs. Current Research-Geological Survey of Canada:17-26.

Kayen R E, Lee H J. 1991. Pleistocene slope instability of gas hydrate-laden sediment on the Beaufort sea margin. Marine Georesources and Geotechnology,10(1-2):125-141.

Ku C Y,Hsu S K. 2009. Crustal structure and deformation at the northern Manila Trench between Taiwan and Luzon islands. Tectonophysics,466(3-4):229-240.

Kvalstad T J,Andresen L,Forsberg C F,et al. 2005. The Storegga slide:Evaluation of triggering sources and slide mechanics. Marine and Petroleum Geology,22(1-2):245-256.

Kvenvolden K A, Lorenson T D. 2001. The Global Occurrence of Natural Gas Hydrate. American Geophysical Union,124:3-18.

Kvenvolden K A. 1988. Methane hydrate-a major reservoir of carbon in the shallow geosphere? Chemical Geology, 71(1):41-51.

Kvenvolden K A. 1993. Gas hydrates-geological perspective and global change. Reviews of Geophysics, 31(2): 173-187.

Kvenvolden K A. 1998. A primer on the geological occurrence of gas hydrate. Geological Society London Special Publications, 137(1):9-30.

Kvenvolden K A. 1999. Potential effects of gas hydrate on human welfare. Proceedings of the National Academy of Sciences, 96(7):3420-3426.

Laberg J S, Kawamura K, Amundsen H, et al. 2014. A submarine landslide complex affecting the Jan Mayen Ridge, Norwegian-Greenland Sea: Slide-scar morphology and processes of sediment evacuation. Geo-Marine Letters, 34(1):51-58.

Laberg J S, Vorren T O. 2000. The Trænadjupet Slide, offshore Norway-morphology, evacuation and triggering mechanisms. Marine Geology, 171(1-4):95-114.

Lastras G, Canals M, Urgeles R, et al. 2004. Shallow slides and pockmark swarms in the Eivissa Channel, western Mediterranean Sea. Sedimentology, 51(4):837-850.

Lastras G, De B F, Canals M, et al. 2005. Conceptual and numerical modeling of the BIG'95 debris flow, western Mediterranean Sea. Journal of Sedimentary Research, 75(6):784-797.

Lau A Y A, Switzer A D, Domineyhowes D, et al. 2010. Written records of historical tsunamis in the northeastern South China Sea: Challenges associated with developing a new integrated database. Natural Hazards and Earth System Sciences and Discussions, 10(9):1793-1806.

Lee C, Nott J, Parrish A, et al. 2004. Seismic expression of the Tertiary mass transport complexes, deepwater Tarfaya-Agadir Basin, offshore Morocco//Richardson. Annual Offshore Technology Conference Proceedings. Offshore Technology Conference Taxas.

Lee H, Locat J, Dartnell P, et al. 1999. Regional variability of slope stability: Application to the Eel margin, California. Marine Geology, 154(1-4):305-321.

Lee H J. 2009. Timing of occurrence of large submarine landslides on the Atlantic Ocean margin. Marine Geology, 264(1-2):53-64.

Lester R, Avendonk H J A V, McIntosh K, et al. 2014. Rifting and magmatism in the northeastern South China Sea from wide-angle tomography and seismic reflection imaging. Journal of Geophysical Research, 119(3): 2305-2323.

Lester R, McIntosh K, Avendonk H J A V, et al. 2013. Crustal accretion in the Manila trench accretionary wedge at the transition from subduction to mountain-building in Taiwan. Earth and Planetary Science Letters, 375(8): 430-440.

Li W, Wu S G, Wang X J, et al. 2014. Baiyun Slide and Its Relation to Fluid Migration in the Northern Slope of Southern China Sea//Krastel S, et al. Submarine Mass Movements and Their Consequences, Advances in Natural and Technological Hazards Research 37. Switzerland: Springer International Publishing, 105-115.

Li Y H. 1976. Denudation of Taiwan island since the Pliocene epoch. Geology, 4(7):105-108.

Lin A T, Yao B, Hsu S K, et al. 2009. Tectonic features of the incipient arc-continent collision zone of Taiwan: Implications for seismicity. Tectonophysics, 479(1):28-42.

Liu L F, Wang X, Salisbury A J. 2009. Tsunami hazard and early warning system in South China Sea. Journal of Asian Earth Sciences, 36(1):2-12.

Liu Y, Santos A, Wang S M, et al. 2007. Tsunami hazards along Chinese coast from potential earthquakes in South China Sea. Physics of the Earth and Planetary Interiors, 163(1): 233-244.

Locat J, Lee H J, 2002. Submarine Landslides: Advances and challenges. Canada Geotechnology Journal, 39: 193-212.

Lu S. 2005. Identification of shallow-water-flow sands by V_P/V_S inversion of conventional 3D seismic data. Geophysics, 70(5): 029-037.

Luo X, Vasseur G. 1992. Contributions of Compaction and Aquathermal Pressuring to Geopressure and the Influence of Environmental Conditions (1). AAPG Bulletin, 76(10): 1550-1559.

Løseth H, Wensaas L, Arntsen B, et al. 2003. Gas and fluid injection triggering shallow mud mobilization in the Hordaland Group, North Sea. Geological Society of London, 216(1): 139-157.

L'Heureux M L, Lee S, Lyon B. 2013. Recent multidecadal strengthening of the Walker circulation across the tropical Pacific. Nature Climate Change, 3(3): 571-576.

Ma B, Wu S, Sun Q, et al. 2015. The late Cenozoic deep-water channel system in the Baiyun Sag, Pearl River Mouth Basin: Development and tectonic effects. Deep Sea Research Part II Topical Studies in Oceanography, 122 (2015): 226-239.

Magara K. 1978. Compaction and Fluid Migration. Journal of Biochemistry, 84(4): 989-92.

Mak S, Chan L S. 2007. Historical tsunamis in South China. Natural Hazards, 43(1): 147-164.

Mallick S, Dutta N C. 2002. Shallow water flow prediction using prestack waveform inversion of conventional 3D seismic data and rock modeling. Leading Edge, 21(7): 675-680.

Mallick S, Frazer L N. 1987. Practical aspects of reflectivity modeling. Geophysics, 52(10): 1355-1364.

Mallick S, Frazer L N. 1990. Computation of synthetic seismograms for stratified azimuthally anisotropic media. Journal of Geophysical Research. Solid Earth, 95(B6): 8513-8526.

Mallick S. 1995. Model-based inversion of amplitude-variation with offset data using a genetic algorithm. Geophysics, 60(4): 939-954.

Mallick S. 1999. Some practical aspects of prestack waveform inversion using a genetic algorithm: An example from the east Texas Woodbine gas sand. Geophysics, 64(2): 326-336.

Mallick S. 2001. AVO and elastic impedance. The Leading Edge, 20(10): 1094-1104.

Mansinha L, Smylie D E. 1971. The displacement fields of inclined faults. Bulletin of the Seimological Society of America, 61(5): 1433-1440.

Martinez J F, Cartwright J, Hall B. 2005. 3D seismic interpretation of slump complexes: Examples from the continental margin of Israel. Basin Research, 17(1): 83-108.

Maslin M, Vilela C, Mikkelsen N, et al. 2005. Causes of catastrophic sediment failures of the Amazon Fan. Quaternary Science Reviews, 24(20): 2180-2193.

Mcadoo B G, Dengle L, Prasetya G, et al. 2006. Smong: How an oral history saved thousands on Indonesia's Simeulue Island during the December 2004 and March 2005 Tsunamis. Earthquake Spectra, 22(S3): 661-669.

McConnell D R. 2000. Optimizing deepwater well locations to reduce the risk of shallow-water-flow using high-resolution 2D and 3D seismic data Offshore Technology Conference.

McConnell D R, Zhang Z J, Boswell R, et al. 2012. Review of progress in evaluating gas hydrate drilling hazards. Marine and Petroleum Geology, 34(1): 209-223.

McIntosh K D, Van A H J, Lavier L L, et al. 2013. Inversion of a hyper-extended rifted margin in the southern Central Range of Taiwan. Geology, 41(8): 871-874.

Megawati K F,Shaw K,Sieh Z,et al. 2009. Tsunami hazard from the subduction megathrust of the South China Sea: Part I. Source characterization and the resulting tsunami. Journal of Asian Earth Sciences,36(1):13-20.

Meldahl K H. 1999. Pleistocene shoreline ridges from tide-dominated and wave-dominated coasts:Northern Gulf of California and western Baja California,Mexico. Marine Geology,123(1):61-72.

Meldahl P,Heggland R,Bril B,et al. 2001. Identifying fault and gas chimneys using multi-attributes and neural networks. Leading Edge,20(5):474-482.

Micallef A,Masson D G,Berndt C,et al. 2009. Development and mass movement processes of the north-eastern Storegga Slide. Quaternary Science Reviews,28(5-6):433-448.

Mitchell N C,Lofi J. 2008. Submarine and subaerial erosion of volcanic landscapes:Comparing Pacific Ocean seamounts with Valencia Seamount,exposed during the Messinian Salinity Crisis. Basin Research,20:489-502.

Moore J G. 1992. A Syn-Rift to Post-Rift Transition Sequence in the Main Porcupine Basin,Offshore Western Ireland. Geological Society London Special Publications,62(1):333-349.

Morgan J K,Moore G F,Clague D A. 2003. Slope failure and volcanic spreading along the submarine south flank of Kilauea volcano,Hawaii. Journal of Geophysical Research Solid Earth,108(B9):1-24.

Mori N,Goda K,Cox D T. 2017b. Recent process in probabilistic tsunami hazard analysis(PTHA)for mega thrust subduction earthquakes// Reconstruction and Restoration after the 2011 Japan Earthquake and Tsunami:Insights and Assessment after 5 Years. New York:Springer.

Mori N,Muhammad A,Goda K,et al. 2017a. Probabilistic Tsunami Hazard Analysis of the Pacific Coast of Mexico: Case Study Based on the 1995 Colima Earthquake Tsunami. Frontiers in Built Environment,3:34.

Moscardelli L,Wood L. 2008. New classification system for mass transport complexes in offshore Trinidad. Basin Research,20(1):73-98.

Moscardelli L,Wood L,Mann P. 2006. Mass-transport complexes and associated processes in the offshore area of Trinidad and Venezuela. AAPG Bulletin,90(7):1059-1088.

Moscoso E,Contrerasreyes E. 2012. Outer rise seismicity related to the Maule,Chile 2010 megathrust earthquake and hydration of the incoming oceanic lithosphere. Andean Geology. 39(3):564-572.

Nelson C H,Nilson T H. 1987. Modern and ancient deep-sea fan sedimentation. SEPM(Society of Economic Palaeontologists and Mineralogists) short course 14, Oklahoma, USA.

Newton C S,Shipp R C,Mosher D C,et al. 2004. Importance of Mass Transport Complexes in the Quaternary Development of the Nile Fan,Egypt. Offshore Technology Conference,3-6May,Huston,Texas.

Nixon M F,Grozic J L. 2007. Submarine slope failure due to gas hydrate dissociation:A preliminary quantification. Canadian Geotechnical Journal,44(3):314-325.

Noda A,TuZino T,Joshima M,et al. 2013. Mass transport-dominated sedimentation in a foreland basin,the Hidaka Trough,northern Japan. Geochemistry Geophysics Geosystems,14(8):2638-2660.

Okada Y. 1985. Surface deformation due to shear and tensile faults in a half-space. Bulletin of the Seismological Society of America,75(2):1135-1154.

Okada Y. 1992. Internal deformation due to shear and tensile faults in a half-space. Bulletin of the Seismological Society of America,82(2):1018-1040.

Ostermeier R M,Pelletier J H,Winker C D,et al. 2002. Dealing with shallow-water flow in the deepwater Gulf of Mexico. The Leading Edge,21(7):660-668.

Ostrander W J. 1984. Plane-wave reflection coefficients for gas sands at nonnormal angles of incidence. Geophysics, 49(10):1637-1648.

Palciauskas V V, Domenico P A. 1989. Fluid pressures in deforming porous rocks. Water Resources Research, 25(2):203-213.

Pang X, Chen C, Peng D, et al. 2007. Sequence Stratigraphy of Deep-water Fan System of Pearl River, South China Sea. Earth Science Frontiers, 14(1):220-229.

Paull C K, Ussler W, Dillon W P, et al. 1991. Is the extent of glaciation limited by marine gas-hydrates? Geophysical Research Letters, 18(3):432-434.

Porębski S J, Steel R J, 2003. Shelf-margin deltas: Their stratigraphic significance and relation to deepwater sands. Earth-Science Reviews, 62:283-326.

Posamentier H W, Morris W R. 2000. Aspects of the stratal architecture of forced regressive deposits. Geological Society London Special Publications, 172(1):19-46.

Prasad M. 2002. Acoustic measurements in unconsolidated sands at low effective pressure and overpressure detection. Geophysics, 67(2):405-412.

Pratson L F, Coakley B J. 1996. A model for the headward erosion of submarine canyons induced by downslope-eroding sediment flows. Geological Society of America Bulletin, 108(2):225-234.

Pratson L F, Ryan W B, Mountain G S, et al. 1994. Submarine canyon initiation by downslope-eroding sediment flows: Evidence in late Cenozoic strata on the New Jersey continental slope. Geological Society of America Bulletin, 106(3):395-412.

Ranero C R, Morgan J P, McIntosh K, et al. 2003. Bending, faulting, and mantle serpentinization at the Middle America trench. Nature, 425(6956):367-373.

Rao G N, Mani K S. 1993. A study on generation of abnormal pressures in Krishna-Godavari basin. Indian Journal of Petroleum Geology, 2(1):20-30.

Riboulot V, Cattaneo A, Sultan N, et al. 2013. Sea-level change and free gas occurrence influencing a submarine landslide and pockmark formation and distribution in deepwater Nigeria. Earth and Planetary Science Letters, 375(8):78-91.

Rikitake B T, Aida I. 1988. Tsunami hazard probability in Japan. Bulletin of the Seismological Society of America, 78:1268-1278.

Roberts H H, Coleman J M. 1988. Lithofacies characteristics of shallow expanded and condensed sections of the Louisiana distal shelf and upper slope. Aapg Bulletin American Association of Petroleum Geologists, 72(9): 1121-1122.

Ruff L J. 1989. Do trench sediments affect great earthquake occurrence in subduction zones? Pure and Applied Geophysics, 129(1-2):263-282.

Ruff L, Kanamor H. 1980. Seismicity and the subduction process. Physics of the Earth and Planetary Interiors, 23(3):240-252.

Ruth P V, Hillis R, Tingate P. 2004. The origin of overpressure in the Carnarvon Basin, Western Australia: Implications for pore pressure prediction. Petroleum Geoscience, 10(3):247-257.

Rutherford S R, Williams R H. 1989. Amplitude-versus-offset variations in gas sands. Geophysics, 54(6):680-688.

Satti A I, Yusoff W I W, Ghosh D. 2015. Overpressure in the Malay Basin and prediction methods. Geofluids, 16(2):301-313.

Schwab W, Danforth W, Scanlon K. 1993. Tectonic and stratigraphic control on a giant submarine slope failure: Puerto Rico insular slope. Submarine Landslides-Selected Studies in the US Exclusive Economic Zone: US Geological Survey, Bulletin B:60-68.

Schwab W, Lee H. 1993. Processes controlling the style of mass movement in glaciomarine sediment: Northeastern Gulf of Alaska. Submarine Landslides-Selected Studies in the US Exclusive Economic Zone: US Geological Survey, Bulletin B:135-142.

Sen M K, Stoffa P L. 1991. Nonlinear one-dimensional seismic waveform inversion using simulated annealing. Geophysics,56(10):1624-1638.

Sen M K, Stoffa P L, 1992. Rapid sampling of model space using genetic algorithms: Examples from seismic waveform inversion. Geophysical Journal International,108(1):281-292.

Shi W Z, Chen H H, Chen C M, et al. 2006. Pressure evolution and hydrocarbon migration in the Baiyun sag, Pearl River Mouth basin, China. Journal of Earth Sciences,31(2):229-230 .

Shipp C, Nott J, Newlin J. 2004. Variations in jetting performance in deepwater environments: Geotechnical characteristics and effects of mass transport complexes:OTC Conference,16751.

Shoulders S J, Cartwright J. 2004. Constraining the depth and timing of large-scale conical sandstone intrusions. Geology,32(8):661-664.

Shoulders S J, Cartwright J, Huuse M. 2007. Large-scale conical sandstone intrusions and polygonal fault systems in Tranche 6, Faroe-Shetland Basin. Marine and Petroleum Geology,24(3):173-188.

Sibuet J C, Hsu S K, Pichon X L, et al. 2002. East Asia plate tectonics since 15Ma: Constraints from the Taiwan region. Tectonophysics,344(1-2):103-134.

Sikkema W, Wojcik K M. 2000. 3D Visualization of Turbidite Systems, Lower Congo Basin, Offshore Angola. Deep-Water Reservoirs of the World,20th Annual:928-939.

Sills G C, Gonzalez R. 2001. Consolidation of naturally gassy soft soil. Géotechnique,51(7):629-639.

Sills G C, Wheeler S J, Thomas S D, et al. 1991. Behaviour of offshore soils containing gas bubbles. Géotechnique, 41(2):227-241.

Singh S C, Minshull T A, Spence G D. 1993. Velocity structure of a gas hydrate reflector. Science, 260(5105): 204-207.

Singha D K, Chatterjee R. 2014. Detection of overpressure zones and a statistical model for pore pressure estimation from well logs in the Krishna-Godavari Basin, India. Geochemistry Geophysics Geosystems,15(4):1009-1020.

Singha D K, Chatterjee R, Sen M K, et al. 2014. Pore pressure prediction in gas-hydrate bearing sediments of Krishna-Godavari basin, India. Marine Geology,357(2):1-11.

Smith N D. 1971. Pseudo-planar stratification produced by very low amplitude sand waves. Journal of Sedimentary Research,41(1):69-73.

Smith N D. 1974. Sedimentology and bar formation in the upper Kicking Horse River, a braided outwash stream. The Journal of Geology,82(2):205-223.

Stern R J. 2002. Subduction Zones. Reviews of Geophysics,40(4):1-38.

Stoffa P L, Sen M K. 1991. Nonlinear multiparameter optimization by genetic algorithms Inversion of plane wave seismograms. Geophysics,56(11):1794-1810.

Strozyk F, Strasser M, Förster A, et al. 2010. Slope failure repetition in active margin environments:Constraints from submarine landslides in the Hellenic fore arc, eastern Mediterranean. Journal of Geophysical Research Solid Earth,115(B8):1-13.

Sultan N, Cochonat P, Foucher J P, et al. 2004a. Effect of gas hydrates melting on seafloor slope instability. Marine Geology,213(1):379-401.

Sultan N, Cochonat P, Canals M, et al. 2004b. Triggering mechanisms of slope instability processes and sediment failures on continental margins: A geotechnical approach. Marine Geology,213(1):291-321.

Sun L,Zhou X,Huang W,et al.2013. Preliminary evidence for a 1000-year-old tsunami in the South China Sea. Scientific Reports,3:1655.

Sun Q L,Wu S G,Cartwright J,et al.2012. Shallow gas and focused fluid flow systems in the Pearl River Mouth Basin,northern South China Sea. Marine Geology,315-318(4):1-14.

Sun Q L,Wu S G,Cartwright J,et al.2013. Focused fluid flow systems of the Zhongjiannan Basin and Guangle Uplift,South China Sea. Basin Research,25(1):97-111.

Sun Q L,Wu S G,Lü F,et al.2010. Polygonal faults and their implications for hydrocarbon reservoirs in the southern Qiongdongnan Basin,South China Sea. Journal of Asian Earth Sciences,39(5):470-479.

Sun Y B,Wu S G,Dong D D,et al.2012c. Gas hydrates associated with gas chimneys in fine-grained sediments of the northern South China Sea. Marine Geology,311-314:32-40.

Sun Y F,Bolin H.2014. A Potential Tsunami impact assessment of submarine landslide at Baiyun Depression in Northern South China Sea. Geoenvironmental Disasters,1:1-11.

Sun Y F,Huang B L.2014. A potential Tsunami impact assessment of submarine landslide at Baiyun depression in Northern South China Sea. Geoenvironmental Disasters,1(7):1-11.

Tanikawa W,Sakaguchi M,Wibowo H T,et al.2010. Fluid transport properties and estimation of overpressure at the Lusi mud volcano,East Java Basin. Engineering Geology,116(1):73-85.

Tingdahl K M, Bril A H, Groot P F D.1999. Improving seismic chimney detection using directional attributes. Journal of Petroleum Science and Engineering,29(3):25-211.

Trabant P K.1986. Applied High-Resolution Geophysical Methods: Offshore Geoengineering Hazards. Geophysical Journal of the Royal Astronomical Society,86(1):214-215.

Twichell D C,Nelson H,Damuth J E.2000. Late-Stage Development of the Bryant Canyon Turbidite Pathway on the Louisiana Continental Slope. Deep-Water Reservoirs of the World,20th Annual:1032-1044.

Urgeles R,Leynaud D,Lastras G,et al.2006. Back-analysis and failure mechanisms of a large submarine slide on the Ebro slope,NW Mediterranean. Marine Geology,226(3-4):185-206.

Uyeda S,Kanamori H.1979. Back-arc opening and the mode of subduction. Journal of Geophysical Research,84: 1049-1061.

Valle D G,Gamberi F,Rocchini P,et al.2013. 3D seismic geomorphology of mass transport complexes in a foredeep basin:Examples from the Pleistocene of the Central Adriatic Basin (Mediterranean Sea). Sedimentary Geology, 294(3):127-141.

Van D M,Versteeg W,Pino M,et al.2013. Widespread deformation of basin-plain sediments in Aysén fjord (Chile) due to impact by earthquake-triggered,onshore-generated mass movements. Marine Geology,337(3):67-79.

Wang D W,Wu S G,Qin Z L,et al.2013. Seismic characteristics of the Huaguang mass transport deposits in the Qiongdongnan Basin,South China Sea:Implications for regional tectonic activity. Marine Geology,346(6): 165-182.

Wang P X,Prell W L,Blum P,et al.2000. Exploring the Asian monsoon through drilling in the South China Sea. Proceedings of the Ocean Drilling Program. Initial Reports,184:1-77.

Wang T K,Chen M K,Lee C S,et al.2006. Seismic imaging of the transitional crust across the northeastern margin of the South China Sea. Tectonophysics,412(3):237-254.

Wang X,Lee M,Collett T,et al.2014d. Gas hydrate identified in sand-rich inferred sedimentary section using downhole logging and seismic data in Shenhu area,South China Sea. Marine and Petroleum Geology,51(2):

298-306.

Weaver P P E, Wynn R B, Kenyon N H, et al. 2000. Continental margin sedimentation, with special reference to the north-east Atlantic margin. Sedimentology, 47(s1):239-256.

Weimer P, Slatt R M, Bouroullec R, et al. 2006. Introduction to the Petroleum Geology of Deepwater Setting. Gsw Books.

Weimer P. 1990. Sequence stratigraphy, facies geometries, and depositional history of the Mississippi Fan, Gulf of Mexico. Aapg Bulletin, 74(4):425-453.

Wu S, Gao J, Zhao S, et al. 2014. Post-rift uplift and focused fluid flow in the passive margin of northern South China Sea. Tectonophysics, 615-616(4):27-39.

Wu S G, Wang D W, Völker D. 2018. Deep-sea geohazards in the South China Sea. Journal of Ocean University of China, 17(1):1-7.

Wu T R. 2012. Deterministic study on the potential large tsunami hazard in Taiwan. Journal of Earthquake and Tsunami, 6(03):1250034.

Wu T R, Chen P F, Tsai W T, et al. 2008. Numerical study on tsunamis excited by 2006 Pingtung earthquake doublet. Terrestrial, Atmospheric and Oceanic Sciences, 19(6):705-715.

Wu T R, Huang H C. 2009. Modeling tsunami hazards from Manila trench to Taiwan. Journal of Asian Earth Sciences, 36(1):21-28.

Xie H, Zhou D, Pang X, et al. 2013. Cenozoic sedimentary evolution of deepwater sags in the Pearl River Mouth Basin, northern South China Sea. Marine Geophysical Research, 34(3-4):159-173.

Xu W, Germanovich L N. 2006. Excess pore pressure resulting from methane hydrate dissociation in marine sediments: A theoretical approach. Journal of Geophysical Research Solid Earth, 111(B1), doi. org/10. 1029/2004 JB0036. .

Yan P, Hui D, Liu H, et al. 2006. The temporal and spatial distribution of volcanism in the South China Sea region. Journal of Asian Earth Sciences, 27(5):647-659.

Yeh Y C, Hsu S K. 2004. Crustal Structures of the Northernmost South China Sea: Seismic Reflection and Gravity Modeling. Marine Geophysical Researches, 25(1-2):45-61.

Yeh Y C, Sibuet J C, Hsu S K, et al. 2010. Tectonic evolution of the Northeastern South China Sea from seismic interpretation. Journal of Geophysical Research Solid Earth, 115(B6).

Yu X, Wang J, Liang J, et al. 2014. Depositional characteristics and accumulation model of gas hydrates in northern South China Sea. Marine and Petroleum Geology, 56(3):74-86.

Yun J W, Orange D L, Field M E. 1999. Subsurface gas offshore of northern California and its link to submarine geomorphology. Marine Geology, 154(1-4):357-368.

Zhang J. 2011. Pore pressure prediction from well logs: Methods, modifications, and new approaches. Earth-Science Reviews, 108(1):50-63.

Zhang J. 2013. Effective stress, porosity, velocity and abnormal pore pressure prediction accounting for compaction disequilibrium and unloading. Marine and Petroleum Geology, 45(4):2-11.

Zhao F, Wu S, Sun Q, et al. 2014. Submarine volcanic mounds in the Pearl River Mouth Basin, northern South China Sea. Marine Geology, 355(3):162-172.

Zhao Z X, Zhou D, Liao J, et al. 2010b. Lithospheric stretching modeling of the continental shelf in the Pearl River Mouth Basin and analysis of post-breakup subsidence. Acta Geologica Sinica, 84(8):1135-1145.

Zhu J, Qiu X, Kopp H, et al. 2012. Shallow anatomy of a continent-ocean transition zone in the northern South China

Sea from multichannel seismic data. Tectonophysics,554 -557(4) :18-29.

Zhu M,Graham S,Pang X,et al. 2010. Characteristics of migrating submarine canyons from the middle Miocene to present: Implications for paleoceanographic circulation, northern South China Sea. Marine and Petroleum Geology, 27(1) :307-319.

Zhu W, Huang B, Mi L, et al. 2009. Geochemistry, origin, and deep-water exploration potential of natural gases in the Pearl River Mouth and Qiongdongnan basins, South China Sea. Aapg Bulletin,93(6) :741-761.

Zimmer M, Prasad M, Mavko G. 2002. Pressure and porosity influences on V_P-V_S ratio in unconsolidated sands. The Leading Edge,21(2) :835-839.

Zoeppritz K, Erdbebenwellen V. 1919. On the reflection and propagation of seismic waves. Gottinger Nachrichten, 1(5) :66-84.